Prix : 2 fr. 80 net

LA GÉOMÉTRIE
au cours complémentaire

Par G. BOUCHENY et A. GUÉRINET

Paris — Librairie Larousse

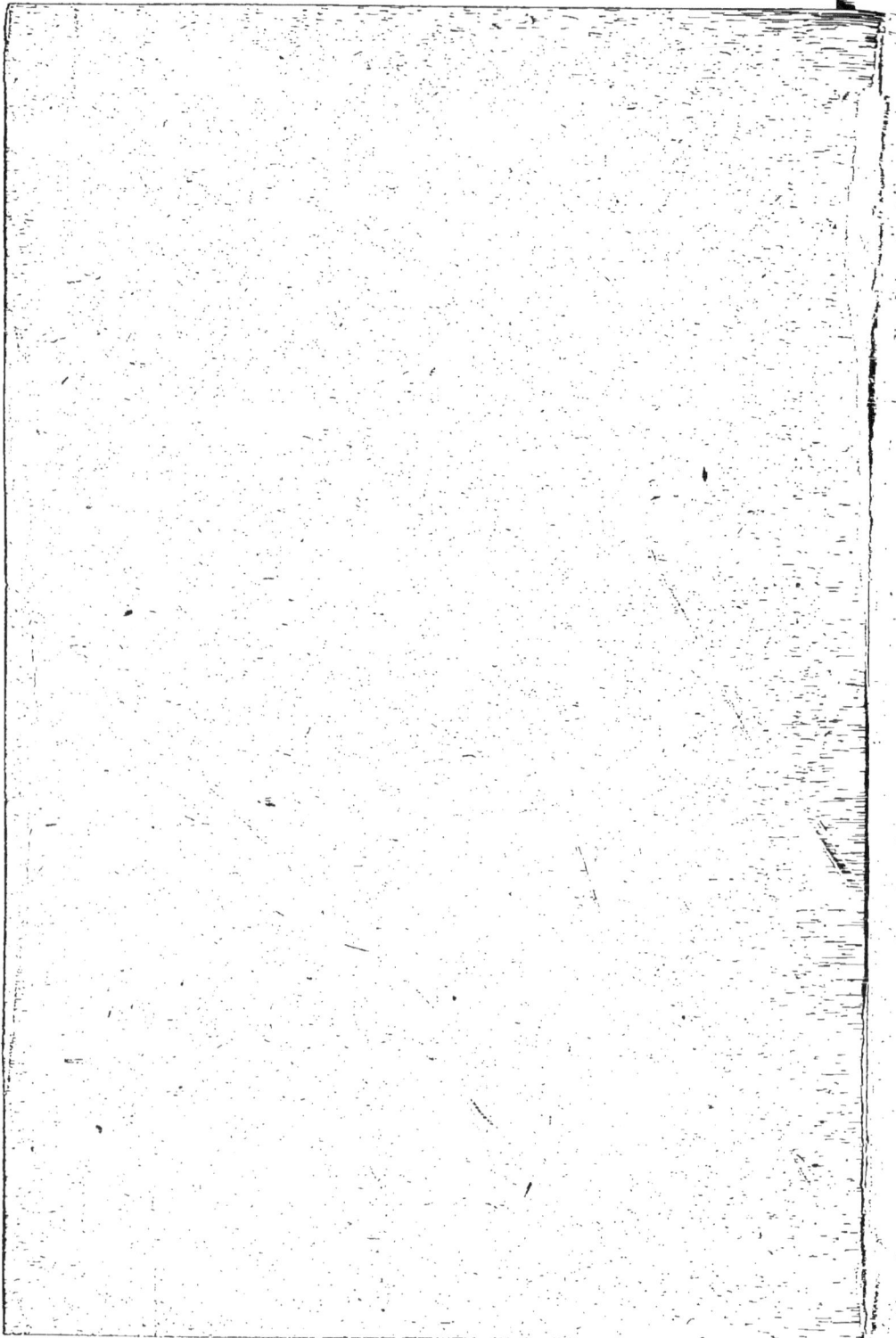

LA GÉOMÉTRIE
au Cours complémentaire

OUVRAGES DES MÊMES AUTEURS :

L'Algèbre au cours complémentaire. 1 volume.
La Comptabilité au cours complémentaire. 1 volume.

LA GÉOMÉTRIE

au Cours complémentaire

GÉOMÉTRIE PLANE. — NOTIONS DE GÉOMÉTRIE
DANS L'ESPACE. — ARPENTAGE. — LEVÉ DES
PLANS. — NIVELLEMENT. — CROQUIS COTÉS

PAR

GASTON BOUCHENY
Professeur de mathématiques
au collège Sainte-Barbe.

ANDRÉ GUÉRINET
Instituteur à Paris.

1070 exercices et problèmes
480 figures

PARIS. — LIBRAIRIE LAROUSSE
RUE MONTPARNASSE, 13-17. — SUCCᵗᵉ : RUE DES ÉCOLES, 58 (SORBONNE)

Préface

Cet ouvrage s'adresse aux élèves des cours supérieurs et complémentaires et des années préparatoires annexées aux écoles primaires supérieures, aux candidats aux écoles professionnelles, au surnumérariat des postes et télégraphes, à tous ceux enfin qui ont besoin de connaître les éléments fondamentaux et les applications pratiques de la Géométrie.

Il a été rédigé après de nombreuses années d'enseignement et il a subi la mise au point la meilleure, celle que donne la pratique.

Dans la géométrie plane, les deux premiers livres ont été traités à peu près complètement; dans le troisième et le quatrième livre, nous n'avons démontré que les théorèmes indispensables. Nous avons marqué d'un astérisque les théorèmes qui peuvent être réservés pour les élèves de deuxième année; les élèves de première année pourront les laisser de côté, en se contentant simplement de s'assimiler les énoncés.

Nous avons cru bon, dès le début, au premier livre, d'introduire l'étude élémentaire de la circonférence avant celle des angles, de façon à rendre cette dernière plus facile; d'ailleurs la notion de circonférence est aussi familière aux élèves que celle de la ligne droite.

L'étude des aires précède celle des figures semblables et occupe une place importante dans l'ouvrage.

Pour la géométrie dans l'espace, nous nous sommes contentés d'énoncer les propositions relatives aux solides, sauf pour certains théorèmes dont la démonstration est une conséquence immédiate des principes établis en géométrie plane.

Un chapitre fort complet s'adressant plus spécialement aux élèves des écoles rurales est consacré à l'arpentage.

Nous avons donné aussi des notions fort précises sur le levé des plans et le nivellement.

Nous nous sommes attachés à atténuer l'austérité de l'enseignement de la géométrie en le rendant plus intuitif, en faisant souvent appel à l'observation des élèves, en le concrétisant même par des vérifications tachymétriques qui, faites à l'appui de certaines démonstrations géométriques, les rendent plus sensibles et les fixent plus sûrement dans l'esprit de l'élève.

D'autre part, considérant qu'on ne connaît bien un principe que par l'application répétée qu'on en fait, nous avons réuni une collection de plus d'un millier de problèmes, empruntés pour la plupart à des épreuves de concours ou d'examen.

Nous les avons classés d'une façon rationnelle, permettant ainsi un enseignement méthodique et complet. Nous les avons même divisés, selon leur difficulté, en deux groupes s'adressant respectivement aux deux années du cours complémentaire. Parfois, afin de ne pas rebuter l'élève dans des recherches vaines, nous avons donné quelques indications brèves, mais suffisantes, pour l'aider à trouver la solution de la question.

L'ouvrage se termine par une série de croquis cotés à l'usage des candidats au brevet élémentaire. Ces croquis, ainsi que nous le rappelons dans le cours, ne sont pas des modèles à copier servilement. Un tel enseignement doit se faire d'après nature; mais nous avons pensé rendre service aux élèves en leur donnant quelques planches types. Les maîtres nous pardonneront cette faiblesse qui n'est pas une hérésie pédagogique.

A côté des figures sévères utilisées pour la démonstration des théorèmes, on trouvera quelques figures pittoresques qui ornent le texte et le rendent attrayant.

Nous avons cherché à enlever à ces premières notions de géométrie cet aspect aride, ce caractère sévère et froid qui glace l'élève et l'éloigne définitivement d'une science particulièrement intéressante par les connaissances positives qu'elle donne et par l'influence puissante qu'elle exerce sur la formation de l'esprit.

Nous n'avons d'ailleurs pas la prétention d'avoir atteint la perfection et nous serons particulièrement reconnaissants aux professeurs qui voudront bien nous signaler les défauts de l'ouvrage et nous soumettre les réflexions qu'il pourra leur suggérer.

COURS DE GÉOMÉTRIE

Géométrie plane

LIVRE PREMIER

CHAPITRE PREMIER

LA LIGNE DROITE ET LE PLAN

1. Objet de la géométrie. — *Son origine.* — La géométrie est une science qui étudie la forme des objets ainsi que leur grandeur relative sans tenir compte de la matière dont ils sont formés.

On peut dire que la géométrie a pris naissance à une époque des plus reculées, dès que l'homme s'est mis à représenter, par le dessin, les animaux ou les formes naturelles des corps au milieu desquels il vivait; les peuples primitifs avaient des notions géométriques. Tout ce que nous savons, au point de vue historique, c'est que la géométrie a été introduite dans la Grèce antique par Thalès de Milet qui vivait vers 640 avant notre ère; ce savant l'avait primitivement étudiée en Égypte.

2. Les lignes. — *La ligne droite.* — *Le point.* — L'image d'une ligne nous est donnée par *un fil extrêmement fin* (fig. 1) placé dans une position quelconque.

Lorsque deux lignes se rencontrent, leur intersection est appelée *point*.

On peut d'ailleurs concevoir un point sans le considérer comme une intersection de deux lignes : *un grain de sable extrêmement fin* nous donne l'idée du point.

Fig. 1. — Image d'une ligne.

Il résulte de la définition donnée plus haut que l'on peut imaginer une grande variété de lignes; celle qui nous apparaît comme la plus simple est *la ligne droite.*

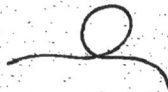

La ligne droite est une ligne dont l'image nous est donnée par un fil extrêmement fin (fig. 2) qui serait parfaitement tendu.

Si nous observons un objet suffisamment éloigné de nous pour nous apparaître très petit (une étoile par exemple), nous avons parfaitement conscience de la ligne

Fig. 2. — Image d'une ligne droite.

droite qui relie notre œil à l'objet et que nous appelons *rayon visuel.*

La conception que nous nous faisons de la ligne droite nous entraîne à admettre les deux propriétés suivantes :

D'un point à un autre, on peut mener une ligne droite et on n'en peut mener qu'une seule. C'est pourquoi on dit que deux points *déterminent* une ligne droite ou, plus simplement, *une droite.*

Ainsi les points A et B (*fig. 3*), représentant les mires d'un fusil, déterminent une ligne droite.

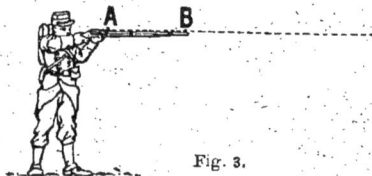

Fig. 3.

3. Une droite est supposée illimitée et, *si deux droites se rencontrent, elles ne peuvent avoir qu'un seul point commun* car, si elles en avaient deux, elles coïncideraient.

4. Les surfaces. — Le plan. — L'image d'une surface nous est donnée par une enveloppe *extrêmement mince* qui limiterait un corps et le séparerait du reste de l'espace.

On peut donc concevoir une grande variété de surfaces; celle qui nous apparaît comme la plus simple est *la surface plane* ou *plan.*

Le plan est une surface dont l'image nous est donnée par une nappe d'eau tranquille, par une glace parfaitement polie, etc.

La conception que nous nous faisons d'un plan nous entraîne à admettre la propriété suivante :

La surface plane est telle que la droite qui passe par deux points quelconques de cette surface y est contenue tout entière.

5. Un plan est supposé illimité dans toutes les directions; nous verrons plus loin (n° 400) comment on le représente.

6. Comment on trace pratiquement une droite sur un plan. — 1° *Sur le papier.* Pour représenter une ligne droite sur un plan, sur une feuille de papier par exemple, on se sert d'une *règle*

plate en bois dont les arêtes représentent des lignes droites. On
applique la règle par une de ses faces sur la feuille de papier
(*fig.* 4) et l'on trace une ligne à l'aide d'un crayon finement taillé
ou d'un tire-ligne, en se servant pour guider le crayon ou le
tire-ligne d'une des arêtes de la règle appliquée sur la feuille ;
on dit que l'on *trace une droite* sur
la feuille de papier.

Fig. 4. — Tracé d'une droite
sur le papier.

A l'aide de la règle, on pourra
tracer la droite qui passe par deux
points déterminés ; ou encore, prolonger une droite limitée, au
delà du point qui la limite.

2° *Sur un parquet, une poutre.* Pour tracer sur une poutre ou
une planche la droite qui passe par deux points déterminés, les
charpentiers ne peuvent employer une règle, souvent trop courte ;
ils fixent une pointe
en chacun des points,
puis attachent une
corde aux deux poin-
tes (*fig.* 5), de façon
que celle-ci soit forte-
ment tendue ; ils en-

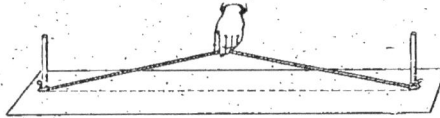

Fig. 5. — Tracé d'une droite sur une planche.

duisent la corde de craie ou de sanguine, puis la tirent à eux,
d'aplomb sur la poutre, et l'abandonnent à elle-même : la surface se trouve cinglée
par la corde, qui trace
une droite passant par
les extrémités fixes.

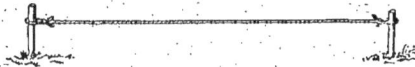

Fig. 6. — Tracé d'une droite au cordeau.

3° *Sur le terrain.* Les
jardiniers, les maçons tracent les lignes droites au cordeau
(*fig.* 6).

Dans l'arpentage, où les droites à tracer sont souvent très
longues, les moyens indiqués jusqu'ici sont impraticables. On
détermine les lignes droites, nous le verrons plus tard, à l'aide
de jalons.

7. Comment on désigne la droite en géométrie. — Quand plusieurs droites sont tracées sur un plan, il y a lieu de pouvoir
désigner chacune d'elles ; pour cela, on prend deux points quelconques sur la droite
considérée (*fig.* 7), on
désigne chacun d'eux

A   B

Fig. 7.

par une lettre que l'on marque sur la figure et on énonce successivement les deux lettres. Ainsi, on dit la droite AB.

8. Demi-droite. — Si nous considérons une droite xy (*fig.* 8) et un point O de cette droite, les deux portions Ox et Oy de la droite sont appelées *demi-droites*.

$$x \qquad\qquad O \qquad\qquad y$$

Fig. 8.

9. Segment de droite.
— Une portion de droite limitée en deux points A et B (*fig.* 9) est un *segment de droite* ou *segment rectiligne*.

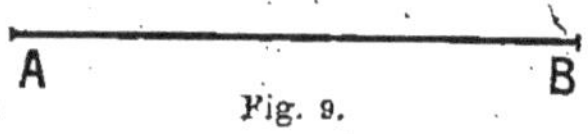

$$A \qquad\qquad\qquad B$$

Fig. 9.

10. Segments rectilignes égaux.
— On dit que deux segments rectilignes sont égaux quand, appliqués l'un sur l'autre, on peut les faire coïncider.

11. Somme de plusieurs segments. — Considérons deux segments AB et CD (*fig.* 10), prolongeons le segment AB, puis portons à partir de B, sur ce prolongement, un segment BE égal à CD, le segment AE est dit la somme des deux segments AB et CD.

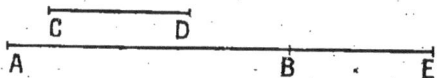

$$C \qquad D$$
$$A \qquad\qquad B \qquad E$$

Fig. 10.

Pour ajouter plusieurs segments, on fait la somme des deux premiers, puis, à cette somme, on ajoute le troisième segment et ainsi de suite jusqu'à ce que tous les segments soient successivement ajoutés; la dernière somme représente la somme des segments considérés.

Si l'on suppose qu'un point se déplaçant sur une droite xy dans un sens déterminé rencontre successivement les points A, B, C, D (*fig.* 11)

$$x \quad A \qquad B \quad C \qquad\qquad D \quad y$$

Fig. 11.

marqués sur la droite, en considérant les segments correspondants, on peut écrire :

$$\text{Segm. AB} + \text{segm. BC} + \text{segm. CD} = \text{segm. AD.}$$

Nous admettrons que la somme de plusieurs segments est la même, quel que soit l'ordre dans lequel on ajoute ces segments.

12. Différence de deux segments. — La différence de deux segments est un troisième segment qui, ajouté au plus petit, donne comme somme le plus grand. C'est le problème inverse du précédent. Si l'on considère les segments AB

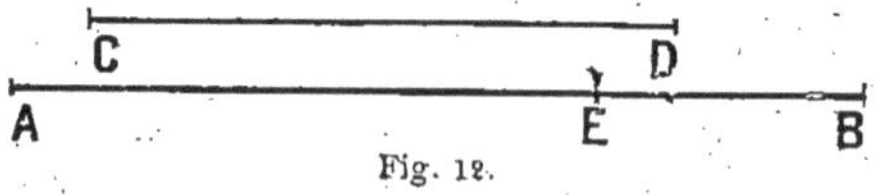

$$C \qquad\qquad D$$
$$A \qquad\qquad E \qquad B$$

Fig. 12.

et CD (*fig.* 12), le premier étant plus grand que le second, si l'on

porte sur AB un segment AE égal au segment CD, le segment ED est la différence des deux segments considérés.

13. Multiplication d'un segment par un nombre entier. — Multiplier un segment par un nombre entier, c'est faire la somme d'autant de segments égaux au segment considéré qu'il y a d'unités dans le nombre entier.

Ainsi, segm. AB × 4, que l'on écrit AB × 4

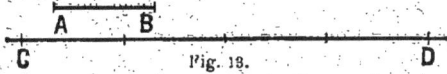
Fig. 13.

ou 4 AB, indique qu'il faut faire la somme de 4 segments égaux à AB; le segment CD (*fig.* 13) représente 4 AB.

14. Division d'un segment par un nombre entier. — C'est le problème inverse du précédent : nous y reviendrons plus loin (V, n° 310); AB (*fig.* 13) est le quart du segment CD.

15. Mesure d'un segment rectiligne. — Mesurer un segment, c'est chercher combien de fois il faut ajouter bout à bout l'unité de segment pour constituer un segment égal au segment considéré. *L'unité de segment* que l'on appelle aussi *unité de longueur* est le mètre ou l'un de ses sous-multiples ou multiples décimaux. On emploie, en dessin géométrique, pour mesurer les segments, un *double décimètre en bois ou en métal.*

16. Double décimètre en bois. — Le double décimètre

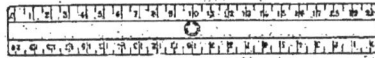
Fig. 14.

en bois (*fig.* 14) est une règle plate divisée de 0 à 20 centimètres, chaque centimètre étant lui-même divisé en 10 ou en 20 parties égales.

17. Ligne brisée. — On appelle ligne brisée (*fig.* 15) une ligne formée par plusieurs segments rectilignes placés bout à bout.

Fig. 15.

Fig. 16.

18. Ligne courbe. — On appelle ligne courbe (*fig.* 16) toute ligne qui n'est ni droite ni brisée.

Une ligne composée de segments rectilignes et de lignes courbes (*fig.* 17) est appelée *ligne mixte.*

Fig. 17

19. Génération des lignes et des surfaces. — On peut encore remarquer que tout point qui se déplace dans l'espace engendre une ligne.

La trajectoire décrite par une balle de fusil nous donne l'image d'une ligne. La pointe d'un crayon qui se déplace sur le papier trace une ligne.

Un segment qui se déplace suivant sa propre direction engendre une ligne droite.

On peut aussi remarquer que toute ligne qui se déplace dans l'espace engendre une surface.

20. Figures géométriques. — On peut considérer les surfaces, les lignes et les points indépendamment des objets qui nous en donnent une idée et l'on obtient ainsi des *figures géométriques*.

Nous avons dit qu'un fil extrêmement fin nous donne l'idée d'une ligne géométrique, mais *ce n'est qu'en faisant abstraction du fil lui-même que nous obtenons la ligne géométrique;* une telle ligne n'est pas matérielle. Toutes les figures géométriques sont donc de simples conceptions de notre esprit.

21. Figures planes. — **Géométrie plane.** — Toute figure géométrique tracée sur un plan est dite *figure plane* et la partie de la géométrie qui étudie les figures planes s'appelle *géométrie plane.*

La partie de la géométrie qui étudie les figures de l'espace s'appelle *géométrie de l'espace.*

22. Figures égales. — D'une façon générale, nous dirons que deux figures sont égales quand, appliquées l'une sur l'autre, elles coïncident parfaitement.

Applications et problèmes.

1re ANNÉE :

1. A l'aide d'une règle, prolonger un segment de droite; dire pourquoi le tracé que l'on fait représente bien la droite déterminée par le segment. (*Les deux droites ont deux points communs.*)

2. Montrer qu'on peut vérifier si l'arête d'une règle est droite : 1° par une visée; 2° par un double tracé sur une feuille de papier.

3. Montrer qu'on peut vérifier si une surface est bien plane à l'aide de visées (c'est ce que fait le menuisier qui rabote une planche).

4. Le maçon qui fait le carrelage d'une chambre applique de temps en temps, et dans différents sens, une règle plate sur la surface du carrelage, pourquoi ?

5. Un segment AB a une longueur de 22 cm.; on prend entre A et B, sur la droite AB, un point C tel que CB soit le tiers de CA; calculer les mesures des deux segments CA et CB.

6. Un segment AB a une longueur de 27 cm.; on prend, sur le prolongement de AB et au delà de B par rapport à A, un point C tel que CB soit le quart de CA. Calculer la mesure des segments CA et CB.

7. Sur une droite illimitée xy, on prend un segment AB, le milieu O de ce segment, puis, de part et d'autre de ce milieu, deux segments OA′ et OB′ égaux. Montrer que l'on a : BA′ = AB′, AA′ = BB′.

8. Sur une droite illimitée xy, on a trois segments AB, BC, CD placés bout à bout; le segment AB vaut 4 cm., le segment BC est les $\frac{3}{8}$ du segment AB et le segment total AD a 9 cm. O étant le milieu du segment BC, calculer la mesure du segment OD.

9. Étant donnés trois points A, B, C sur une droite xy et le point O milieu du segment AB;
Si le point C est en dehors du segment AB, démontrer que l'on a :
$$AO = \frac{CA - CB}{2}, \qquad CO = \frac{CA + CB}{2}.$$

Si le point C est situé entre O et B, démontrer que :
$$AO = \frac{CA + CB}{2}, \qquad CO = \frac{CA - CB}{2}.$$

2ᵉ ANNÉE :

10. Un segment AB a une longueur de 40 cm. On prend, sur la droite AB, un point C situé entre A et B, tel que CB soit le cinquième de CA, et, au delà du point B par rapport au point A, un point D tel que DB soit également le cinquième de CA. Calculer la mesure de CD.

11. Étant donnés un segment AB, un point C situé entre A et B et un point O situé sur la droite AB extérieurement au segment, on sait que OA = 8 cm., OB = 32 cm. et que CA est le tiers de CB. Calculer OC.
Refaire le problème précédent en supposant OA = a cm., OB = b cm. et CA égalant le tiers de CB.

12. Sur une droite xy on prend quatre points que l'on rencontre, en suivant la droite dans un certain sens, dans l'ordre A, B, C, D.
1° AC + BD = AD + BC;

2° E étant le milieu de AB, F le milieu de CD, EF = $\frac{AC + BD}{2}$.

CHAPITRE II

LES ANGLES — LE CERCLE

23. Angle. — *On appelle* **angle** *la figure formée par deux demi-droites issues d'un même point appelé* **sommet** *de l'angle; les deux demi-droites sont appelées* *les côtés de l'angle.*

On désigne un angle à l'aide d'une lettre placée en son sommet. S'il y a plusieurs angles ayant même sommet, il peut y avoir confusion; on place alors une autre lettre sur chacun des côtés de l'angle et on exprime les trois lettres en énonçant celle du sommet entre les deux autres; ainsi on dit l'angle AOB (*fig.* 18), et on le représente par $\widehat{AOB}$.

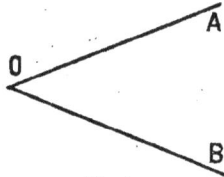

Fig. 18.

Quelquefois, on place des chiffres à l'intérieur des angles, près du sommet, et l'on désigne chaque angle par la lettre du sommet affectée d'un indice (*fig.* 19); ainsi on dit : $\widehat{A_1}$, $\widehat{A_2}$.

24. Angles adjacents. — On dit que *deux angles sont adjacents* quand ils ont même sommet, un côté commun, et les deux autres côtés de part et d'autre du côté commun.

$\widehat{AOB}$ et $\widehat{BOC}$ (*fig.* 20) sont deux angles adjacents.

25. Angles opposés par le sommet. — Ce sont deux angles tels

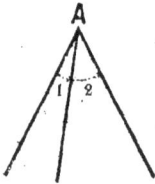

Fig. 19.

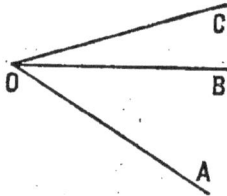

Fig. 20.

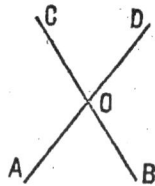

Fig. 21.

que les côtés de l'un soient formés par les prolongements des côtés de l'autre. $\widehat{AOB}$, $\widehat{COD}$ (*fig.* 21) sont des angles opposés par le sommet.

26. Angles égaux. — On dit que *deux angles sont égaux* quand, en les appliquant l'un sur l'autre, on peut les faire coïncider.

27. *Bissectrice d'un angle.* — C'est la droite qui, partant du sommet, partage l'angle en deux angles égaux.

Si MIN et NIP sont égaux, IN est bissectrice de l'angle MIP (*fig.* 22).

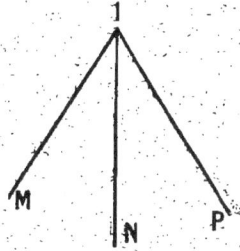

28. *Somme de plusieurs angles.* — Considérons deux angles AOB et CID (*fig.* 23); portons $\widehat{CID}$ à côté de $\widehat{AOB}$, de façon que le point I coïncide avec le point O, que le côté IC soit sur le côté OB et que $\widehat{CID}$ dans sa nouvelle position, en $\widehat{BOE}$, soit adjacent à $\widehat{AOB}$; on dit que $\widehat{AOE}$ ainsi obtenu est la somme de $\widehat{AOB}$ et de $\widehat{CID}$.

Fig. 22.

Pour ajouter plusieurs angles, on fait la somme des deux premiers, puis, à cette somme, on ajoute le troisième angle et ainsi de suite jusqu'à ce que tous les angles soient successivement

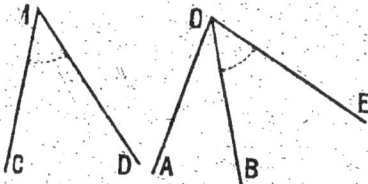

Fig. 23.

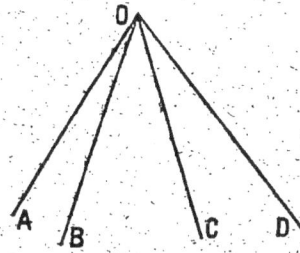

Fig. 24.

ajoutés; la dernière somme représentera la somme des angles considérés.

Si l'on considère les angles $\widehat{AOB}$, $\widehat{BOC}$, $\widehat{COD}$ (*fig.* 24); successivement adjacents, l'un d'eux étant adjacent à celui qui le précède, on peut écrire :

$$\widehat{AOD} = \widehat{AOB} + \widehat{BOC} + \widehat{COD}.$$

29. Nous admettons que la somme de plusieurs angles est la même, quel que soit l'ordre dans lequel on ajoute ces angles.

30. *Différence de deux angles.* — La différence de deux angles est un troisième angle qui, ajouté au plus petit, donne comme somme le plus grand. C'est le problème inverse du précédent.

Si l'on considère les angles AOB et CID (*fig.* 25), pour retrancher le plus petit $\widehat{CID}$ du plus grand, on portera $\widehat{CID}$ sur $\widehat{AOB}$, de façon à faire coïncider les sommets, à placer le côté ID sur OB, l'autre côté OC tombant en OE, à l'intérieur de l'angle AOB; l'angle AOE est la différence cherchée.

31. Multiplication d'un angle par un nombre entier. — On répéterait ici ce qui a été dit pour la multiplication d'un segment par un nombre entier.

32. Angle plus petit, angle plus grand qu'un autre. —

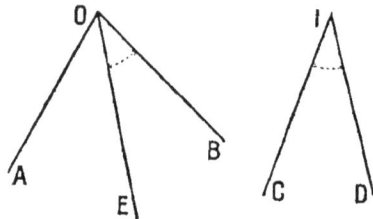

Fig. 25.

Génération d'un angle. — Ce qui précède nous donne la notion d'*angle plus grand* ou *plus petit* qu'un autre.

D'une façon générale, considérons un angle AOB (*fig.* 26) dans lequel OA est fixe et OB mobile autour du point O; supposons que le côté OB soit d'abord en coïncidence avec OA et relevons-le en le faisant tourner d'une façon continue dans le sens de la flèche, sans atteindre la position pour laquelle BOA est une ligne droite, les angles AOB successivement obtenus sont de plus en plus grands. Arrêtons OB dans une certaine position et faisons-le tourner en sens inverse, les angles AOB successivement obtenus sont de plus en plus petits.

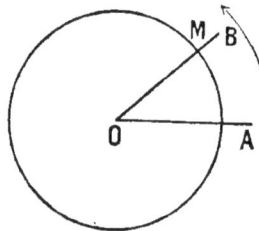

Fig. 26.

— Si l'on suppose que OB, partant de la position OA, fasse une révolution complète autour du point O, de façon à revenir à sa position initiale OA, tout point M de OB est entraîné dans le mouvement et décrit une courbe que l'on appelle *circonférence.*

Circonférence. — Cercle. — Rayon. — Arc. Corde. — Diamètre.

33. Circonférence. — *La circonférence est une ligne courbe dont tous les points sont équidistants d'un point fixe appelé* **centre.**

La circonférence est une courbe fermée, c'est-à-dire telle qu'en suivant la ligne dans un sens déterminé, on revient au point de départ. Cette courbe fermée (*fig.* 27) partage le plan en deux régions, l'une contient le centre de la courbe, c'est l'*intérieur de la courbe,* l'autre partie est l'*extérieur.*

34. Cercle. — *La portion de plan limitée par la circonférence et située à l'intérieur de celle-ci s'appelle* **cercle** (*fig.* 27).

Ainsi la *circonférence est une ligne, le cercle est une surface;* cependant on emploie très souvent, dans le langage courant, le mot cercle pour circonférence, à condition toutefois que la confusion ne soit pas possible.

Fig. 27.

35. Rayon. — *On appelle* **rayon** *d'une circonférence ou d'un cercle, la droite qui joint un point de la circonférence au centre.*

Deux circonférences de même rayon sont égales.

36. Arc. — *Un* **arc** *est une partie limitée de la circonférence.*

La partie AMB de la circonférence limitée en A et en B (*fig.* 28) est un arc. On le désigne ainsi : $\overset{\frown}{AMB}$ ou arc AMB.

37. Corde. — *Une* **corde** *est une droite qui joint deux points de la circonférence.*

Si l'on considère une corde et un arc ayant mêmes extrémités, on dit que *la corde sous-tend l'arc* ou *que l'arc est sous-tendu par la corde.*

Ainsi l'arc AMB est sous-tendu par la corde AB (*fig.* 28); ou encore la corde AB sous-tend l'arc AMB.

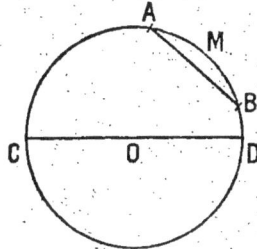

Fig. 28.

38. Diamètre. — *Un* **diamètre** *est une corde qui passe par le centre.*

Un diamètre est la somme de deux rayons; la corde CD qui passe par le centre (*fig.* 28) est un diamètre.

39. *Comment on trace une circonférence.* — On se sert généralement d'un compas; les jardiniers emploient un cordeau. Les compas affectent des formes très variées sur lesquelles nous n'insisterons pas.

40. *Somme et différence d'arcs tracés sur une même circonférence.* — On ajoute ou on retranche les arcs pris sur une même circonférence ou sur des circonférences égales, comme on ajoute ou retranche des segments. (V. n° 11).

Mesure d'un arc. — Le degré et ses sous-multiples. Le grade et ses sous-multiples.

41. Système sexagésimal. Degré; minute et seconde sexagésimales. — Si l'on suppose la circonférence partagée en 360 parties égales, chacun des arcs obtenus constitue *un degré*.

Le degré est l'unité principale choisie pour mesurer un arc; ainsi :

L'unité principale d'arc est le degré qui équivaut à la 360° partie de la circonférence.

Ses sous-multiples sont :

La minute sexagésimale (') qui représente la 60° partie du degré.

La seconde sexagésimale (") qui représente la 60° partie de la minute.

Mesurer un arc, c'est chercher combien il faut ajouter bout à bout de degrés, minutes et secondes pour former une somme égale à l'arc considéré.

Si l'on a, par exemple, un arc de 42 degrés 28 minutes 37 secondes, on écrit sa mesure :

$$42° \; 28' \; 37''.$$

Pour un arc inférieur à une seconde, on compte par dixièmes, centièmes..... de seconde.

Le système d'unités formé par le degré, la minute et la seconde sexagésimales constitue le *système sexagésimal.*

42. Système centésimal. Grade; minute et seconde centésimales. — Le système sexagésimal ne se prête pas aisément au calcul, dans notre système de numération, puisqu'il n'est pas décimal; c'est pourquoi, on emploie aujourd'hui, de plus en plus, *le système* dit *centésimal*, proposé lors de la création du système métrique. Comme nous allons le voir, ce système a l'avantage d'être décimal; d'ailleurs, certains services comme le Service Géographique de l'armée fondé en 1799 l'ont employé depuis leur création. Ce système comprend :

Le *grade* qui est la 400° partie de la circonférence et ses sous-multiples.

La minute centésimale (ᐣ) qui est la 100° partie du grade.

La seconde centésimale·(ᐦ) qui est la 100° partie de la minute centésimale.

Un arc de 54 grades, 8 minutes centésimales, 37 secondes centésimales, par exemple, se représentera ainsi :

$$54^G \; 8^\backslash \; 37^{\backslash\backslash} \text{ ou } 54^G, 0837$$

43. *Passage d'un système d'unités à l'autre.* — Il importe de savoir convertir, le plus simplement possible, des degrés en grades ou inversement. Pour cela, il suffira de se rappeler que
360 degrés équivalent à 400 grades et, par suite,
9 degrés équivalent à 10 grades.

44. Problème I. — *Convertir 28° 34' 27" en fraction décimale du degré.*
Convertissons 34' 27" en secondes, nous obtenons
$$60'' \times 34 + 27'' = 2067''.$$

Or, une seconde étant la $\frac{1}{3600}$ partie du degré, 2067" repré

sentent $\frac{2067}{3600}$ de degré;

mais $\frac{2067}{3600} = 0,57416;$

on a donc pour le nombre cherché :
$$28°,57416.$$

45. Problème II. — *Convertir 28° 34' 27" en grades.*
Nous commencerons par convertir le nombre donné en fraction décimale de degré (V. Prob. I), ce qui donne
$$28°,57416.$$

Or, 9 degrés valent 10 grades,

$$1 \text{ degré vaut } \frac{10}{9} \text{ de grade}$$

et, par suite, on a pour le nombre cherché
$$\frac{1^G \times 10 \times 28,57416}{9} = 31^G,7490.$$

46. Problème III. — *Convertir 45°,42725 en degrés, minutes et secondes sexagésimales.*
1 degré vaut 60 minutes.
0°,42725 valent $60' \times 0,42725 = 25',635$, soit 25' et 0',635.
Pour convertir 0',635 en secondes, il suffit de multiplier ce nombre par 60, ce qui donne
$$60'' \times 0,635 = 37'',8.$$
Le nombre cherché est 45° 25' 37",8.

47. Problème IV. — *Convertir 72°,4825 en degrés, minutes et secondes sexagésimales.*

Nous convertirons d'abord le nombre en degrés et fraction décimale de degré.

10 grades valent 9 degrés,

$$1 \text{ grade vaut } \frac{9}{10} \text{ de degré};$$

$$72^G,4825 \text{ valent } \frac{1° \times 9 \times 72,4825}{10} = 65°,23425.$$

Reste à convertir $0°,23425$ en minutes et secondes sexagésimales (V. Prob. III).

On a :

$$60' \times 0.23425 = 14',055 \text{ et } 60'' \times 0,055 = 3'',3.$$

Le nombre cherché est $65° 14' 3'', 3$.

48. Remarque. — Rappelons, en passant, que la longueur du méridien terrestre est approximativement de 40 000 000 de mètres.

Par suite :

La longueur d'un degré de méridien est

$$\frac{40\,000\,000^m}{360} = 111\,111 \text{ m. } 11.$$

La longueur d'une minute de méridien est

$$\frac{111.111^m.11}{60} = 1\,851^m,85;$$

cette longueur constitue le *mille marin*.

La longueur d'une seconde de méridien est $\dfrac{1851^m,85}{60} = 30^m,86$; c'est la longueur moitié de cette dernière, soit $15^m,43$, qui constitue le *nœud marin*.

Lorsqu'on dit qu'un bateau file n nœuds, cela veut dire qu'il parcourt n nœuds en une demi-minute de temps. Remarquons qu'un bateau qui filerait 1 nœud, parcourrait 2 nœuds à la minute, soit la longueur de la seconde de méridien ; il parcourrait donc un mille marin à l'heure.

Ainsi, dire qu'un bateau file 4 nœuds, par exemple, revient à dire qu'il parcourt 4 milles marins à l'heure.

Avec la division en grades, les longueurs de méridien correspondant aux différentes unités sont beaucoup plus simples :

Le grade de méridien a pour longueur 100 kilomètres.

Problèmes.

1re ANNÉE :

13. Étant donnés deux angles adjacents $\widehat{AOB}$, $\widehat{BOC}$, l'angle formé par leurs bissectrices est la demi-somme des deux angles donnés.

14. Additionner les arcs suivants : 0°34'28', 15°48'52", 48°6'45".

15. Soustraire les arcs suivants : 72°38'46" et 34°35'52".

16. Effectuer la multiplication par 7 de l'arc 15°47'35".

17. Effectuer la division par 8 de l'arc 301°38'16".

18. Convertir 58°34'55" en fraction décimale de degré.

19. Évaluer, en grades, un arc de 47°38'49'.

20. Évaluer, en unités sexagésimales, un arc de 54ᴳ,8792.

21. Quelle est la différence en degrés, minutes et secondes sexagésimales des arcs de 28°37'42" et 34ᴳ,3864 ?

22. Sur une circonférence, un arc de 24ᴳ,2872 a une longueur de 12ᵐ,48. Quelle est la longueur de la circonférence ?

23. Sur une circonférence, un arc de 30°28' 46" a pour longueur 18ᵐ,50. Quelle est la longueur de la circonférence ?

24. Quel est l'arc parcouru par l'extrémité de la grande aiguille d'une montre : 1° En 42 minutes ? 2° En 42 minutes 34 secondes ?

25. Quel est l'arc parcouru par l'extrémité de la petite aiguille d'une montre en 4 heures 35 minutes 42 secondes ?

2ᵉ ANNÉE :

26. Étant donnés deux angles adjacents $\widehat{AOB}$, $\widehat{BOC}$, on mène la bissectrice OI de $\widehat{AOB}$, démontrer que

$$\widehat{AOI} = \frac{\widehat{AOC} - \widehat{BOC}}{2}, \quad \widehat{COI} = \frac{\widehat{COA} + \widehat{COB}}{2}.$$

27. $\widehat{AOB}$ et $\widehat{BOC}$ étant deux angles adjacents, OD une droite tracée dans l'intérieur de $\widehat{AOB}$, démontrer que $\widehat{DOB} = \dfrac{\widehat{DOC} - \widehat{DOA}}{2}$.

28. Étant donnés deux arcs consécutifs $\widehat{AB}$, $\widehat{BC}$ pris sur le même cercle et ne se recouvrant pas, I étant le milieu de l'arc AB :

$$\widehat{AI} = \frac{\widehat{AC} - \widehat{BC}}{2}, \quad CI = \frac{\widehat{CA} + \widehat{CB}}{2}.$$

29. La latitude de l'Observatoire de Paris (arc de méridien compris entre l'Observatoire de Paris et l'équateur) est de 48°50'11". Calculer la longueur de l'arc correspondant, c'est-à-dire la distance, comptée sur la méridienne, de l'Observatoire de Paris à l'équateur.

30. Un bateau dont la route est sensiblement N.-S. file 24 nœuds; exprimer en grades, puis en degrés, la mesure de l'arc de méridien qu'il parcourt en 1 heure 26 minutes.

CHAPITRE III

ARCS ET ANGLES. — MESURE
DES ANGLES

49. *Angle au centre.* — *Un* angle au centre *est un angle qui a son sommet au centre de la circonférence.*

Ainsi, dans la circonférence de centre O, $\widehat{AOB}$ (*fig.* 29) est un angle au centre.

50. *Correspondance entre les angles au centre et les arcs interceptés.* — Considérons deux circon-férences égales de centre O et O' (*fig.* 30) et deux angles au centre $\widehat{AOB}$, $\widehat{A'O'B'}$ que nous supposons égaux; les arcs intercep-tés $\widehat{AB}$ et $\widehat{A'B'}$ sont aussi égaux, car si nous imaginons qu'on porte la circonférence O' sur la circonférence O, de façon que l'angle $A'O'B'$ coïncide avec son égal AOB, les deux cercles égaux ayant même centre coïncide-ront et l'arc A'B' coïncidera avec l'arc AB.

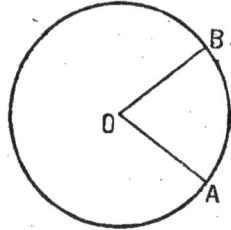

Fig. 29.

De même, si l'on considère deux circonférences égales de cen-tres O et O' (*fig.* 30) et deux arcs AB et A'B' égaux, les angles au centre qui les interceptent, $\widehat{AOB}$, $\widehat{A'O'B'}$, sont égaux, car si nous imaginons qu'on porte la circonférence O' sur la circonférence O de façon à faire coïncider les arcs égaux A'B' et AB, les an-gles au centre $\widehat{AOB}$ $\widehat{A'O'B'}$ se-ront également en coïncidence.

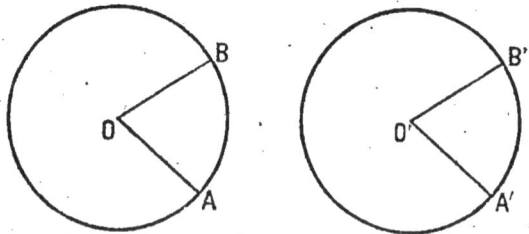

Ce que nous venons de dire

Fig. 30.

pour deux cercles égaux est également vrai si les angles au centre égaux ou encore les arcs égaux sont pris dans un même cercle. Ainsi, les deux angles AOB et COD (*fig.* 31) étant égaux, les arcs AB et CD sont égaux, car nous pouvons imaginer qu'on dédouble le cercle considéré et qu'on détache un second cercle identique au premier et emportant avec lui l'angle COD; on pourra alors recommencer la démonstration faite plus haut.

On opére-
rait de la mê-
me façon si
les deux arcs
égaux étaient
pris sur un
même cercle.

En résumé,
nous pouvons
dire que :

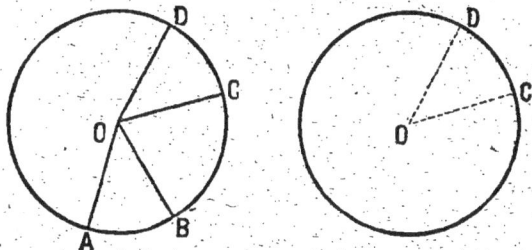

Fig. 31.

même cercle ou dans des cercles égaux, deux angles au centre égaux interceptent des arcs égaux.

De même,

Dans un même cercle ou dans des cercles égaux, deux arcs égaux sont interceptés par des angles au centre égaux.

51. Conséquence de la correspondance établie. — Il résulte de ce qui précède que *si l'on prend comme unité d'angle, l'angle au centre qui intercepte sur la circonférence l'unité d'arc, les nombres qui expriment les mesures d'un angle au centre et de l'arc qu'il intercepte sont les mêmes.*

Prenons donc comme unité d'angle, l'angle au centre qui intercepte l'unité d'arc, nous l'appellerons *angle d'un degré* ou simplement *degré*, avec, comme sous-multiples, l'angle d'une minute (60° partie de l'angle d'un degré) et l'angle d'une seconde (60° partie d'un angle d'une minute).

Dans ces conditions, si l'on considère un arc de 48° 50′ 11″, l'angle au centre qui l'intercepte est également de 48° 50′ 11″; il *importe de remarquer* que le premier nombre exprime des degrés, minutes, secondes d'arc; le second, des degrés, minutes, secondes d'angle. Il est d'ailleurs impossible d'établir une confusion. *On prend aussi, pour unité d'angle, l'angle qui intercepte un arc de 1 grade.*

En résumé, nous disons :

Un angle au centre a même mesure que l'arc qu'il intercepte;

Ceci n'est vrai, bien entendu, que si l'on admet les conventions faites, c'est-à-dire *si l'on prend pour unité d'angle, l'angle au centre qui intercepte l'unité d'arc.*

52. Remarquons encore que si nous prenons deux ou plusieurs *circonférences concentriques* (ayant même centre) [*fig*. 32], les nombres qui expriment, en degrés ou en grades, les mesures des arcs AB et CD interceptés par un même angle au centre sont les mêmes,
puisque cha- cun d'eux a même mesure que l'angle au centre.

53. *Le dia- mètre d'un cer- cle partage le cercle en deux parties égales.*

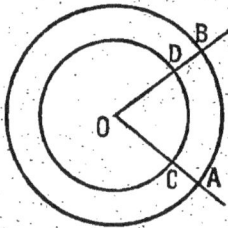

Fig. 32.

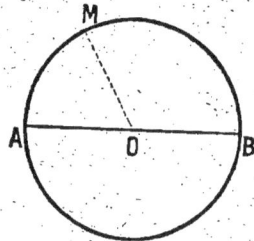

Fig. 33.

— Considérons un cercle de centre O (*fig*. 33) et le diamètre AB. Faisons tourner la portion AMB du cercle autour de AB pour la rabattre sur l'autre; tout point M de l'arc AMB vient s'appliquer en un point de l'arc qui reste fixe, car OM vient coïncider avec un rayon de la partie fixe. Inversement, en laissant fixe la partie primitivement mobile et en faisant tourner l'autre, tout point de l'arc de celle-ci viendra coïncider avec un point de l'autre. Les deux portions sont bien égales.

54. *Demi-cercle. Quadrant. Angle droit.* — Chacune des parties d'un cercle séparées par un diamètre est un *demi-cercle*.
La demi-circonférence comprend donc 180° ou 200°.
Si nous prenons le milieu C (*fig*. 34) d'une demi-circonférence ACB, chacun des arcs CA et CB vaut 90° ou 100° : c'est le quart de la circonfé- rence; on l'appelle *quadrant*.
L'angle au centre qui intercepte un arc de 90° ou 100° et qui a, par suite, pour mesure 90° ou 100° est un *angle droit*.

55. *Tous les angles droits sont égaux,* car ils interceptent, sur des circonfé- rences égales, des arcs égaux.

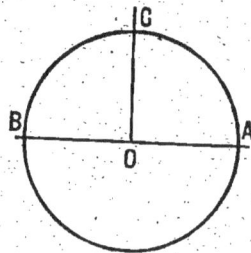

Fig. 34.

56. *Perpendiculaire et oblique.* — *On dit qu'une demi-droite issue d'un point O d'une droite AB* (*fig*. 34) *est* perpendiculaire *sur cette dernière, lorsqu'elle forme avec elle deux angles adjacents égaux.*
Nous allons montrer qu'une telle droite existe.

57. *En un point O pris sur une droite AB, on peut toujours élever une perpendiculaire sur la droite,* car si du point O (*fig.* 35) comme centre, on décrit un demi-cercle de rayon quelconque limité à son intersection CD avec AB, il suffit de prendre le milieu E de l'arc CD, et la droite OE est perpendiculaire sur AB, puisqu'elle forme avec AB deux angles droits et, par suite, égaux.

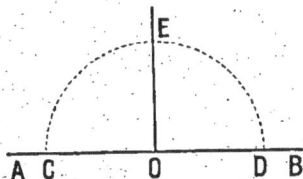

De plus, *par le point O on ne peut mener qu'une seule droite perpendiculaire à AB,* car toute autre droite ferait avec OA et OB deux angles forcément inégaux, puisque l'un serait plus petit qu'un angle droit et l'autre plus grand.

Fig. 35.

58. *Toute droite qui n'est pas perpendiculaire sur une autre est dite oblique à cette autre.*

59. Les points où une perpendiculaire ou une oblique sur une droite rencontrent cette dernière sont appelés *les pieds* de la perpendiculaire ou de l'oblique; O est le pied de la perpendiculaire OE sur AB.

Angle aigu. — Angle obtus. — Angles complémentaires. — Angles supplémentaires.

60. Angle aigu. — *Un angle aigu est un angle plus petit qu'un angle droit.*

$\widehat{AOB}$ (*fig.* 36), plus petit que l'angle AOC droit, est aigu.

61. Angle obtus. — *Un angle obtus est un angle plus grand* (V. n° 32) *qu'un angle droit.*

$\widehat{AOB}$ (*fig.* 37), plus grand que l'angle droit $\widehat{BOC}$, est obtus.

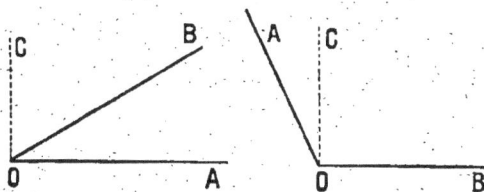

Fig. 36. Fig. 37.

62. Angles complémentaires et supplémentaires. — Deux angles dont la somme est égale à un angle droit (90° ou 100^G) sont dits *angles complémentaires.*

$\widehat{AOB}$ et $\widehat{BOC}$ sont complémentaires (*fig.* 36).

63. Deux angles dont la somme est égale à deux angles droits (180° ou 200ᴳ) sont dits *angles supplémentaires*.

Nous reviendrons plus loin sur les angles supplémentaires.

64. **Complément et supplément d'un angle.** — On appelle *complément d'un angle*, l'angle qu'il faut lui ajouter pour former un angle droit. $\widehat{BOC}$ (*fig.* 36) est le complément de $\widehat{BOA}$.

65. On appelle *supplément d'un angle*, l'angle qu'il faut lui ajouter pour former deux angles droits.

Applications.

66. — *Comment on mesure approximativement les angles.* — *Fausse équerre.* — *Graphomètre.* — *Rapporteur.*

1° Sur le bois. — Les charpentiers et menuisiers emploient la *fausse équerre*. La fausse équerre ou sauterelle (*fig.* 38) est composée de deux règles réunies à l'une de leurs extrémités par une charnière. On applique les deux branches suivant les côtés de l'angle, puis sur la planche où l'on veut découper un angle égal.

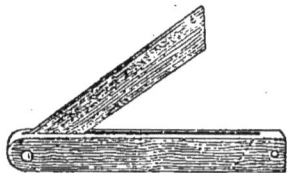

Fig. 38.

2° Sur le terrain — On utilise plusieurs instruments, entre autres le *graphomètre* que nous décrivons plus loin (V. nº 526).

3° Sur le papier. — On emploie un *rapporteur*. C'est une plaque

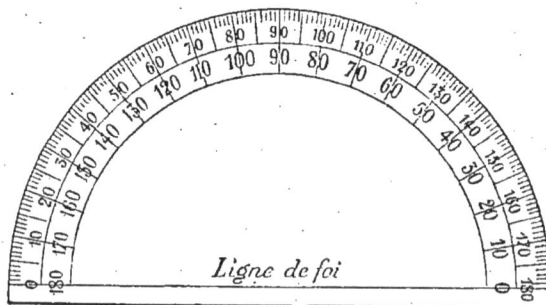

Ligne de foi

Fig. 39

mince de corne ou de cuivre (*fig.* 39) ayant la forme d'un demi-cercle; la demi-circonférence est divisée en degrés et même, quand la dimension de l'instrument le permet, en dixièmes ou vingtièmes de degré. Pour plus de commodité, il porte souvent deux graduations, comme l'indique la figure..

Pour mesurer un angle à l'aide du rapporteur, on placera le centre O (*fig.* 40) au sommet de l'angle et le rayon OA (*ligne de foi*) sur un des côtés de l'angle; la mesure de l'angle s'obtiendra par une simple lecture.

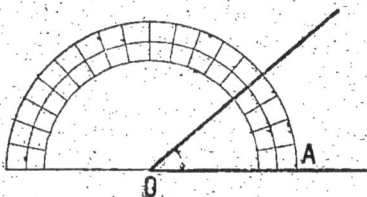

Pour tracer, à l'aide du rapporteur, une droite qui fasse avec une autre un angle égal à un angle donné, on placera le point O (*fig.* 41) au point que l'on se propose de prendre pour sommet de l'angle, et le rayon OA sur la direction que l'on se propose de prendre pour un des côtés de l'angle; on marquera le point B par lequel doit passer le côté de l'angle, afin que celui-ci ait pour mesure un nombre donné à l'avance ou pour qu'il soit égal à un angle que l'on a préalablement mesuré.

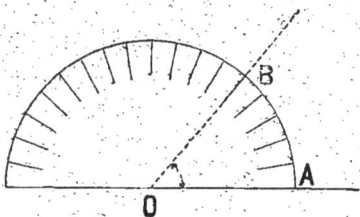

Fig. 40.

En particulier on pourra, en un point d'une droite, élever le perpendiculaire sur la droite.

Fig. 41.

4° AVEC LA RÈGLE ET LE COMPAS. — Lorsqu'on construit, à l'aide du rapporteur, un angle égal à un angle donné, on n'obtient qu'une approximation insuffisante. La construction à l'aide de la règle et du compas est préférable (V. n⁰ˢ 120 et 121).

67. REMARQUE. — Nous avons établi jusqu'ici quelques propriétés de figures géométriques (ligne droite, angle, circonférence). Dorénavant, pour donner plus de netteté dans l'ensemble, nous séparerons toutes les propriétés que nous établirons, et afin que l'étude en soit plus facile, nous présenterons toujours sous la même forme chaque propriété nouvelle qu'il nous faudra établir. Commençons par définir quelques mots nouveaux.

68. Théorème. — *Un* théorème *est une vérité mathématique que l'on peut établir.*

Chaque théorème comprendra deux parties:

1° *L'énoncé,* qu'il sera indispensable d'apprendre par cœur et qui nous indiquera la vérité que l'on se propose d'établir;

2° *La démonstration* ou raisonnement qui, en partant de vérités admises ou déjà démontrées, nous conduira à la propriété qu'il nous faut établir.

Les propriétés admises ou déjà démontrées constituent l'*hypothèse*, la vérité à démontrer constitue la *conclusion*.

69. Lemme. — *Un* **lemme** *est un théorème qu'il est nécessaire de démontrer préalablement pour arriver à la démonstration d'un théorème déterminé.*

70. Axiome. — *Un* **axiome** *est une vérité évidente en elle-même qui, par suite, n'a pas besoin d'être démontrée.*

Ex. *Deux quantités égales à une troisième sont égales entre elles.*

Deux angles qui ont le même complément ou le même supplément sont égaux.

71. Corollaire. — *C'est une vérité qui découle immédiatement d'un théorème.*

72. Problème. — *C'est un théorème moins important que ceux qui sont établis dans le cours.*

73. Note importante. — Avant de continuer l'étude de la géométrie, il importe essentiellement de bien se pénétrer des définitions et des propriétés déjà établies dans les trois premiers chapitres.

Problèmes.

1re ANNÉE :

31. Construire à l'aide du rapporteur un angle de 115°. Calculer son supplément et son complément.

32. Construire à l'aide du rapporteur un angle de 60^G. Calculer son complément et son supplément.

33. Calculer le complément des angles de 48°54′8″ et 65^G,2872.

34. Calculer le supplément des angles de 120°34′42″ et 92^G,7895.

35. Deux arcs AC et BD pris sur un même cercle sont égaux. Si un mobile décrivant la circonférence rencontre les extrémités dans l'ordre A, B, C, D, démontrer que $\widehat{AC} = \widehat{BD}$.

36. Deux droites OA et OB font entre elles un angle de 34^G,2872. Une droite OA′ fait avec OA un angle de 10^G,3468; une droite OB′ fait avec OB un angle de 24^G,4832.

Montrer que, dans la construction des données, peut se présenter 4 cas de figure et, dans chaque cas, calculer l'angle A′OB′.

37. Un angle vaut les $\frac{3}{8}$ d'un droit, un autre les $\frac{3}{4}$ d'un droit. Calculer le supplément de leur somme.

38. Construire graphiquement, avec le rapporteur, le complément d'un angle tracé sur le papier.

39. Construire graphiquement, avec le rapporteur, le supplément d'un angle tracé sur le papier.

40. Exprimer, en degrés et en grades, l'angle que font les deux aiguilles d'une montre à 4 h. 30 m.

41. Exprimer, en degrés et en grades, l'angle que font les deux aiguilles d'une montre à 3 h. 24 m.

42. Exprimer, en degrés et en grades, l'angle que font les deux aiguilles d'une montre à 5 h. 43 m. 18 s.

43. La terre effectue sa rotation en 24 heures; quel est, en degrés, l'arc que parcourt un point de l'équateur :
1° En 7 heures? 2° En 4 heures 28 minutes 15 secondes?

44. A quelle heure les deux aiguilles d'une montre se recouvriront-elles entre 3 et 4 h.?

45. A quelle heure les deux aiguilles d'une montre seront-elles en ligne droite entre 2 h. et 3 h.?

CHAPITRE IV

LES ANGLES (suite)

74. Théorème. — *Si deux angles adjacents ont leurs côtés non communs en ligne droite, ils sont supplémentaires.*

Considérons les deux angles adjacents AOB, BOC (*fig.* 42) dont les côtés non communs OA et OC sont en ligne droite. Décrivons du point O comme centre, avec un rayon quelconque, un demi-cercle limité par AC, les deux angles AOB, BOC interceptent à eux deux sur la circonférence un

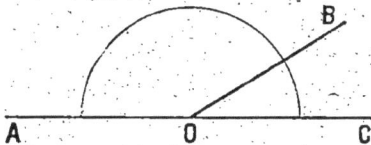
Fig. 42.

arc de 180° ou 200ᴳ. La somme des deux angles a donc pour mesure 180° ou 200ᴳ; elle est égale à deux droits.

75. Corollaire I. — *La somme des angles ayant leur sommet commun en un point d'une droite et recouvrant tout le plan d'un même côté de cette droite, sans se recouvrir entre eux, est égale à deux droits.*

Soient les angles AOC, COD, DOE, EOB (*fig.* 43) qui ont leurs sommets en O, recouvrent tout le plan d'un même côté de AB et ne se recouvrent pas. Leur somme est évidemment égale à 180° ou 200°, puisque, si nous décrivons un demi-cercle du point O comme centre, la somme des arcs qu'ils interceptent est égale à 180°.

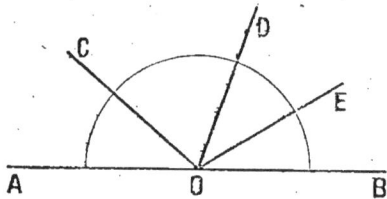
Fig. 43.

76. COROLLAIRE II. — *La somme des angles ayant leur sommet commun en un point du plan et recouvrant tout le plan sans se recouvrir entre eux est égale à quatre droits.*

Considérons les angles AOB, BOC, COD, DOA (*fig.* 44), qui ont leur sommet commun en O et recouvrent tout le plan sans se recouvrir entre eux. Prolongeons CO au delà du point O, en OC′; d'après le corollaire précédent :

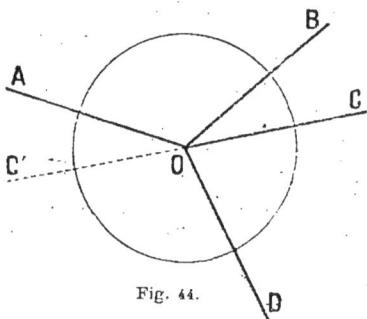
Fig. 44.

$$\widehat{COB} + \widehat{BOA} + \widehat{AOC'} = 2 \text{ dr.},$$
$$\widehat{C'OD} + \widehat{DOC} = 2 \text{ dr.},$$

et, en ajoutant membre à membre :

$$\widehat{COB} + \widehat{BOA} + \widehat{AOC'} + \widehat{C'OD} + \widehat{DOC} = 4 \text{ dr.}$$

Si on remarque que :

$$\widehat{AOC'} + \widehat{C'OD} = \widehat{AOD},$$

on a :
$$\widehat{COB} + \widehat{BOA} + \widehat{AOD} + \widehat{DOC} = 4 \text{ dr.}$$

77. DÉFINITIONS. — *Théorème réciproque.* — Dans le théorème précédent, l'hypothèse est que *deux angles adjacents ont leurs côtés non communs en ligne droite;* la conclusion est que *les deux angles adjacents sont supplémentaires.*

On appelle *théorème réciproque* d'un autre, un second théorème dans lequel la conclusion du premier est prise pour hypothèse et l'hypothèse du premier comme conclusion.

A tout théorème correspond une réciproque, mais ce n'est pas toujours une proposition vraie; ainsi nous avons démontré que : *Tous les angles droits sont égaux.*

Le réciproque serait :
Tous les angles égaux sont droits.
Ceci est évidemment faux.

78. *Théorème contraire.* — Il y a lieu de considérer aussi le théorème contraire d'un autre.

On appelle *théorème contraire d'un autre,* un second théorème dans lequel l'hypothèse est la négation de l'hypothèse du premier, et la conclusion, la négation de la conclusion du premier.

A tout théorème correspond un théorème contraire, mais ce n'est pas toujours une proposition vraie; ainsi le théorème que nous avons déjà cité plus haut :
Tous les angles droits sont égaux,
nous donnerait pour théorème contraire :
Tous les angles qui ne sont pas droits ne sont pas égaux.
Cette proposition est évidemment fausse.

*79. THÉORÈME RÉCIPROQUE. — *Si deux angles adjacents sont supplémentaires, leurs côtés non communs sont en ligne droite.*

Considérons les deux angles adjacents $\widehat{AOB}$, $\widehat{BOC}$ (*fig.* 45) que nous supposons supplémentaires. Soit OC′ le prolongement de AO ; $\widehat{BOC}$ a pour supplément $\widehat{BOA}$, puisque les deux angles sont adjacents et que OA et OC′ sont en ligne droite ; or, $\widehat{BOC}$ a aussi pour supplément $\widehat{BOA}$; d'après l'hypothèse, les deux angles $\widehat{BOC}$ et $\widehat{BOC'}$ qui ont le même supplément sont donc égaux, ce qui ne peut

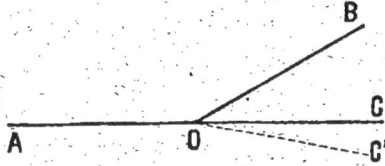

Fig. 45.

avoir lieu que si OC′ est confondu avec OC ; donc OC est le prolongement de AO.

80. THÉORÈME. — *Deux angles opposés par le sommet sont égaux.*

Soient $\widehat{AOB}$ et $\widehat{COD}$ (*fig.* 46), deux angles opposés par le sommet ; ils sont égaux, car ils ont tous les deux pour supplément $\widehat{COA}$; en effet, $\widehat{AOB}$ et $\widehat{COA}$ sont deux angles adjacents qui ont leurs côtés non communs OB et OC en ligne droite (d'après la dé-

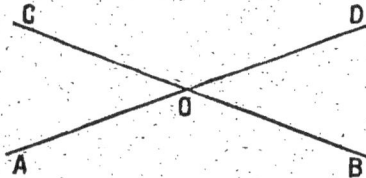

Fig. 46.

finition des angles opposés par le sommet). Il en est de même des angles COD et COA.

81. Remarque. — Si une droite OC est perpendiculaire sur AB (*fig*. 47), en prolongeant OC en OD, les quatre angles formés sont évidemment droits (étant deux à deux opposés par le sommet) ; la droite CD est dite perpendiculaire sur AB, la droite AB est également perpendiculaire sur CD.

*82. Théorème. — *Quand deux droites se coupent, les bissectrices des quatre angles qui sont deux à deux opposés par le sommet forment deux droites qui sont perpendiculaires l'une sur l'autre.*

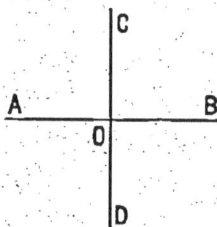

Fig. 47.

Considérons les deux droites AC et BD (*fig*. 48) qui se coupent en O. Démontrons d'abord que les bissectrices OE et OF des angles AOB et COD opposés par le sommet sont dans le prolongement l'une de l'autre ; pour cela, il nous suffira de démontrer que les angles adjacents FOC et COE sont supplémentaires.

Remarquons d'abord que $\widehat{FOC}$ et $\widehat{AOE}$ sont deux angles égaux comme moitiés des angles égaux AOB et COD ; par suite

$$\widehat{FOC} + \widehat{COE} = \widehat{AOE} + \widehat{COE}.$$

Or, $\widehat{AOE}$ et $\widehat{COE}$ sont des angles adjacents supplémentaires, puisque OC est le prolongement de OA. Donc

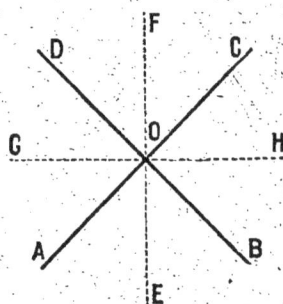

Fig. 48.

$\widehat{FOC}$ et $\widehat{COE}$ sont bien supplémentaires et OE est le prolongement de OF (V. n° 79).

Les quatre bissectrices forment donc deux droites ; ces droites sont perpendiculaires l'une sur l'autre, car les angles FOG et FOH sont égaux ; on a en effet :

$$\widehat{FOG} = \widehat{FOD} + \widehat{DOG}$$
$$\widehat{FOH} = \widehat{FOC} + \widehat{COH}.$$

Or, $\widehat{FOD} = \widehat{FOC}$, puisque OF est bissectrice de DOC et $\widehat{DOG} = \widehat{COH}$ comme moitiés d'angles égaux ; on a donc bien :

$$\widehat{FOG} = \widehat{FOH}.$$

Problèmes.

1ʳᵉ ANNÉE :

46. Par un point O pris sur une droite AB, on mène d'un même côté de cette droite deux demi-droites OC et OD, de façon que les angles AOC, COD, DOB soient égaux. Quelle est la valeur de chaque angle :
1º En degrés ? 2º En grades ?

47. Même problème en supposant que l'on mène par le point O six demi-droites, de façon à former 7 angles égaux.

48. Trois demi-droites OA, OB, OC partent d'un même point O; l'angle AOB vaut $\frac{3}{4}$ de droit, l'angle BOC vaut 98º8'42". Quelle est la valeur en degrés de l'angle COA ? Étudier les deux cas de figure.

49. On considère une droite AB, un point O de cette droite et une demi-droite OC qui forme deux angles AOC, COB supplémentaires; on sait que $\widehat{AOC} = 54^G,2872$. On mène la bissectrice OD de l'angle COB et on demande la valeur de l'angle AOD.

50. D'un point O partent 7 demi-droites faisant entre elles des angles égaux. Quelle est la valeur de chaque angle :
1º En grades? 2º En degrés ?

51. Si deux angles adjacents sont supplémentaires, leurs bissectrices sont perpendiculaires l'une sur l'autre.

2ᵉ ANNÉE :

52. On considère un angle AOB ayant pour mesure $34^G,2865$ et une demi-droite OC non située à l'intérieur de l'angle AOB et telle que $\widehat{AOC} = \widehat{BOC}$. Calculer la valeur de $\widehat{AOC}$.

53. On considère un angle AOB ayant pour mesure 43º27'42"; on élève la demi-droite OC perpendiculaire sur OA et du même côté que OB par rapport à OA, puis la demi-droite OD perpendiculaire sur OB et du même côté que OA par rapport à OB. Calculer $\widehat{DOC}$.

54. Si deux angles de même sommet sont égaux, que, de plus, deux de leurs côtés soient en ligne droite, sans être confondus, les deux autres étant situés de part et d'autre de cette droite, ceux-ci sont dans le prolongement l'un de l'autre et, par suite, les deux angles sont opposés par le sommet.

55. Trois demi-droites OA, OB, OC font entre elles des angles égaux qui recouvrent tout le plan sans se recouvrir entre eux; le prolongement de l'une est bissectrice de l'angle formé par les deux autres.

CHAPITRE V

POLYGONES ET CONTOURS POLYGONAUX

83. Polygones. — *On appelle* polygone *une portion de plan limitée par des segments de droites.*

Ces segments de droites s'appellent les *côtés du polygone.*

Les points communs à ces différents segments sont les *sommets du polygone.*

Un polygone a évidemment autant de sommets que de côtés.

Chaque sommet du polygone est le sommet d'un angle formé par deux côtés du polygone; cet angle est dit *angle du polygone.*

Un polygone a donc autant d'angles que de sommets.

On désigne un polygone en plaçant une lettre à chacun de ses sommets et en énonçant successivement toutes ces lettres dans l'ordre où on les rencontrerait en se déplaçant dans un sens déterminé sur le contour. On dit le polygone ABCDEF (*fig. 49*).

Deux sommets situés sur un même côté sont dits *consécutifs.*

Les côtés du polygone forment en définitive *une ligne brisée fermée,* c'est-à-dire telle qu'en partant d'un des sommets et en décrivant le contour dans un certain sens, sans retourner en arrière, on revienne au point de départ;

Fig. 49.

Une ligne brisée, fermée ou non, s'appelle *ligne polygonale* ou encore *contour polygonal.*

84. — On appelle *périmètre d'un polygone* la somme des segments qui forment les côtés.

85. — On appelle *diagonale d'un polygone*, la droite qui joint deux sommets non consécutifs du polygone; AD (*fig. 49*) est une diagonale.

86. — Le plus simple des polygones est celui de trois côtés que l'on appelle *triangle.*

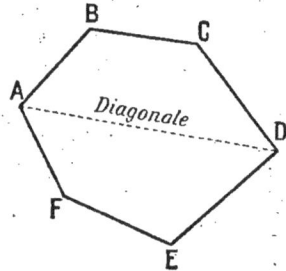

Le polygone de quatre côtés se nomme *quadrilatère.*
Le polygone de cinq   —   *pentagone.*
Le polygone de six   —   *hexagone.*
Le polygone de huit   —   *octogone.*
Le polygone de dix   —   *décagone.*
Le polygone de douze   —   *dodécagone.*

87. *Polygones convexes et concaves.* — On dit qu'un polygone est *convexe* (*fig.* 50) lorsque l'un quelconque de ses côtés prolongé laisse tout le polygone d'un même côté par rapport à lui.

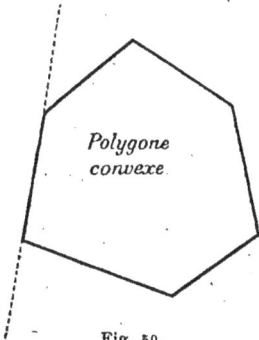

Polygone convexe

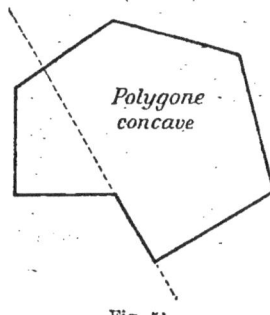

Polygone concave

Fig. 50.   Fig. 51.

Dans le cas contraire, c'est-à-dire si l'un quelconque des côtés prolongés traverse la figure, le polygone est dit *concave* (*fig.* 51).

Les mêmes définitions s'appliquent à une ligne brisée ou contour polygonal. Nous distinguerons donc les contours polygonaux concaves et les contours polygonaux convexes.

Quand deux lignes brisées ont mêmes extrémités, on dit que *l'une*

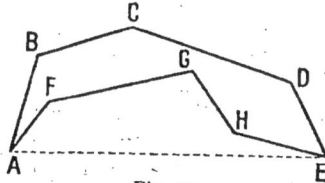

Fig. 52.

enveloppe l'autre, si cette dernière est tout entière à l'intérieur du polygone formé par l'autre et la droite qui joint ses extrémités.

AFGHE (*fig.* 52) est une ligne brisée enveloppée par ABCDE.

88. Propriété fondamentale du segment rectiligne. — *La longueur d'un segment rectiligne est plus petite que le périmètre de toute autre ligne ayant mêmes extrémités.*

Nous admettrons cette propriété du segment rectiligne que nous vérifions constamment dans la pratique.

On exprime généralement cette propriété en disant que:

La ligne droite est le plus court chemin d'un point à un autre.

89. THÉORÈME. — *Dans un triangle, un côté quelconque est plus petit que la somme des deux autres et plus grand que leur différence.*

Considérons un triangle quelconque ABC (*fig.* 53).

D'après la propriété admise pour le segment rectiligne, on a évidemment, pour un côté quelconque, BC par exemple :

$$BC < BA + AC.$$

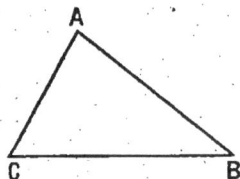

Fig. 53.

La seconde partie du théorème est une conséquence immédiate de la première. Démontrons, par exemple, que l'on a :

$$BC > BA - AC;$$

cela résulte de ce que, d'après la première partie du théorème, on peut écrire : $BC + AC > BA.$

En retranchant AC des deux membres de l'inégalité, il vient :

$$BC > BA - AC \qquad \text{C. Q. F. D.}$$

90. THÉORÈME. — *Étant donné un triangle* ABC (*fig.* 54), *si on prend un point* O *quelconque à l'intérieur du triangle et qu'on le joigne à deux sommets quelconques* B, C, *par exemple, on a* :

$$OB + OC < AB + AC.$$

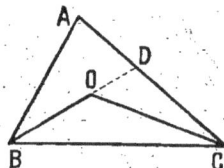

Fig. 54.

Prolongeons BO jusqu'à la rencontre D avec le côté AC, on a :

Dans le triangle BAD, $BO + OD < BA + AD;$

Dans le triangle ODC, $OC < OD + DC;$

car BD et OC sont des segments rectilignes.

En ajoutant membre à membre les deux inégalités, il vient :

$$BO + OD + OC < BA + AD + OD + DC.$$

On peut retrancher de chaque membre la même quantité OD, il reste, après avoir remarqué que AD + DC = AC

$$BO + OC < BA + AC.$$

C. Q. F. D.

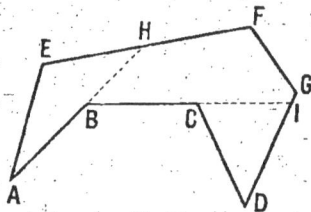

Fig. 55.

91. THÉORÈME. — *Toute ligne brisée convexe est plus petite qu'une ligne brisée quelconque ayant mêmes extrémités et enveloppant la première.*

Considérons la ligne brisée convexe ABCD (*fig.* 55) enveloppée par la ligne AEFGD.

Prolongeons AB au delà du point B, BC au delà du point C jusqu'à leur rencontre H et I avec le contour de la ligne brisée enveloppante.

AH, BI et CD étant des segments rectilignes, on a :

$$AB + BH < AE + EH,$$
$$BC + CI < BH + HF + FG + GI,$$
$$CD < CI + ID.$$

En ajoutant membre à membre ces trois inégalités, il vient :

$$AB + BH + BC + CI + CD <$$
$$AE + EH + BH + HF + FG + GI + CI + ID.$$

Retranchons des deux membres les quantités BH et CI qui sont communes, il reste :

$$AB + BC + CD < AE + EH + HF + FG + GI + ID.$$

Si nous remarquons que :

$$EH + HF = EF \text{ et } GI + ID = GD,$$

l'inégalité peut s'écrire :

$$AB + BC + CD < AE + EF + FG + GD. \quad \text{c. q. f. d.}$$

Problèmes.

1re ANNÉE :

56. Combien peut-on mener de diagonales issues d'un même sommet : 1° Dans un octogone ? 2° Dans un polygone de n côtés ?

57. Dans un triangle, l'un des côtés a 7 mètres de long, un autre 15 mètres, le troisième est double de l'un des deux autres. Quelle est sa longueur ?

58. Dans un triangle, un des côtés a 24 mètres, un autre 30 mètres, le troisième côté est le plus petit et, de plus, sa mesure est un multiple de 11. Quelle est la longueur de ce côté ?

59. Étant donné un triangle, on prend un point sur chacun des côtés. Démontrer que le périmètre du triangle obtenu en joignant ces trois points est inférieur au périmètre du triangle primitif.

60. Étant donné un triangle quelconque ABC, on joint l'un des sommets, A par exemple, à un point quelconque I du côté opposé. Démontrer que AI est inférieur à la moitié du périmètre du triangle.

61. Si l'on prend un point à l'intérieur d'un triangle, la somme des distances de ce point aux trois sommets est plus petite que le périmètre du triangle et plus grande que la moitié de ce périmètre.

2e ANNÉE :

62. Combien peut-on mener de diagonales :
1° Dans un octogone ?
2° Dans un polygone de n côtés ? $\left(\text{On trouvera } \dfrac{n(n-3)}{2}\right).$

63. Toute droite qui coupe un contour polygonal convexe ne peut le rencontrer en plus de deux points. (Car s'il y a trois points d'intersection, les deux extrêmes sont de part et d'autre du côté qui passe par l'autre.)

64. Si un polygone convexe est tout entier à l'intérieur d'un autre polygone, son périmètre est plus petit que le périmètre du polygone enveloppant.

CHAPITRE VI

PERPENDICULAIRES ET OBLIQUES. SYMÉTRIE

92. Théorème. — *D'un point pris hors d'une droite on peut toujours abaisser une perpendiculaire sur la droite et on n'en peut abaisser qu'une seule.*

Soient la droite AB (*fig.* 56) et le point O extérieur. Faisons tourner la portion de plan qui contient le point O autour de AB pour

l'appliquer sur l'autre partie ; le point O vient en un point O' ; relevons la portion du plan qui contient le point O pour la placer dans la position primitive et joignons OO' qui rencontre AB en C. Je dis que la droite OO' est perpendiculaire sur AB. En effet, les angles OCA et ACO' sont égaux, car si l'on fait de nouveau tourner la portion de plan qui contient le point O autour de AB, le point C reste fixe, O vient en O' et les deux angles coïncident ; or $\widehat{ACO'} = \widehat{OCB}$ comme opposés par le sommet, $\widehat{ACO}$ et $\widehat{OCB}$ qui sont égaux à $\widehat{ACO'}$ sont égaux entre eux et OC est perpendiculaire sur AB.

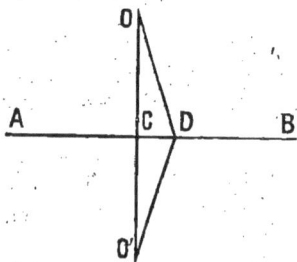
Fig. 56.

Démontrons maintenant qu'une autre droite quelconque OD ne peut pas être perpendiculaire sur AB. En effet, si l'on fait tourner la portion du plan qui contient le point O autour de AB, DO s'applique sur DO′ et les angles ODA et ADO′ qui coïncident sont égaux; si l'angle ODA était droit, il en serait de même de $\widehat{ADO'}$; ces deux angles seraient supplémentaires et, comme ils sont adjacents, leurs côtés non communs DO et DO′ seraient en ligne droite. Or, il n'y a qu'une droite joignant O et O′.

93. Application pratique. —
Tracé des perpendiculaires avec l'équerre et la règle.

Le tracé des perpendiculaires peut s'effectuer pratiquement à l'aide de l'*équerre*.

L'équerre que l'on emploie pour le tracé des perpendiculaires sur le papier est une planchette en bois à trois côtés dont deux sont rigoureusement perpendiculaires; le troisième est oblique aux deux autres.

Les mécaniciens, tailleurs de pierre, menuisiers, charpentiers,

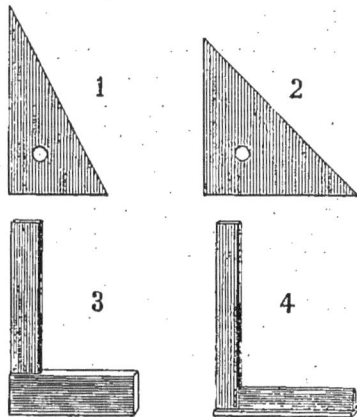

Fig. 57. — 1, Équerre à dessin allongée; 2, équerre à dessin ayant la forme d'un triangle isocèle; 3, équerre de menuisier; 4, équerre de charron.

etc., ont souvent besoin de tracer des perpendiculaires sur une droite; ils utilisent à cet effet différentes équerres (*fig.* 57), toutes caractérisées par ce fait qu'*un des côtés est rigoureusement perpendiculaire sur l'autre.*

Si l'on dispose une règle suivant une direction donnée *xy* (*fig.* 58) et qu'on fasse glisser une équerre de façon que l'un des côtés de l'angle droit s'appuie constamment sur la règle, l'autre côté, dans l'une quelconque de ses

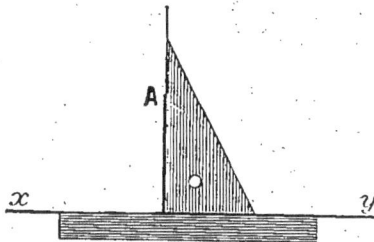

Fig. 58.

positions, est perpendiculaire sur la direction considérée; on peut donc, à l'aide d'un crayon, tracer la perpendiculaire à *xy* passant par un point donné A.

Nous verrons, dans le chapitre suivant, qu'on peut aussi tracer des perpendiculaires à l'aide de la règle et du compas.

94. THÉORÈME. — *Si d'un point pris hors d'une droite on abaisse la perpendiculaire sur la droite et diverses obliques :*

1° La perpendiculaire est plus courte que toute oblique ;

2° Deux obliques dont les pieds sont équidistants du pied de la perpendiculaire sont égales ;

3° Deux obliques dont les pieds sont inégalement distants du pied de la perpendiculaire sont inégales et celle dont le pied est le plus éloigné est la plus grande.

Considérons la droite AB (*fig.* 59), un point O extérieur et la droite OI perpendiculaire sur AB.

1° Traçons une oblique quelconque OC ; nous allons démontrer que OI est plus petit que OC.

Prolongeons OI au delà du point I d'une longueur IO′=OI et joignons O′C. Si l'on fait tourner la portion

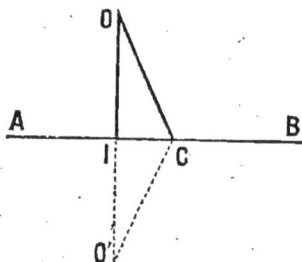

Fig. 59.

de plan qui contient le point O autour de AB pour la rabattre sur l'autre, O vient en O′, CO coïncide avec CO′ et par suite CO=CO′.

Dans ces conditions, le triangle OCO′ nous permet d'écrire :

$$OO' < OC + CO'.$$

OO′ est le double de OI, OC+CO est le double de OC ; le double de OO′ étant plus petit que le double de OC, on en conclut que OO′ est plus petit que OC.

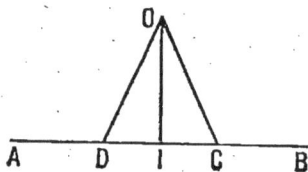

Fig. 60.

2° Considérons la perpendiculaire OI sur AB (*fig.* 60) et deux obliques OC, OD telles que IC=ID. Faisons tourner le triangle OIC autour de OI pour le rabattre sur le triangle OID ; les angles droits OIC et OID sont égaux ; par suite IC prendra la direction de ID et, comme IC=ID, le point C coïncidera avec D ; OC coïncidant avec OD, on a : OC=OD.

3° Considérons la perpendiculaire OI sur AB (*fig.* 61) et deux obliques OC et OD telles que l'on ait : IC < ID. Portons sur ID une longueur IE égale à IC. On sait, d'après le théorème précédent, que OE = OC. Si nous

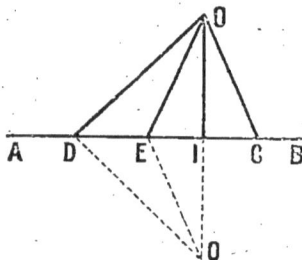

Fig. 61.

établissons que OE est plus petit que OD, le théorème sera démontré. Or, si on prolonge OI d'une longueur O'I = OI, on démontrera comme nous l'avons fait dans la première partie que O'E = OE et O'D = OD.

D'un autre côté, le point E étant à l'intérieur du triangle ODO', on a :

$$OE + EO' < OD + DO'.$$

Or, OE + EO' est le double de OE, OD + DO' est le double de OD ; par conséquent, le double de OE est plus petit que le double de OD ; on en déduit que OE est plus petit que OD, et le théorème est démontré.

95. Théorème réciproque. — *Si d'un point pris hors d'une droite, on abaisse la perpendiculaire sur la droite et différentes obliques :*

1º *De toutes les droites qui joignent le point extérieur aux différents points de la droite, la plus courte est la perpendiculaire abaissée du point sur la droite ;*

2º *Si deux obliques sont égales, leurs pieds sont équidistants du pied de la perpendiculaire ;*

3º *Si deux obliques sont inégales, leurs pieds sont inégalement distants du pied de la perpendiculaire et la plus grande a son pied le plus éloigné.*

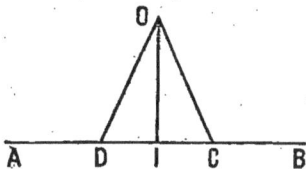

Fig. 62.

Considérons la droite AB (*fig.* 62), le point O extérieur et la perpendiculaire OI sur AB.

1º De toutes les droites joignant le point O aux différents points de la droite AB, la plus petite est forcément perpendiculaire, car si elle ne l'était pas, elle serait oblique et alors il existerait une droite (la perpendiculaire) plus petite qu'elle.

2º Soient OC et OD (*fig.* 62) deux obliques égales ; je dis que IC = ID ; en effet, s'il en était autrement, les obliques seraient inégales d'après la 2ᵉ partie du théorème précédent.

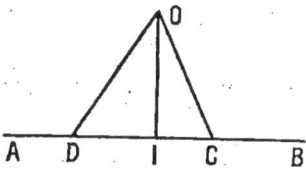

Fig. 63.

3º Soient OC et OD (*fig.* 63) deux obliques telles que l'on ait OC < OD ; je dis que l'on a forcément IC < ID. En effet, d'abord on ne peut avoir IC = ID, car il en résulterait OC = AD : c'est contraire à l'hypothèse ; on ne peut avoir non plus IC > ID ; on aurait comme conséquence, d'après la 3° partie du théorème précédent, OC > OD, et c'est contraire à l'hypothèse.

96. REMARQUE. — Il résulte du théorème précédent que, d'un point extérieur à une droite, on ne peut mener que deux obliques qui soient égales entre elles.

97. Distance d'un point à une droite. — *On appelle* distance d'un point à une droite *la longueur de la perpendiculaire abaissée du point sur la droite.*

La distance d'un point à une droite est la plus petite des distances du point aux différents points de la droite.

98. Symétrique d'un point par rapport à une droite. — On dit *que deux points sont symétriques par rapport à une droite lorsque cette droite est perpendiculaire au milieu de la droite qui joint les deux points.*

Pour obtenir le symétrique d'un point O (*fig.* 64) par rapport à une droite *xy*, on abaissera du point O la perpendiculaire OA sur *xy* et on la prolongera d'une longueur AO′ égale à AO. O et O′ sont symétriques par rapport à *xy*.

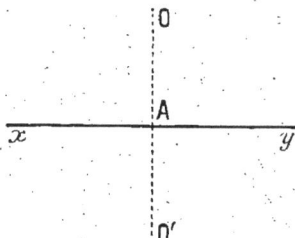

Fig. 64.

Remarquons que si l'on fait tourner la portion du plan qui contient l'un des points pour la rabattre sur l'autre, les deux points symétriques vont coïncider.

99. Figures symétriques par rapport à une droite. — Si l'on trace les symétriques de tous les points d'une figure par rapport à une droite, on obtient une seconde figure qui est dite symétrique de la première par rapport à la droite.

La droite est appelée *axe de symétrie.*

Remarquons que si l'on fait tourner la portion de plan qui contient la figure considérée autour de l'axe de symétrie pour la rabattre

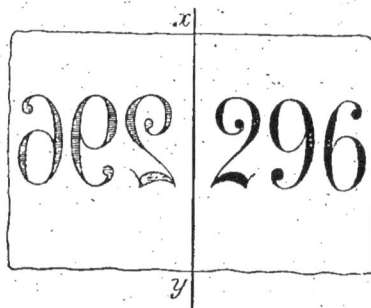

Fig. 65.

sur l'autre, les points des deux figures coïncideront deux à deux et, par suite, les deux figures coïncideront parfaitement.

Il résulte de là que la figure symétrique d'une droite par rapport à un axe est une droite, que la figure symétrique d'un cercle est un cercle, etc.

Si on plie une feuille de papier suivant une droite xy (*fig.* 65), toute figure tracée d'un côté de xy détermine, sur l'autre partie de la feuille, une figure symétrique de la première par rapport à xy.

Si une figure est symétrique d'une autre par rapport à un certain axe, la figure symétrique de cette autre par rapport au même axe est évidemment la première.

Pour obtenir la droite symétrique d'une droite AB (*fig.* 66) par rapport à un axe xy, il suffira de prendre les symétriques M' et N' de deux points M et N de la droite AB et de les joindre par une ligne droite.

100. — Si une figure est tracée sur une feuille de papier et que ce tracé soit encore humide, en posant par-dessus une feuille de papier buvard, celui-ci prend

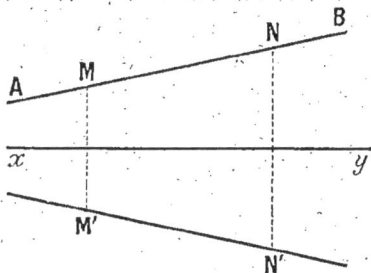

Fig. 66.

l'empreinte de la figure. Si on retourne le papier buvard, la figure que l'on observe est la figure symétrique de la première.

Lorsqu'on observe dans une glace l'image d'une figure déterminée, c'est encore la figure symétrique que l'on aperçoit.

— Nous reviendrons plus loin (n° 130) sur les figures symétriques par rapport à une droite.

101. — Quand deux droites sont symétriques l'une de l'autre par rapport à un axe, si l'une coupe l'axe, l'autre le coupe également et au même point, car tout point pris sur l'axe coïncide avec son symétrique; cet axe est la bissectrice de l'angle formé par les deux droites; cela résulte immédiatement de ce que si l'on fait tourner l'une des droites autour de l'axe, on peut l'amener à coïncider avec l'autre.

102. Axe de symétrie d'une figure. — *On dit qu'*une figure a un axe de symétrie *lorsque les points de la figure sont deux à deux symétriques par rapport à cet axe.*

Tout diamètre d'un cercle est un axe de symétrie.

Nous aurons occasion de signaler dans ce cours un certain nombre de figures possédant des axes de symétrie.

Problèmes.

65. Voyez-vous dans la classe des solides dont les faces planes présentent des figures symétriques par rapport à certains axes? (sans démonstration).

66. Existe-t-il des lettres majuscules qui peuvent coïncider directement avec leurs symétriques par rapport à une droite? (sans démonstration).

67. Le cercle a-t-il un axe de symétrie? En a-t-il plusieurs?

68. Quelle est la façon la plus simple de tracer le cercle symétrique d'un cercle donné par rapport à une droite?

69. La bissectrice d'un angle est un axe de symétrie de la figure.

70. Démontrer que deux obliques par rapport à une droite xy, égales et issues d'un même point, sont symétriques par rapport à la perpendiculaire abaissée du point sur la droite.

71. Étant donné un angle droit xOy, on prend sur Ox deux points A, B tels que OA < OB, puis sur Oy deux points C, D tels que OC < OD. Démontrer que l'on a AC < BD. (On comparera les deux segments au segment BC.)

72. Dans un triangle quelconque, la hauteur correspondant à un côté est plus petite que la demi-somme des deux autres côtés.
[On appliquera le th. n° 94 à la hauteur et à chacun des deux côtés obliques.]

73. Étant donnés un angle xOy et la bissectrice Oz, on prend sur les côtés de l'angle des longueurs OA, OB égales entre elles et sur la bissectrice un point quelconque M. Démontrer que MA = MB.
(On fera tourner l'une des parties de la figure autour de Oz qui est un axe de symétrie et on démontrera qu'elle coïncide avec l'autre.)

74. Étant donnés une droite illimitée xy et deux points A et B, situés d'un même côté de la droite, on demande de trouver sur xy le point M, tel que la somme des distances MA et MB soit la plus petite possible (minimum).
(On prendra le symétrique de l'un des points par rapport à xy et on le joindra à l'autre point; l'intersection avec xy appartient à la ligne cherchée.)

75. Étant donnés une droite illimitée xy et deux points A et B situés d'un même côté de xy, on demande de trouver sur xy le point M, tel que la différence des distances de ce point aux points A et B soit la plus grande possible (maximum).
(C'est l'intersection de xy avec AB.)

CHAPITRE VII

LES TRIANGLES. — TRIANGLE ISOCÈLE

103. Triangle. — Nous avons vu qu'*un triangle est un polygone de trois côtés.*

Dans un triangle ABC (*fig.* 67), les trois côtés AB, BC, CA sont encore appelés *bases* du triangle.

Chaque angle du triangle est *compris* entre deux côtés, ainsi $\widehat{A}$ est compris entre AB et AC.

Chaque côté du triangle est *adjacent* à deux angles ; ainsi BC est adjacent aux angles B et C.

A chaque côté est opposé un angle et inversement. Ainsi au côté BC est opposé l'angle A, au côté CA est opposé l'angle B, etc. Inversement, à l'angle A est opposé le côté BC, à l'angle B est opposé le côté AC, etc. On désigne par *a* le côté opposé à l'angle A, par *b* le côté opposé à l'angle B, par *c* le côté opposé à l'angle C.

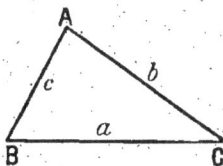

Fig. 67.

Les trois côtés et les trois angles d'un triangle constituent les *six éléments principaux* du triangle.

104. Hauteur d'un triangle. — On appelle *hauteur* d'un triangle

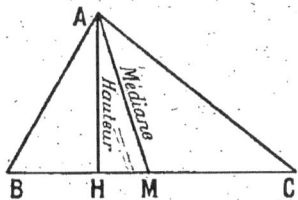

Fig. 68.

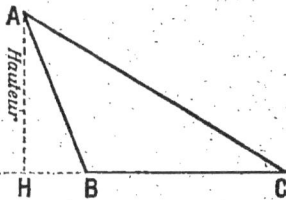

Fig. 69.

la perpendiculaire abaissée de l'un de ses sommets sur le côté opposé.

AH (*fig.* 68 et 69) est la hauteur issue du sommet A dans le triangle ABC.

Un triangle a trois hauteurs.

105. Médiane d'un triangle. — On appelle *médiane* d'un triangle la droite qui joint un sommet quelconque au milieu du côté opposé.

AM (*fig.* 68) est la médiane issue du sommet A dans le triangle ABC.

Un triangle a trois médianes.

106. *Triangle isocèle.* — On appelle *triangle isocèle*, un triangle qui a deux côtés égaux.

Le côté qui n'est pas égal aux deux autres s'appelle plus généralement *base* du triangle isocèle ; le sommet opposé s'appelle le *sommet* du triangle *isocèle*.

ABC (*fig.* 70) est un triangle isocèle, BA = BC, AC est la base, B le sommet.

107. *Triangle équilatéral.* — On appelle *triangle équilatéral* un triangle qui a les trois côtés égaux.

ABC (*fig.* 71) est un triangle équilatéral, AB = BC = CA.

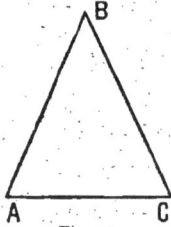 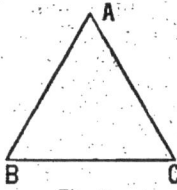 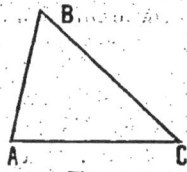

Fig. 70.   Fig. 71.   Fig. 72.

108. *Triangle scalène.* — C'est un triangle dont les trois côtés sont inégaux.

ABC (*fig.* 72) est un triangle scalène.

109. *Triangle rectangle.* — On appelle *triangle rectangle* un triangle qui a un angle droit.

Les deux autres angles d'un triangle rectangle sont aigus ; nous le démontrerons plus loin (n° 169).

Dans un triangle rectangle le côté qui est opposé à l'angle droit s'appelle *hypoténuse ;* les deux autres côtés sont appelés les *côtés de l'angle droit.*

ABC (*fig.* 73) est un triangle rectangle, BC est l'hypoténuse.

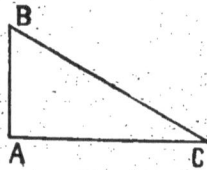

Fig. 73.

110. *Dans un triangle rectangle, l'hypoténuse est le plus grand côté ;* cela résulte du théorème n° 94.

Triangles isocèles.

111. Théorème. — *Dans un triangle isocèle, aux côtés égaux sont opposés des angles égaux.*

Considérons le triangle isocèle ABC (*fig.* 74); par hypothèse AB = AC. Il faut démontrer que $\widehat{B} = \widehat{C}$.

Menons la bissectrice AD de l'angle A, puis faisons tourner le triangle ADC pour le rabattre sur ABD. Les angles en A étant égaux, le côté AC prend la direction de AB, et comme AC = AB, C vient en B, les deux angles C et B coïncident; ils sont donc égaux.   зъбъз

112. Corollaire. *Dans un triangle équilatéral, les trois angles sont égaux.*

Considérons le triangle équilatéral ABC (*fig.* 71); par hypothèse AB = BC = CA; il faut démontrer que $\widehat{A} = \widehat{B} = \widehat{C}$.

Puisque AB = BC, on a $\widehat{A} = \widehat{C}$ d'après le théorème précédent.

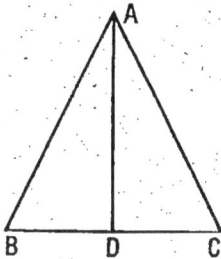 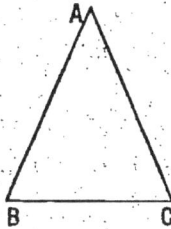 

Fig. 74.   Fig. 75.

Puisque BC = CA, on a également $\widehat{A} = \widehat{B}$; on en déduit $\widehat{A} = \widehat{B} = \widehat{C}$. — c. q. f. d.

113. Théorème réciproque. — *Si un triangle a deux angles égaux, aux angles égaux sont opposés des côtés égaux et, par suite, le triangle est isocèle.*

Considérons le triangle ABC (*fig.* 75) dans lequel on a par hypothèse $\widehat{B} = \widehat{C}$. Nous allons démontrer que AB = AC. Imaginons que l'on détache du triangle ABC un triangle A'B'C' identique, on a, par suite :

$$\widehat{A} = \widehat{A'}, \quad \widehat{B} = \widehat{B'}, \quad \widehat{C} = \widehat{C'}$$
$$AB = A'B' \quad AC = A'C' \quad BC = B'C'.$$

Or, les angles B et C sont égaux par hypothèse, comme $\widehat{B} = \widehat{B'}$ et $\widehat{C} = \widehat{C'}$; on en conclut que $\widehat{B} = \widehat{C} = \widehat{B'} = \widehat{C'}$.

Portons le triangle A'B'C' sur ABC après l'avoir retourné, et plaçons C'B' sur BC, le point C' en B et le point B' en C, ce qui est possible, les deux segments étant égaux. Dans ces conditions, le côté C'A' prendra la direction de BA puisque $\widehat{C'} = \widehat{B}$, de même B'A' prendra la direction de CA puisque $\widehat{B'} = \widehat{C}$, et le point A' qui se trouve à la rencontre de B'A' et de C'A' coïncidera avec le point A. Les deux triangles ainsi placés l'un sur l'autre coïncident parfaitement; A'B' coïncidant avec AC, on a : A'B' = AC; or, A'B' = AB d'après la construction, donc AB = AC, et le théorème est démontré.

114. Corollaire. — *Si un triangle a ses trois angles égaux, il est équilatéral.*

Considérons le triangle ABC (*fig.* 71) dans lequel on a par hypothèse $\widehat{A} = \widehat{B} = \widehat{C}$.

Puisque $\widehat{A} = \widehat{B}$, on a BC = AC d'après le théorème précédent.

Puisque $\widehat{B} = \widehat{C}$, on a AC = AB d'après le théorème précédent.

Il en résulte que BC = AC = AB et le triangle est équilatéral.

115. Théorème. — *Dans un triangle isocèle, la bissectrice de l'angle au sommet est en même temps médiane et hauteur.*

Considérons le triangle isocèle ABC (*fig.* 76); par hypothèse AB = AC; soit AD la bissectrice de l'angle au sommet A. Faisons tourner le triangle ADC autour de AD pour le rabattre sur ADB, nous savons (V. n° 111) que les deux triangles coïncident; il en résulte que $\widehat{ADB} = \widehat{ADC}$ et, par suite, AD est hauteur du triangle; de plus, DC = DB et AD est aussi médiane.

Il résulte du théorème précédent que, dans un triangle isocèle, la bissectrice de

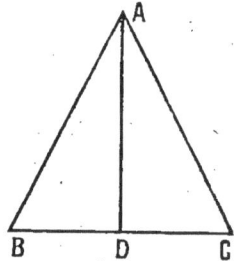

Fig. 76.

l'angle au sommet, la hauteur et la médiane issues de ce même sommet sont confondues.

116. Remarque. — Dans le théorème précédent, l'hypothèse est que le triangle considéré est isocèle, la conclusion que les trois droites, bissectrice, hauteur, médiane, partant du sommet, sont confondues; cela constitue, en réalité, trois théorèmes que l'on énoncerait immédiatement par analogie avec l'un d'eux, le suivant, par exemple :

Dans un triangle isocèle, la bissectrice de l'angle au sommet est en même temps hauteur du triangle.

Il en résulte trois réciproques qui sont vraies.

*117. 1ʳᵉ Récipr. Théorème. — *Si, dans un triangle, la bissectrice d'un angle est aussi hauteur, le triangle est isocèle.*

Soit le triangle ABC (*fig.* 77) dans lequel la bissectrice AD de l'angle A est hauteur du triangle.

Hypothèse : $\begin{cases} \widehat{A_1} = \widehat{A_2}. \\ \widehat{D_1} = \widehat{D_2}. \end{cases}$ Conclusion :   AB = AC.

Faisons tourner le triangle ADC autour de AD, pour le rabattre sur ADB. $\widehat{A_2}$ étant égal à $\widehat{A_1}$, le côté AC prendra forcément la direction de AB et le point C viendra quelque part sur AC ou sur son prolongement. $\widehat{D_1}$ étant égal à $\widehat{D_2}$, DC prendra forcément la direction de DB et le point C devra également se trouver en un

point de DB ou de son prolongement. Ce point C qui doit se trouver sur AB et sur DB coïncidera avec B et les deux triangles coïncideront parfaitement, donc AB = BC.

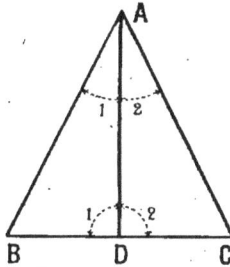
Fig. 77.

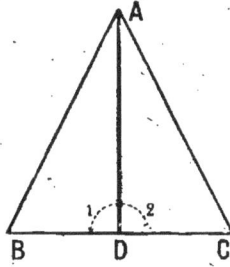
Fig. 78.

*118. 2ᵉ Récipr. Théorème. — *Si, dans un triangle, une hauteur est médiane, le triangle est isocèle.*

Soit le triangle ABC (*fig.* 78) dans lequel la hauteur AD est en même temps médiane.

Hypothèse : $\begin{cases} \widehat{D_1} = \widehat{D_2}. \\ DC = DB. \end{cases}$ Conclusion :   AB = AC.

On démontrera aisément que le triangle ADC tournant autour de AD vient s'appliquer exactement sur le triangle ADB.

*119. 3ᵉ Récipr. Théorème. — *Si, dans un triangle, la bissectrice d'un angle est aussi médiane, le triangle est isocèle.*

Nous ne démontrerons ce théorème que plus tard (n° 142).

120. Problème. — *Tracer, avec la règle et le compas, la perpendiculaire en un point d'une droite.*

Soit le point O de la droite *xy* (*fig.* 79). Prenons sur *xy* deux

points A et B tels que OA = OB. Puis, des points A et B comme
centres, avec le même rayon supérieur à AO, décrivons deux
arcs de cercle qui se coupent en C. La droite CO qui est la médiane du triangle isocèle ACB
est perpendiculaire sur *xy*
(V. n° 115).

121. Problème. — *Abaisser
d'un point la perpendiculaire
sur une droite, à l'aide de la
règle et du compas.*

Proposons-nous, à l'aide de
la règle et du compas, d'abais-

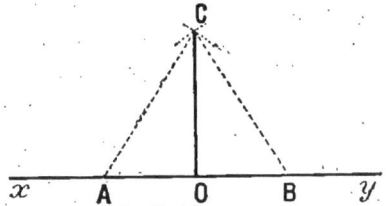

Fig. 79.

ser du point O (*fig.* 80) la perpendiculaire sur la droite *xy*. Du
point O comme centre, avec un rayon suffisant, décrivons un arc
de cercle qui coupe la droite *xy* en A et B. Puis des points A et B
comme centres, avec l'ouverture du compas déjà prise, décrivons
des arcs de cercle qui se coupent en O et en O'. Si l'on faisait
tourner, autour de *xy*, la portion du plan qui contient le point O
pour l'appliquer sur l'autre partie, l'arc de cercle OG s'applique-

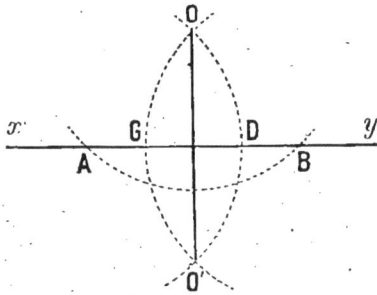

Fig. 80.

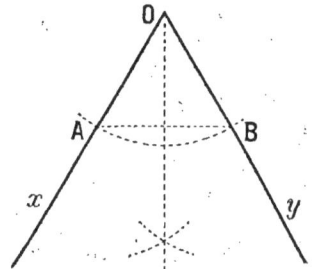

Fig. 81.

rait sur l'arc GO' et OD sur DO' (V. n° 53). Dans ces conditions,
le point O, qui se trouve à la rencontre des arcs GO et DO,
coïnciderait avec O'; les deux points O et O' sont donc symétriques par rapport à *xy* et, par suite, OO' est perpendiculaire
sur *xy*.

122. Problème. — *Tracer, avec la règle et le compas, la bissectrice
d'un angle.*

Soit *x*O*y* (*fig.* 81) l'angle donné. Du sommet O comme centre
avec un rayon quelconque, décrivons un arc de cercle qui ren-

contre les côtés de l'angle en A et B. Le triangle AOB est isocèle. Il suffira d'abaisser la perpendiculaire du point O sur la droite AB (V. n° 121) : on obtiendra ainsi la bissectrice de l'angle AOB, puisque, dans un triangle isocèle, la bissectrice et la hauteur issues du même sommet sont des droites confondues.

Applications des propriétés du triangle isocèle.

*123. Théorème. — *Si un triangle a deux angles inégaux, à ces angles inégaux sont opposés des côtés inégaux et au plus grand angle est opposé le plus grand côté.*

Considérons le triangle ABC (*fig.* 82) dans lequel, par hypothèse, on suppose $\widehat{A} > \widehat{C}$, nous allons démontrer que BC est plus grand que AB.

Traçons, à partir de A, une droite AD qui fasse avec AC un angle CAD

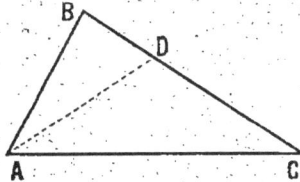
Fig. 82.

égal à $\widehat{C}$, cette droite AD sera située à l'intérieur de l'angle BAC; cela résulte de l'hypothèse et, par suite, le point D se trouvera entre B et C.

Le triangle CAD qui a deux angles égaux est isocèle et, par suite, DC = AD.

Or, dans le triangle BAD, on a (n° 89) :
$$AB < BD + DA ;$$

mais
$$DA = DC,$$

en remplaçant dans l'inégalité, il vient :
$$AB < BD + DC,$$

ou encore
$$AB < AC. \qquad \text{C. Q. F. D.}$$

*124. Théorème réciproque. — *Si un triangle a deux côtés inégaux, à ces côtés inégaux sont opposés des angles inégaux et au plus grand côté est opposé le plus grand angle.*

Ce théorème est la conséquence immédiate des propriétés établies aux n°s 113 et 123.

Si un triangle a deux côtés inégaux, les angles opposés à ces côtés ne peuvent être égaux, car le triangle serait isocèle (n° 113), ce qui est contraire à l'hypothèse. Les angles opposés aux côtés inégaux sont donc inégaux. D'ailleurs, au plus grand côté ne peut pas être opposé le plus petit angle : cela résulte du n° 123.

Problèmes.

76. Le triangle isocèle a-t-il un axe de symétrie? Prouvez-le.

77. Le triangle équilatéral a trois axes de symétrie.

78. Construire, avec la règle et le compas, un triangle isocèle dont la base ait 3 centimètres et les côtés égaux 5 centimètres.

79. Construire, avec la règle et le compas, un triangle ABC isocèle, connaissant la base BC = 4 cm. et la hauteur AH = 3 cm.

80. Construire un triangle isocèle avec la règle et le compas, connaissant son périmètre, 11 cm., et chacun des côtés égaux, 4 cm.

81. Construire un triangle équilatéral ayant pour côté 5 cm.

82. Construire, avec la règle et le rapporteur, un triangle isocèle ABC dont on connaît : la base $a = 5$ cm., $\widehat{A} = 62°$.

83. Construire, avec la règle et le rapporteur, un triangle isocèle connaissant les côtés égaux $b = c = 5$ cm. et $\widehat{A} = 58^G,30$.

84. Étant donné un axe xy et un triangle ABC, construire, à l'aide de la règle et du compas, le triangle A′B′C′ symétrique de ABC, par rapport à xy.

On prendra d'abord un axe ne traversant pas le triangle, puis un axe le traversant.

85. Étant donné un segment AB; avec la règle et le compas, trouver le milieu de AB et tracer la perpendiculaire en ce point.

86. Étant donnés un angle xOy et un point P quelconque dans son plan, mener une droite, avec la règle et le compas, passant par P et qui détermine sur les côtés de l'angle des points équidistants du point O.

87. Dans un triangle isocèle, les bissectrices des angles à la base sont égales. (On détachera du triangle considéré un triangle identique emportant avec lui une des bissectrices, on le superposera au premier après l'avoir retourné; on démontrera que les deux triangles coïncident.)

88. Dans un triangle isocèle, les hauteurs correspondant aux côtés égaux sont égales. (Démonstration analogue à celle du n° 87.)

89. Dans un triangle isocèle, les médianes correspondant aux côtés égaux sont égales. (Démonstration analogue à celle du n° 87.)

90. En s'appuyant sur l'un des trois problèmes qui précèdent, démontrer que les trois hauteurs d'un triangle équilatéral sont égales.

CHAPITRE VIII

CAS D'ÉGALITÉ DES TRIANGLES

125. *Considérations générales sur la superposition des figures planes.*

Nous avons déjà, à plusieurs reprises, établi l'égalité de deux figures en démontrant que si on les superposait, on pourrait les faire coïncider parfaitement. Il importe de bien préciser dans quelles conditions peut s'effectuer cette superposition.

Considérons une figure plane qui peut glisser sur un plan dans tous les sens. Si nous fixons un point de la figure sur le plan, la figure ne sera pas complètement fixée, on pourra encore la faire tourner autour du point fixe : ainsi, un clou ne suffit pas pour fixer une planchette sur une autre planchette fixe ; au contraire, si nous fixons deux points de la figure mobile, celle-ci se trouve complètement fixée : deux clous suffisent pour fixer une planchette sur une planchette fixe.

En résumé, lorsqu'une figure plane glisse sur un plan, si l'on fixe deux points de la figure mobile, celle-ci se trouve fixée sur le plan ; lorsqu'un seul point est fixé, la figure mobile peut encore prendre un mouvement de rotation autour du point fixe.

126. *Coïncidence de deux segments égaux.* — Considérons deux segments égaux AB, A'B' (*fig.* 83).

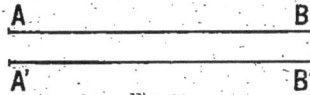

Fig. 83.

On pourra faire coïncider A'B' avec AB en plaçant A' en A et B' en B ; on pourra aussi retourner bout pour bout le segment A'B' puis faire coïncider B'A' avec AB en plaçant B' en A et A' en B.

127. *Coïncidence de deux angles égaux.* — Considérons deux angles égaux A O B, A' O' B' (*fig.* 84) ; on peut les faire coïncider soit directement, c'est-à-dire en fai-

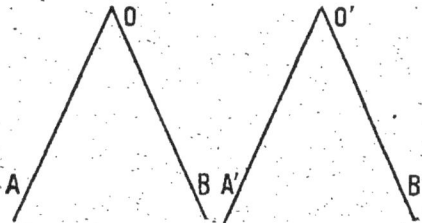

Fig. 84.

sant glisser $\widehat{A'O'B'}$ dans le plan pour l'amener sur $\widehat{AOB}$, soit après avoir retourné $\widehat{A'O'B'}$, puis en faisant glisser l'angle obtenu de façon à mettre O'B' en coïncidence avec OA, O'A' avec OB.

128. Il résulte de là qu'il y a deux façons de faire coïncider des triangles isocèles qui sont égaux : ou bien, on peut en faire glisser un dans le plan pour l'appliquer sur l'autre; ou bien, on peut d'abord en retourner un et le faire glisser ensuite pour l'appliquer sur l'autre; on mettra en coïncidence les deux angles au sommet et, comme les côtés sont égaux, les deux triangles coïncideront encore.

129. *Superposition de deux triangles égaux.* — Considérons deux triangles ABC, A′B′C′ (*fig.* 85) égaux, que l'on peut faire coïncider parfaitement en faisant glisser l'un d'eux pour l'appliquer sur l'autre. Retournons le triangle A′B′C′; soit A″B″C″ le triangle obtenu. Proposons-nous

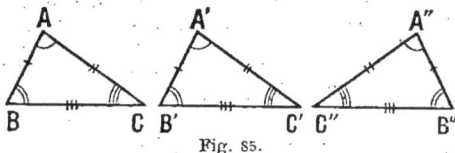

Fig. 85.

de faire coïncider le triangle A″B″C″ avec ABC *en le faisant glisser sur le plan.* Remarquons d'abord que ces deux triangles ont tous leurs éléments égaux chacun à chacun :

$$\widehat{A} = \widehat{A''}, \qquad AB = A''B'',$$
$$\widehat{B} = \widehat{B''}, \qquad AC = A''C'',$$
$$\widehat{C} = \widehat{C''}; \qquad BC = B''C''.$$

Plaçons C″B″ sur BC, nous ne pouvons le faire que de deux façons différentes (n° 126). Or, dans un cas comme dans l'autre, les deux triangles ne coïncideront pas : si nous plaçons C″ en B et B″ en C, C″A″ ne coïncidera pas avec BA si l'on a $\widehat{C''} \neq \widehat{B}$, c'est-à-dire si ABC n'est pas isocèle ; si l'on place B″ en B et C″ en C, les deux triangles ne coïncideront pas parce qu'ils se trouveront de part et d'autre du côté BC.

En somme, les deux triangles ABC, A″B″C″ ne peuvent être mis en coïncidence, par glissement sur le plan, tout en ayant tous leurs éléments égaux chacun à chacun, sauf cependant dans le cas où les triangles sont isocèles ; cela tient à ce que les éléments égaux ne sont pas disposés de la même façon ; ces deux triangles, comme on dit, ne sont pas *orientés* de la même façon : un observateur qui se déplacerait de A vers C dans le triangle ABC aurait le triangle à sa droite, un autre qui se déplacerait de A″ vers C″, dans le triangle A″B″C″, aurait le triangle à sa gauche.

130. *Coïncidence des figures symétriques.* — En particulier, si l'on considère un triangle non isocèle ABC (*fig.* 86) et son symétrique A'B'C' par rapport à un axe *xy*, ces deux triangles, qui ont tous les éléments égaux deux à deux, ne sont pas orientés de la même façon; il est, par suite, impossible de les amener en coïncidence par glissement sur le plan; pour y arriver, il faut préalablement retourner l'un d'eux avant de le placer sur l'autre ou, ce qui revient au même, faire tourner l'une des parties du plan autour de l'axe de symétrie (V. n° 99).

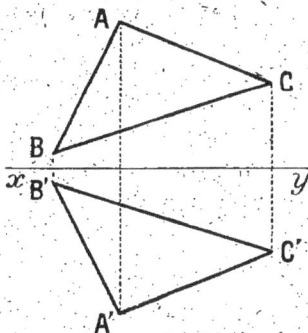

Fig. 86.

Cas d'égalité des triangles quelconques.

131. Nous allons démontrer que si deux triangles ont certains éléments bien déterminés égaux chacun à chacun, les deux triangles sont égaux. Nous allons ainsi établir *trois cas* où deux triangles sont égaux.

Nous supposerons toujours dans ce qui va suivre que les deux triangles ont même *orientation;* s'il en était autrement, il suffirait de retourner l'un d'eux et d'opérer avec le nouveau triangle obtenu.

132. **1ᵉʳ Cas d'égalité. Théorème.** — *Deux triangles sont égaux lorsqu'ils ont un côté égal adjacent à deux angles égaux chacun à chacun.*

Considérons les deux triangles ABC et DEF (*fig.* 87). D'après l'hypothèse, supposons que l'on ait :

$$AC = DF, \quad \widehat{A} = \widehat{D}, \quad \widehat{C} = \widehat{F}.$$

Portons (par la pensée) le triangle DEF sur le triangle ABC, de façon à placer le côté DF sur son égal AC, le point D au point A, le point F au point C ce qui est possible puisque DF = AC. Les deux triangles se trouvent alors d'un même côté du segment AC;

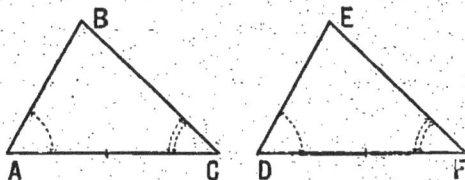

Fig. 87.

dans ces conditions, le côté DE prendra la direction de AB, puisque par hypothèse $\widehat{D} = \widehat{A}$, et le point E se trouvera en un point de AB ou de son prolongement; de même FE prendra la direction de CB, puisque $\widehat{F} = \widehat{C}$, et le point E devra également se trouver en un point de CB ou de son prolongement. Ce point E qui doit se trouver à la fois sur AB et sur CB coïncidera avec B.

133. 2ᵉ Cas d'égalité. Théorème. — *Deux triangles sont égaux lorsqu'ils ont un angle égal compris entre deux côtés égaux chacun à chacun.*

Considérons les deux triangles ABC, A'B'C' (*fig.* 88), tels que l'on ait d'après l'hypothèse :

$$\widehat{A} = \widehat{A'}, \quad AB = A'B', \quad AC = A'C'.$$

Portons le triangle A'B'C' sur le triangle ABC, de façon à placer le côté A'B' sur son égal AB, A' en A et B' en B (ce qui est possible puisque les deux segments sont égaux). Les deux triangles se trouvent du même côté par rapport à AB. Dans ces conditions, l'angle

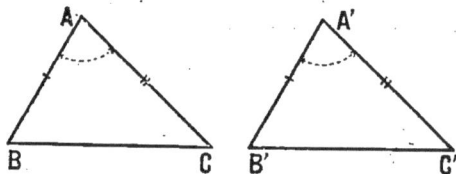

Fig. 88.

A' étant égal à l'angle A, le côté A'C' prendra la direction de AC et comme A'C' = AC, le point C' coïncidera avec le point C. Les deux triangles, ayant leurs trois sommets en coïncidence, coïncident et par suite sont égaux.

134. 3° Cas d'égalité. Théorème. — *Deux triangles sont égaux lorsqu'ils ont leurs trois côtés égaux chacun à chacun.*

Considérons les deux triangles ABC, A'B'C' (*fig.* 89) dans lequel on a par hypothèse :

$$AB = A'B',$$
$$AC = A'C',$$
$$BC = B'C'.$$

Portons le triangle A'B'C' sur ABC de façon à placer B'C' sur

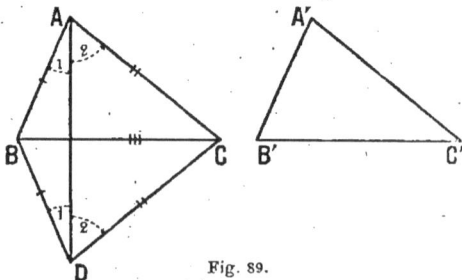

Fig. 89.

son égal BC, B' en B et C' en C, puis faisons tourner le triangle A'B'C' de façon à le rabattre de l'autre côté du triangle ABC par rapport au côté BC, le triangle prend la position BDC; joiguons AD. Le triangle ABD est isocèle, car BD = A'B' = AB; on en conclut que $\widehat{A_1} = \widehat{D_1}$; de même ACD est isocèle et $\widehat{A_2} = \widehat{D_2}$. Donc, $\widehat{A_1} + \widehat{A_2} = \widehat{D_1} + \widehat{D_2}$, ou encore $\widehat{BAC} = \widehat{BDC}$. Or $\widehat{BDC} = \widehat{A'}$, donc les deux triangles ABC et A'B'C' ont un angle égal compris entre deux côtés égaux chacun à chacun; ils sont égaux d'après le second cas d'égalité.

135. RᴇᴍᴀʀQᴜᴇ I. — Quand nous voudrons dorénavant démontrer que deux triangles sont égaux, nous montrerons qu'ils satisfont à l'un des trois cas d'égalité que nous venons d'établir.

136. RᴇᴍᴀʀQᴜᴇ II. — Quand nous aurons établi que deux triangles satisfont à l'un des trois cas d'égalité et, par conséquent, qu'ils sont égaux, il en résultera que les trois éléments dans chaque triangle (angles et côtés) qui n'auront pas été utilisés pour établir l'égalité sont

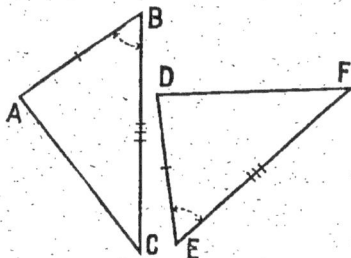

Fig. 90.

aussi égaux chacun à chacun. Les éléments égaux chacun à chacun seront ceux qui, dans les deux triangles égaux, sont disposés de la même façon; on reconnaîtra les côtés égaux à ce qu'ils sont opposés à des angles égaux et inversement.

Si l'on a, par exemple, deux triangles ABC, DEF (*fig.* 90) tels que :

$$\widehat{B} = \widehat{E}, \quad AB = DE, \quad BC = EF,$$

ils sont égaux (2ᵉ cas d'égalité);

on en déduira que $\widehat{D} = \widehat{A}$, car ce sont des angles opposés à des côtés égaux dans les triangles égaux; de même $\widehat{F} = \widehat{C}$ et FD = AC.

Cas d'égalité des triangles rectangles.

137. Les trois cas d'égalité précédemment démontrés pour des triangles quelconques s'appliquent évidemment aux triangles rectangles. Ainsi, en particulier, nous pouvons dire que deux triangles rectangles sont égaux lorsqu'ils ont les deux côtés de l'angle droit égaux chacun à chacun; cela résulte du deuxième cas n° 133.

Nous établirons, en outre, deux cas particuliers d'égalité pour les triangles rectangles :

138. 1ᵉʳ *Cas.* THÉORÈME. — *Deux triangles rectangles sont égaux quand ils ont l'hypoténuse égale et un angle aigu égal.*

Considérons les deux triangles rectangles ABC, A'B'C' (*fig.* 91), dans lesquels on a par hypothèse :

$$BC = B'C', \quad \widehat{C} = \widehat{C'}.$$

Portons le triangle A'B'C' sur le triangle ABC de façon à placer B'C' sur BC, le point B' en B, le point C' en C, ce qui est possible puisque ces deux côtés sont égaux. L'angle C' étant égal à l'angle C, le côté C'A' prendra la direction de CA et le point A' se trouvera sur CA ou sur son prolongement. Dans ces

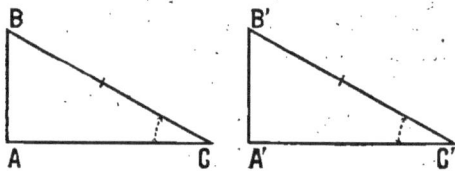

Fig. 91.

conditions, les côtés B'A' et BA sont tous deux perpendiculaires sur la même droite et passent par le même point B; B'A' prendra donc la direction de BA et le point A' se trouvera sur BA ou sur son prolongement. Ce point A', qui doit se trouver à la fois sur CA et sur BA, coïncide avec le point A et les deux triangles qui coïncident parfaitement sont égaux.

139. 2ᵉ *Cas.* THÉORÈME. — *Deux triangles rectangles sont égaux quand ils ont l'hypoténuse égale et un côté de l'angle droit égal.*

Considérons les deux triangles ABC, A'B'C' (*fig.* 92), dans lesquels on a par hypothèse :

$$BC = B'C', \quad AB = A'B'.$$

Portons le triangle A'B'C' sur le triangle ABC de façon à placer le côté A'B' sur le côté AB, A' en A et B' en B, ce qui est possible puisque ces deux côtés sont égaux. Les angles $\widehat{A}$ et $\widehat{A'}$ étant droits sont égaux; par suite, le côté A'C' prendra la direction AC et le point C' se trouvera sur AC ou

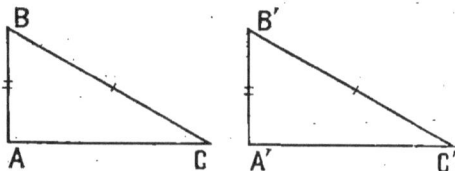

Fig. 92.

sur son prolongement. Dans ces conditions, B'C' et BC sont deux obliques issues du point B par rapport à la droite AC; comme elles sont égales, leurs pieds sont équidistants du pied de la perpendiculaire et le point C' coïncide nécessairement avec C. Les deux triangles coïncidant parfaitement sont égaux.

Applications.

*140. THÉORÈME. — *Si deux triangles ont deux côtés égaux chacun à chacun, ces deux côtés comprenant des angles inégaux, les troisièmes côtés sont inégaux et au plus grand angle est opposé le plus grand côté.*

Considérons les deux triangles ABC, DEF (*fig.* 93), tels que l'on ait :

$$AB = ED,$$
$$AC = DF, \widehat{BAC} > \widehat{D}.$$

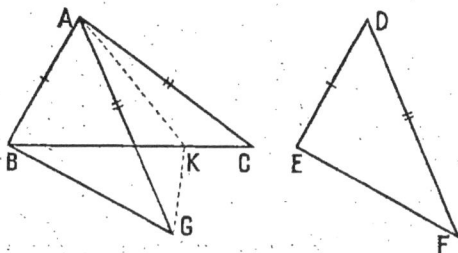

Nous allons démontrer que l'on a :

Fig. 93.

BC > EF. Portons le triangle DEF sur le triangle ABC et plaçons le côté DE sur son égal AB, le point D en A et le point E en B ; l'angle D étant plus petit que l'angle A, le côté DF se trouvera à l'intérieur de l'angle A et le triangle DEF prendra la position ABG. Traçons la bissectrice AK de l'angle GAC et joignons GK. Les deux triangles GAK et KAC sont égaux comme ayant un angle égal compris entre deux côtés égaux chacun à chacun ; en effet, les angles GAK et KAC sont égaux, puisque AK est bissectrice de l'angle GAC ; le côté AK est commun et AG = AC, puisque AG = DF et DF = AC par hypothèse. Il en résulte que KG = CK. Or, dans le triangle BKG, on a (n° 89) :

$$BK + KG > BG$$

ou, en remplaçant KG par son égal KC,

$$BK + KC > BG.$$

Mais $$BK + KC = BC, \quad BG = EF,$$

Donc $$BC > EF. \qquad \text{C. Q. F. D.}$$

*141. THÉORÈME RÉCIPROQUE. — *Si deux triangles ont deux côtés égaux chacun à chacun et les troisièmes côtés inégaux, à ces côtés inégaux sont opposés des angles inégaux et au plus grand côté est opposé le plus grand angle.*

Considérons les deux triangles ABC, DEF (*fig.* 94), tels que l'on ait :

$$AB = DE, \quad AC = DF \text{ et } BC > EF.$$

Les angles A et D sont forcément inégaux, car, s'il en était autrement, on aurait BC = EF d'après le deuxième cas d'égalité (n° 133). D'autre part, on ne peut avoir $\widehat{A} < \widehat{D}$, car, d'après le théorème précédent, on aurait BC < EF, ce qui serait encore contraire à l'hypothèse. L'angle A ne pouvant être égal ni inférieur à l'angle D, on a $\widehat{A} > \widehat{D}$. — C. Q. F. D.

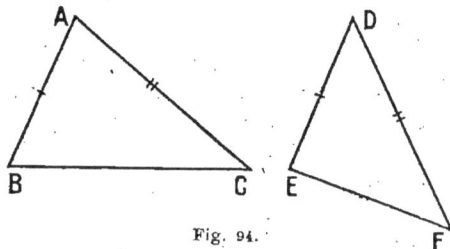

Fig. 94.

*142. THÉORÈME. — *Si, dans un triangle, la médiane et la bissectrice issues du même sommet sont confondues, le triangle est isocèle.*

Considérons le triangle ABC (*fig.* 95) dans lequel AD est bissectrice de l'angle A et médiane du triangle; on a par hypothèse :

$$\widehat{A_1} = \widehat{A_2}, \quad BD = DC.$$

Prolongeons AD, au delà du point D, d'une longueur DE = AD, puis joignons EC. Les deux triangles ABD et DEC sont égaux comme ayant un angle égal compris entre deux côtés égaux chacun à chacun ; en effet, AD = DE par construction, BD = DC par hypothèse et les angles D_1 et D_2 sont opposés par le sommet; on en conclut :

$$\widehat{E} = \widehat{A_1} \text{ et } EC = AB.$$

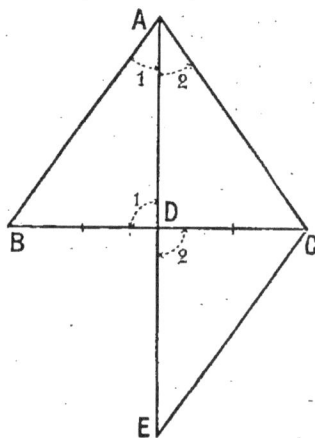

Fig. 95.

Or $\widehat{A_1} = \widehat{A_2}$ par hypothèse, donc $\widehat{E} = \widehat{A_2}$ et le triangle ACE qui a deux angles égaux est isocèle (n° 113).

On en déduit AC = EC, or nous avons démontré que EC = AB, on en conclut AC = AB. — C. Q. F. D.

Problèmes.

1re ANNÉE :

91. Deux triangles rectangles sont égaux quand ils ont les deux côtés de l'angle droit égaux chacun à chacun.

92. Construire, avec la règle et le rapporteur, un triangle ABC dont on connaît : $\widehat{A} = 42°$, $\widehat{B} = \widehat{112}°30'$ et $c = 5$ cm.

93. Construire, avec la règle et le rapporteur, un triangle ABC dont on connaît : $\widehat{A} = 75°$, $c = 3$ cm., $b = 4$ cm.

94. Construire, avec la règle et le compas, un triangle ABC dont on connaît : $c = 4$ cm., $a = 5$ cm., $b = 7$ cm.

95. Construire, avec la règle et le rapporteur, un triangle ABC rectangle en A dont on connaît : $c = 4$ cm., $B = 48°30'$.

96. Construire, avec la règle et le compas, un triangle ABC rectangle en A dont on connaît : $b = 4$ cm., $c = 3$ cm.

97. Construire, avec la règle et le compas, un triangle ABC rectangle en A dont on connaît : $b = 4$ cm., $a = 6$ cm.

98. Construire, avec la règle et le compas, un triangle ABC rectangle en A dans lequel on connaît : $b = 4$ cm. et la hauteur relative à l'hypoténuse AH $= 3$ cm.

99. Construire, avec la règle et le compas, un triangle ABC, connaissant $c = 4$ cm., $b = 6$ cm. et la hauteur relative au côté BC, AN $= 2$ cm. (On fera la construction de deux triangles rectangles).

100. Pourquoi ne peut-on pas construire un triangle ayant pour côtés : $a = 4$ cm., $b = 2$ cm., $c = 8$ cm.?

101. Construire, avec la règle et le rapporteur, un triangle, connaissant $a = 5$ cm., $b = 6$ cm. et $\widehat{B} = 30°$. Le problème a-t-il plusieurs solutions? Le problème serait-il possible si, conservant les valeurs a et B, on prenait $b = 15^{mm}$? (Vérifier l'impossibilité.)

102. Dans un triangle ABC, on mène la médiane AM et on la prolonge au delà de M. Démontrer que les perpendiculaires abaissées de B et C sur cette médiane sont égales.

103. Étant donnés deux points A, B et un troisième point P non situé sur la droite AB. La droite qui passe par P et le milieu O de AB est équidistante de A et B.

104. Quand deux triangles sont égaux, les médianes issues des sommets correspondants sont égales entre elles; il en est de même des bissectrices et des hauteurs. (Opérer par superposition.)

2e ANNÉE :

105. Construire un triangle ABC connaissant le côté AB $= 4$ cm., le côté AC $= 6$ cm. et la médiane BM $= 3$ cm.

106. Deux triangles sont égaux quand ils ont deux côtés égaux chacun à chacun et la médiane correspondant à l'un d'eux égale. (Ils sont formés de triangles égaux et semblablement disposés.)

107. Si un triangle a deux hauteurs égales, les côtés qui leur correspondent sont égaux et le triangle est isocèle (c'est la réciproque du prob. n° 88). Conclure de là que si un triangle a ses trois hauteurs égales, il est équilatéral.

108. Sur les côtés d'un angle *xoy*, à partir du sommet O, on porte sur O*x* des longueurs OA, OB, sur O*y* des longueurs OA′, OB′, telles que OA = OA′, OB = OB′, on joint AB′, BA′, ces lignes se coupent en I. Démontrer :

1° Que BA′ = AB′; 2° Que IB = IB′, IA = IA′; 3° Que OI est la bissectrice de l'angle O; 4° Que BB′ et AA′ sont perpendiculaires sur OI.

109. Étant donné un triangle équilatéral ABC, on prend sur AB une longueur AA′ quelconque, sur BC une longueur BB′ = AA′ et sur CA une longueur CC′ = AA′. Le triangle A′B′C′ est équilatéral.

110. Construire un triangle ABC connaissant le côté BA = 35mm, la hauteur BH = 25mm et la médiane BM = 40mm. (On construira d'abord le triangle rectangle BAH, puis le triangle rectangle BHM ayant le côté BH commun avec le premier, et on achèvera la construction.)

CHAPITRE IX

LIEUX GÉOMÉTRIQUES

143. Il existe des *lignes dont tous les points jouissent d'une même propriété géométrique;* ainsi, par exemple : tous les points d'une circonférence sont équidistants du centre ; de plus, *ce sont les seuls points du plan qui jouissent de la propriété,* car si nous prenons un point A (*fig.* 96), à l'intérieur de la circonférence, sa distance au centre OA est plus petite qu'un rayon, puisque OA est plus petit que le rayon OB et, pour un point C extérieur, sa distance au centre OC est plus grande qu'un rayon, puisque OC est plus grand que le rayon OD.

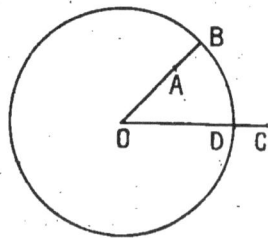

Fig. 96.

144. Lieu géométrique. — On appelle *lieu géométrique, une ligne dont tous les points jouissent d'une même propriété géométrique et sont les seuls points du plan qui jouissent de cette propriété.*

Ainsi, d'après ce qui précède, tous les points de la circonférence jouissent de la propriété d'être équidistants d'un point fixe. De plus, ce sont les seuls points du plan jouissant de la propriété; c'est pourquoi l'on dit que : *La circonférence est le lieu géométrique des points équidistants d'un point fixe.*

145. Remarque. — Il résulte de la définition donnée que, pour établir qu'une ligne est le lieu géométrique des points jouissant d'une certaine propriété, il faudra démontrer deux propositions :

1° *Tout point possédant la propriété indiquée est sur la ligne;*
2° *Tout point pris sur la ligne jouit de la propriété indiquée.*

Cette seconde proposition est d'ailleurs la réciproque de la première.

Donnons quelques exemples :

Lieu géométrique des points équidistants de deux points fixes.

146. Théorème. — *Le lieu géométrique des points équidistants de deux points fixes est la perpendiculaire élevée au milieu de la droite qui joint les deux points.*

1° *Tout point équidistant de deux points fixes est sur la perpendiculaire élevée au milieu de la droite qui joint les deux points.*

Considérons les deux points fixes A et B (*fig.* 97), et soit M un point tel que MA = MB. Le triangle AMB est isocèle et, si nous joignons le point M au milieu O de AB, MO qui est médiane du triangle AMB est aussi hauteur et, par suite, perpendiculaire sur AB.

2° *Tout point de la perpendiculaire élevée au milieu de la droite qui joint deux points est équidistant de ces deux points.*

Soient A et B (*fig.* 97) les deux points, xy la perpendiculaire élevée

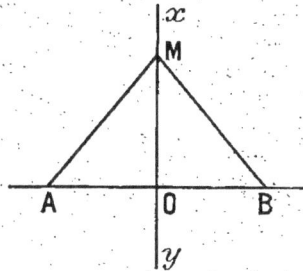

Fig. 97.

au milieu O de AB, M un point quelconque de xy ; MA = MB, car ce sont deux obliques dont les pieds sont équidistants du pied O de la perpendiculaire MO sur AB.

147. Remarque. — Étant donné un segment de droite AB, il sera toujours facile, avec un compas, de trouver deux points également distants de A et B; la droite qui les joint est, d'après le théorème précédent, perpendiculaire au *milieu* du segment AB. Cette construction permet de prendre le milieu d'un segment.

148. THÉORÈME. — *Le lieu géométrique des points équidistants des deux côtés d'un angle est la bissectrice de cet angle.*

1° *Tout point équidistant des deux côtés d'un angle est situé sur la bissectrice de l'angle.*

Considérons un angle *xoy* (*fig.* 98) et soit M un point équidistant des deux côtés; si MA et MB sont ces distances, on a, d'après l'hypothèse, MA = MB; je dis que OM est la bissectrice de l'angle *xoy*; en effet, les deux triangles rectangles AOM, MOB sont égaux

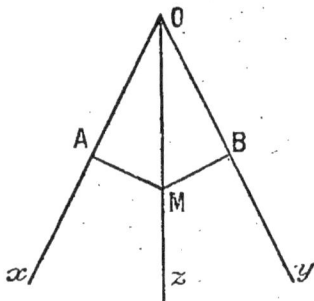

Fig. 98.

comme ayant l'hypoténuse égale (OM est commun aux deux triangles) et un côté de l'angle droit égal (MA = MB par hypothèse). Il en résulte que les angles en O sont égaux; OM est bien la bissectrice.

2° *Tout point pris sur la bissectrice d'un angle est équidistant des deux côtés de l'angle.*

Soit M un point quelconque de la bissectrice Oz de l'angle *xoy* (*fig.* 98); abaissons les perpendiculaires MB, MA sur les côtés de l'angle; les deux triangles rectangles OBM, OAM sont égaux comme ayant l'hypoténuse égale (OM est commun) et un angle aigu égal (les angles en O sont égaux par hypothèse). Donc MB = MA. — C. Q. F. D.

149. *Utilisation de la notion de lieu géométrique.* — On utilise surtout les lieux géométriques dans les problèmes de construction, par exemple lorsqu'il s'agit de trouver un point satisfaisant à deux conditions déterminées.

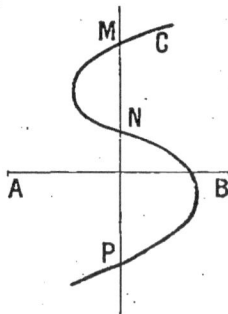

Fig. 99.

Si l'on connaît les lieux géométriques des points qui satisfont à l'une et à l'autre des conditions, le point cherché sera à la rencontre des deux lieux.

Ainsi par exemple :

150. PROBLÈME I. — *Étant donnés deux points A et B* (*fig.* 99) *et une courbe C, trouver tous les points de la courbe C qui sont équidistants de A et B.*

Tout point satisfaisant aux conditions de l'énoncé doit appartenir à la courbe C; d'autre part, comme il doit être équidistant de A et de B, il appartient au lieu géométrique des points équidistants de A et de B, c'est-à-dire à la perpendiculaire élevée au milieu de AB. Donc les points cherchés sont à la rencontre de cette perpendiculaire et de la courbe C : ce sont les points M, N, P.

151. PROBLÈME II. — *Trouver un point qui soit également distant de deux points donnés et à une distance connue d'un troisième point donné.*

Le point cherché devant être équidistant de deux points fixes se trouvera sur la perpendiculaire élevée au milieu de la droite qui joint les deux points. Devant se trouver à une distance donnée d'un troisième point, il se trouvera sur la circonférence décrite de ce troisième point comme centre avec la distance donnée pour rayon.

Le point cherché se trouvera donc à la rencontre d'une droite et d'une circonférence déterminées. Nous verrons plus loin (n° 226) qu'il peut y avoir deux points répondant à la question, ou un seul ou pas de solution.

Problèmes.

1ʳᵉ ANNÉE :

111. On trace une circonférence de centre O et de rayon R, puis on trace un rayon quelconque OA et on le prolonge d'une longueur AB = *l*, *l* étant une longueur donnée. Lieu géométrique du point B.

112. Trouver les points d'une circonférence équidistants des extrémités d'un diamètre.

113. Étant donné un triangle ABC, on demande de trouver sur BC le point qui est équidistant des côtés AB et AC.

114. Étant donné un triangle ABC, on demande de trouver sur AC ou sur son prolongement un point qui soit équidistant de B et de C.

115. Lieu géométrique des centres des cercles qui passent par deux points fixes.

116. Deux points sont distants de 3 centimètres. Trouver un point qui soit à des distances de 4 cm. de l'un et de 5 cm. de l'autre.

2ᵉ ANNÉE :

117. Étant donnés deux segments AB et CD non situés dans le prolongement l'un de l'autre, on demande de trouver dans le plan un point O qui soit le sommet commun de deux triangles isocèles ayant pour bases AB et CD.

118. Étant donnés un angle AOB, et un point C, tel que OC ne soit pas perpendiculaire sur la bissectrice de AOB. Trouver dans le plan un point I qui soit équidistant de OA et de OB et tel que IO = IC.

119. Étant donnés un point A sur une droite *xy* et une autre droite quelconque *zt*, rencontrant la première, on demande de trouver sur *xy* un point M équidistant du point A et de la droite *zt*. (Mener par A la perpendiculaire AI sur *xy*, I étant le point de rencontre avec *zt*, puis les bissectrices des angles I.)

120. Étant donné un segment AB, par ses extrémités et d'un même côté de AB, on mène deux droites A*x* et B*y* faisant des angles égaux avec AB. Lieu géométrique de leur point M de rencontre.

CHAPITRE X

PARALLÈLES

152. *Droites parallèles.* — *On dit que* **deux droites sont parallèles** *lorsqu'elles sont dans un même plan et qu'elles n'ont pas de point commun.*

Le théorème suivant va démontrer l'existence de droites parallèles.

153. THÉORÈME. — *Deux droites perpendiculaires sur une troisième sont parallèles entre elles.*

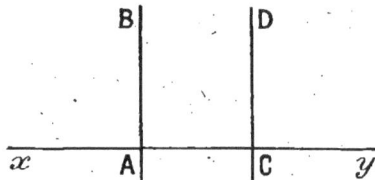

Fig. 100.

Considérons les deux droites AB, CD (*fig.* 100) perpendiculaires sur la droite *xy*. Les deux droites AB et CD sont dans un même plan (c'est le plan de la figure); de plus elles n'ont pas de point commun, car si elles en avaient un, par ce point passeraient deux droites perpendiculaires sur *xy*; nous savons que c'est impossible (V. n° 92). Elles sont donc parallèles.

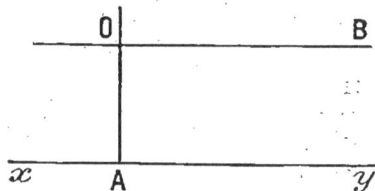

Fig. 101.

154. REMARQUE. — Si on considère une droite *xy* (*fig.* 101) et un point O extérieur, *par le point O passe une droite parallèle à xy ;* en effet, nous pouvons abaisser la perpendiculaire OA sur *xy*, puis élever OB perpendiculaire sur OA ; OB et *xy*, perpendiculaires toutes deux sur OA, sont parallèles.

Nous admettrons que :

Par un point extérieur à une droite on ne peut mener qu'une parallèle à la droite. (Cette proposition est connue sous le nom de *postulatum d'Euclide.*)

155. Théorème. — *Quand deux droites sont parallèles à une troisième, elles sont parallèles entre elles.*

Considérons les deux droites AB et CD (*fig.* 102), parallèles toutes deux à EF ; AB et CD sont parallèles entre elles, car elles sont dans le même plan (le plan de la figure) et elles n'ont pas de point commun ; en effet, si elles en avaient un, de ce point on pourrait mener deux parallèles à EF, ce qui est impossible (n° 154).

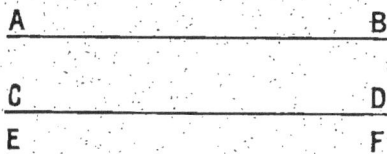

Fig. 102.

156. Théorème. — *Quand deux droites sont parallèles, toute droite perpendiculaire à l'une est perpendiculaire à l'autre.*

Soient AB et CD (*fig.* 103) deux droites parallèles et EF une droite perpendiculaire sur AB. Nous allons démontrer qu'elle est aussi perpendiculaire sur CD. Par le point H menons C'D' perpendiculaire sur EF ; C'D' est parallèle à AB, car ces deux droites sont perpendiculaires sur EF, or CD est aussi (par hypothèse) parallèle à AB et comme par le point H on ne peut mener qu'une droite parallèle à AB, C'D' est confondue avec CD ; donc CD est perpendiculaire sur EF ou encore EF est perpendiculaire à CD. — c. q. f. d.

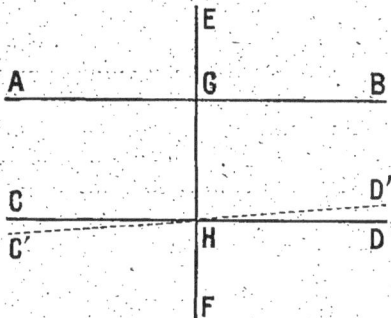

Fig. 103.

157. — *Ensemble de deux droites coupées par une troisième.* — Quand deux droites sont coupées par une troisième (sécante), les huit angles formés, groupés deux à deux, ont reçu des noms particuliers.

Soient AB et CD (*fig.* 104) coupées par la sécante EF ; *a, b, c, d,*

e, f, g, h, étant les huit angles formés : les angles a, f, g, d sont dits *externes* ou *extérieurs*, parce qu'ils sont complètement extérieurs à la portion du plan situé entre les parallèles, les autres sont *internes* ou *intérieurs*.

Les angles a et g sont deux angles *alternes-externes* (alternes parce qu'ils sont situés de chaque côté de la sécante).

Les angles d et f sont aussi *alternes-externes*.

Les angles b, h d'une part, c et e d'autre part, sont des groupes d'angles *alternes-internes*.

Les angles a et e sont deux angles *correspondants* (l'un est interne, l'autre externe, et ils sont situés d'un même

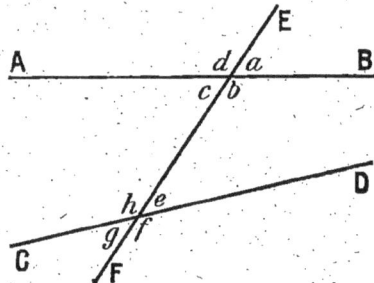

Fig. 104.

côté de la sécante); il existe encore trois groupes d'angles correspondants, ce sont les angles b et f, c et g, d et h.

— Quand les deux droites coupées sont parallèles, il existe entre les angles formés des relations qui se trouvent groupées dans le théorème suivant :

158. THÉORÈME. — *Quand deux droites parallèles sont coupées par une sécante,*

1° Les angles alternes-internes sont égaux.

2° Les angles alternes-externes sont égaux.

3° Les angles correspondants sont égaux.

4° Les angles intérieurs situés du même côté de la sécante sont supplémentaires.

5° Les angles extérieurs situés du même côté de la sécante sont supplémentaires.

Considérons les droites AB et CD (*fig.* 105) parallèles et la sécante EF qui les rencontre en G et H.

1° Nous allons démontrer que $\widehat{G_1} = \widehat{H_1}$. Soit O le milieu

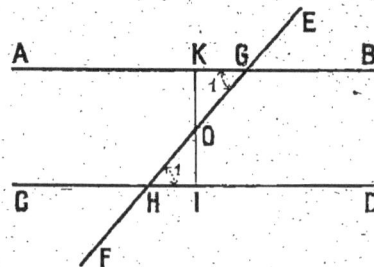

Fig. 105.

de GH, menons OI perpendiculaire à CD et prolongeons cette droite au delà du point O, en OK ; KI est également perpendiculaire sur AB (V. n° 156). Les deux triangles rectangles OKG, OIH sont égaux; ils ont l'hypoténuse égale (OG = OH par construction) et un angle autre que l'angle droit égal (les angles en O sont égaux comme opposés par le sommet); on en conclut que $\widehat{G_1} = \widehat{H_1}$.

Les deux autres angles alternes-internes sont aussi égaux, car l'un a pour supplément G_1 et l'autre H_1.

— Toutes les autres parties du théorème se déduisent immédiatement de la première; soient, pour plus de simplicité, a, b, c, d, e, f, g, h (fig. 106) les huit angles formés.

2° Considérons deux angles alternes-externes d et f par exemple; d a pour supplément c, f a pour supplément e; or $c = e$, donc $d = f$.

3° Soient les deux angles correspondants b et f; b a pour supplément c, f a pour supplément e; or $c = e$, donc $b = f$.

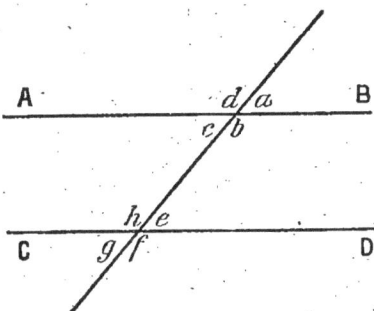

Fig. 106.

4° Soient b et e deux angles intérieurs situés d'un même côté de la sécante; b a pour supplément c; or $c = e$, donc b et e sont supplémentaires.

5° Soient a et f, deux angles extérieurs situés d'un même côté de la sécante; f a pour supplément e; or $e = c$ et $c = a$ comme opposés par le sommet, donc f et a sont supplémentaires.

*159. THÉORÈME RÉCIPROQUE. — *Quand deux droites sont coupées par une sécante,*

1° *Si deux angles alternes-internes sont égaux, les deux droites sont parallèles.*

2° *Si deux angles alternes-externes sont égaux, les deux droites sont parallèles.*

3° *Si deux angles correspondants sont égaux, les deux droites sont parallèles.*

4° *Si deux angles intérieurs situés d'un même côté de la sécante sont supplémentaires, les deux droites sont parallèles.*

5° *Si deux angles extérieurs situés d'un même côté de la sécante sont supplémentaires, les deux droites sont parallèles.*

Ces cinq propositions se démontrent de la même façon; démontrons, pour exemple, les propositions 1 et 4.

1re Considérons les deux droites AB et CD (fig. 107), la sécante EF. Supposons que $\widehat{G_1} = \widehat{H_1}$; je dis que les droites AB et CD sont parallèles. Menons par le point H la parallèle C′D′ à AB. Les deux angles G_1 et H_2 sont égaux comme alternes-internes formés par les parallèles AB, C′D′ et

la sécante EF. Or, $\widehat{G_1} = \widehat{H_1}$ par hypothèse, donc $\widehat{H_2} = \widehat{H_1}$, ce qui montre que C′D′ et CD sont confondues. Donc CD est bien parallèle à AB.

4° Supposons les angles G_2 et H_1 (*fig.* 107) supplémentaires; par le point H, menons C′D′ parallèle à AB; les angles G_2 et H_2, qui sont

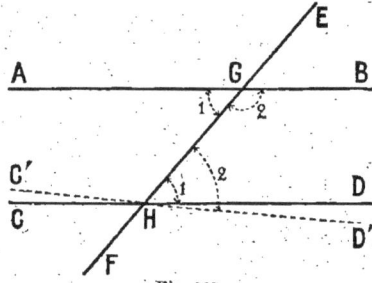
Fig. 107.

intérieurs d'un même côté de la sécante par rapport aux parallèles AB et C′D′, sont supplémentaires; par conséquent les deux angles H_1 et H_2 qui ont le même supplément $\widehat{G_2}$ sont égaux, ce qui montre que C′D′ et CD sont confondues. Donc CD est bien parallèle à AB.

160. Théorème. — *Si deux droites sont parallèles, tous les points de l'une sont équidistants de l'autre.*

Considérons les deux droites xy, zt (*fig.* 108) parallèles. Prenons deux points quelconques A et B sur xy et abaissons les perpendiculaires AA′, BB′ sur zt; ces droites sont aussi perpendiculaires sur xy (V. n° 156). Les deux triangles rectangles ABA′, A′BB′ sont égaux comme ayant l'hypoténuse commune et un angle aigu égal; en effet, A′B est commun et $\widehat{A_1} = \widehat{B_1}$

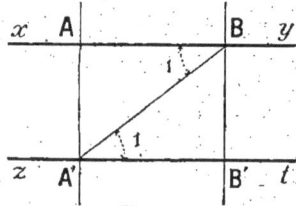
Fig. 108.

comme alternes-internes formés par les parallèles xy, zt coupées par la sécante AB. Il en résulte que AA′ = BB′.

161. Problème. — *Lieu géométrique des points équidistants d'une droite.*

Considérons la droite xy (*fig.* 109) et proposons-nous de trouver le lieu des points qui sont à une distance donnée d de xy.

Si M est un point du lieu, MA étant perpendiculaire sur xy, on a MA = d. Menons par le point M la parallèle Mz à xy.

1° Tous les points de Mz font partie du lieu. En effet, tous les points de Mz sont à la même distance que le point M de xy, c'est-à-dire à la distance d (v. n° 160).

De même tous les points de la droite M$'z'$ symétrique de Mz par rapport à xy font également partie du lieu.

2° Tous les points du plan pris hors de ces deux parallèles ne sont pas à la distance d de la droite xy. En effet, pour un point pris entre les parallèles, sa distance à xy est inférieure à d; pour un point pris à l'extérieur, sa distance à xy est supérieure à d. Nous pouvons donc dire que :

Le lieu géométrique des points situés à une distance donnée d'une droite xy *se compose de l'ensemble des*

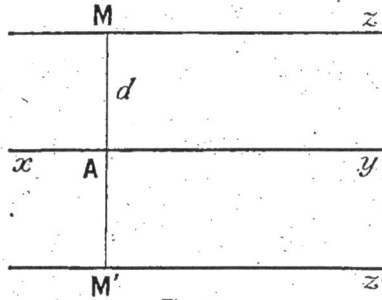
Fig. 109.

deux droites parallèles à xy *situées de part et d'autre de* xy *et à une distance de cette droite égale à la distance donnée.*

*162. Théorème. — *Deux angles qui ont leurs côtés respectivement parallèles sont égaux ou supplémentaires.*

Ils sont égaux si les côtés parallèles sont de même sens ou sont deux à deux de sens contraire.

Ils sont supplémentaires si deux côtés parallèles sont de même sens, et les deux autres de sens contraire.

Considérons les deux angles A$'$O$'$B$'$ et AOB (*fig.* 110) qui ont leurs côtés respectivement parallèles. Nous dirons que deux côtés parallèles OA et O$'$A$'$ ont le même sens si un mobile se déplaçant sur chaque côté, à partir des sommets O et O$'$, suit la même direction; s'il n'en est pas ainsi, nous dirons que les deux côtés parallèles sont de sens contraire.

1° Considérons les angles AOB, A$'$O$'$B$'$ (*fig.* 110), qui ont leurs côtés parallèles et de même sens. Les côtés O$'$B$'$ et OA, non parallèles, se

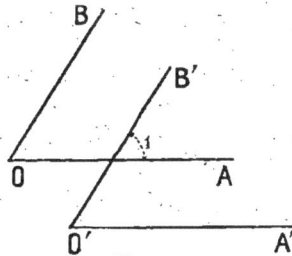
Fig. 110.

coupent en I et nous avons $\widehat{O'} = \widehat{I_1}$ comme correspondants formés par les parallèles OA, O$'$A$'$ et la sécante O$'$B$'$; de même $\widehat{O} = \widehat{I_1}$, comme correspondants. On en déduit $\widehat{O} = \widehat{O'}$.

2° Considérons maintenant les angles $\widehat{AOB}$, $\widehat{A'O'B'}$ (*fig.* 111) qui ont leurs côtés parallèles deux à deux et de sens contraire. Prolongeons les côtés de l'angle O' au delà du sommet O'; nous obtenons l'angle $\widehat{O'_1}$, égal à $\widehat{A'O'B'}$ (V. n° 80). Or $\widehat{O'_1} = \widehat{O}$; ces angles

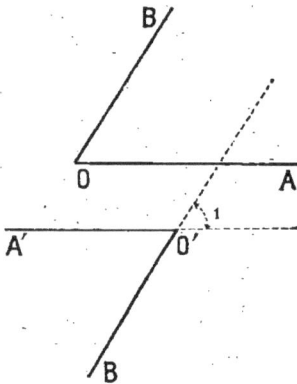

Fig. 111.

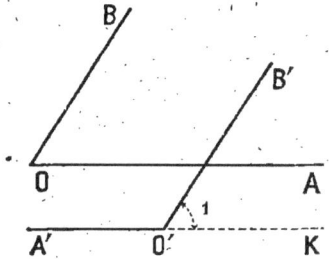

Fig. 112.

ont leurs côtés parallèles et de même sens, car les côtés de $\widehat{O'_1}$ étant de sens contraire à ceux de $\widehat{A'O'B'}$ sont de même sens que ceux de $\widehat{AOB}$. Les angles AOB et A'O'B' sont donc égaux.

3° Considérons les angles AOB, A'O'B' (*fig.* 112) qui ont leurs côtés parallèles, OB, O'B' dirigés dans le même sens, OA et O'A en sens contraire, prolongeons A'O' au delà de O', en O'K; O'K étant de sens contraire à O'A' est de même sens que OA et, par suite, $\widehat{O'_1} = \widehat{O}$. Or $\widehat{A'O'B'}$ et $\widehat{O'_1}$ sont supplémentaires, donc $\widehat{A'O'B'}$ et $\widehat{O}$ le sont également.

Comment on trace des parallèles.

163. Avec le trusquin. — Les menuisiers tracent des parallèles à l'aide du *trus-*

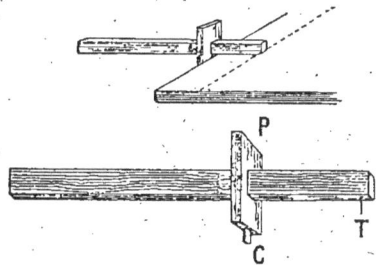

Fig. 113.

quin. Cet instrument se compose d'une planchette de bois P (*fig.* 113) traversée par une règle qui porte à son extrémité une pointe T (traçoir). La planchette qui peut se déplacer le long de la règle se fixe, en un point déterminé, à l'aide d'un coin C. En appliquant la planchette sur le bord d'une planche et en la dépla-

çant, la pointe T trace sur la planche une parallèle au bord, car
le point T reste toujours à la même distance du bord (V. n° 161).

164. Avec la règle et l'équerre. — On peut aussi tracer les
parallèles avec la règle et l'équerre.

Proposons-nous de tracer une parallèle à la droite *xy*
(*fig.* 114); nous disposerons l'équerre ABC de façon que l'hypoténuse coïncide avec
BC, nous mettrons la
règle R en coïnci-
dence par l'un de ses
bords avec un des
côtés de l'angle droit
AB de l'équerre; en
déplaçant l'équerre
de façon que le côté
AB reste en coïnci-
dence avec R, les dif-
férentes positions de
BC seront parallèles à

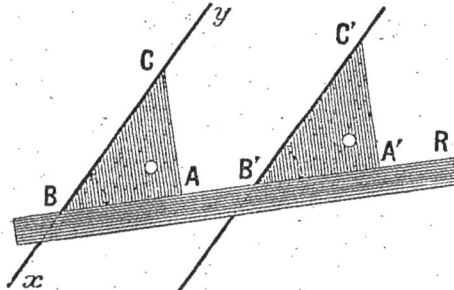

Fig. 114.

sa position primitive; en effet, si nous faisons glisser l'équerre
en A′B′C′, B′C′ est parallèle à BC, car les deux angles B et B′ qui
sont égaux occupent la position de correspondants par rapport
aux deux droites BC, B′C′ et la sécante BB′.

On pourra évidemment, dans ces conditions, *tracer, par un
point donné, la parallèle à une droite donnée.*

165. Avec la règle et le compas. — Nous verrons plus loin
(n° 220) qu'on peut aussi tracer des parallèles à une direction
donnée avec la règle et le compas.

166. Remarque. — Lorsqu'on fait glisser une équerre de façon
que l'un des côtés s'ap-
puie constamment sur
le bord d'une règle
fixe, on effectue ce que
l'on appelle une *trans-
lation rectiligne de l'é-
querre.*

Le côté de la règle
fixe sur lequel glisse

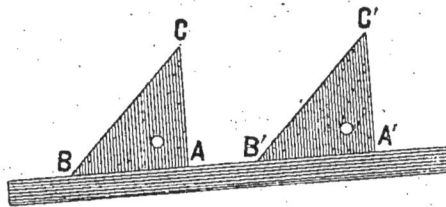

Fig. 115.

l'équerre s'appelle *glissière fixe,* le côté AB (*fig.* 115) de l'équerre
qui glisse sur la glissière fixe s'appelle *glissière mobile.*

On peut, par un mouvement de translation, amener une

droite en coïncidence avec une autre droite parallèle, car si l'on déplace l'équerre d'un mouvement de translation, dans deux positions différentes, le même côté BC (*fig.* 115) prend deux positions parallèles, BC et B'C', puisque les angles B et B', qui sont les mêmes, occupent des positions d'angles correspondants par rapport aux droites BC, B'C' et la sécante BB'.

Tout point de l'équerre mobile reste toujours, pendant son mouvement, à la même distance de la glissière fixe; chaque point de l'équerre mobile décrit donc une parallèle à la glissière fixe (c'est le principe du trusquin) et la longueur du segment parcouru est la même pour tous les points de la figure mobile, c'est la *grandeur de la translation.*

D'une façon générale, considérons un plan fixe P (*fig.* 116) sur lequel se trouve tracée une droite D, puis un plan P', mobile :

coïncidant exactement avec P et sur lequel on a tracé la droite D' coïncidant exactement avec D. Quand le plan P' glisse sur P de façon que D' reste en coïncidence avec D, on dit que le plan P' a un

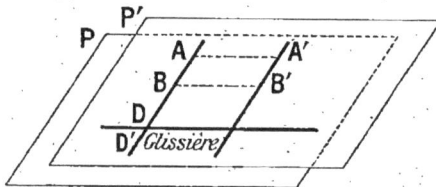

Fig. 116.

mouvement de translation ; D' est la glissière mobile, D la glissière fixe.

Si un point de D' décrit un segment de longueur *l* sur la droite D, *l* est la grandeur de la translation ; tous les points du plan P' décrivent des segments égaux à *l* et parallèles à D.

Si on considère une droite AB tracée sur le plan P', elle se déplace parallèlement à elle-même et deux quelconques de ses points A et B décrivent des segments rectilignes, égaux et parallèles.

Lorsque deux figures peuvent être considérées comme les positions successives d'une même figure animée d'un mouvement de translation, on dit qu'*une figure se déduit de l'autre par translation.*

Problèmes.

1re ANNÉE :

121. Quand deux droites sont perpendiculaires, toute parallèle à l'une est perpendiculaire à l'autre (V. n° 156).

122. Une oblique à une droite rencontre toujours une perpendiculaire à cette droite. (Application du problème précédent.)

123. Quand deux droites sont parallèles, toute droite qui rencontre l'une rencontre forcément l'autre. (Application du postulat d'Euclide.)

124. Toute parallèle à la base d'un triangle isocèle détermine un second triangle qui est isocèle.

125. Toute parallèle à la base d'un triangle équilatéral détermine un second triangle qui est équilatéral.

126. Étant donné un triangle BAC, on trace la bissectrice de l'angle A et par B on mène la parallèle à cette bissectrice; cette parallèle rencontre le prolongement de CA en D. Démontrer que le triangle BAD est isocèle.

127. Comment ferait-on pour mesurer l'angle de deux droites qui ne se rencontrent pas dans les limites de la feuille de papier?

128. On demande de tracer la bissectrice de l'angle de deux droites qui ne se rencontrent pas dans les limites de la feuille de papier. (On élèvera des perpendiculaires sur les côtés, à l'intérieur de l'angle, on prendra des longueurs égales sur ces perpendiculaires à partir de leurs pieds, puis, par les points obtenus, on tracera les parallèles aux deux droites, on montrera que leur point de rencontre appartient à la bissectrice.)

129. Trouver, sur un des côtés d'un angle, un point qui soit à une distance donnée de l'autre côté (V. n° 161).
Faire la construction en supposant que l'angle donné est de 48° 30′ et la distance donnée 2 cm.

130. On donne deux droites qui se coupent. Trouver les points de l'une qui sont à une distance donnée de l'autre.

131. Quand deux parallèles sont coupées par une sécante, les bissectrices de deux angles alternes-internes sont parallèles; il en est de même des bissectrices de deux angles correspondants.

132. On considère un triangle quelconque ABC et on effectue un mouvement de translation défini par un segment AA′. Construire la nouvelle position du triangle.

2e ANNÉE :

133. Quel est le lieu géométrique des points qui sont également distants de deux droites parallèles.

134. Si deux angles égaux ont deux côtés parallèles et de même sens, les deux autres sont aussi parallèles et de même sens.

135. Si deux angles supplémentaires ont deux côtés parallèles et de même sens, les deux autres sont parallèles et de sens contraires.

136. Si deux angles égaux ont deux côtés parallèles et de sens contraire, les deux autres sont parallèles et de sens contraire.

137. Les bissectrices de deux angles égaux et ayant leurs côtés parallèles sont parallèles.

138. Les bissectrices de deux angles supplémentaires et ayant leurs côtés parallèles sont perpendiculaires l'une sur l'autre.

139. Étant donné un triangle ABC, mener une droite DE parallèle au côté BC, telle que $DE = DB + EC$. (La droite cherchée passe par le point d'intersection des bissectrices des angles B et C.)

140. Deux angles qui ont leurs côtés respectivement perpendiculaires sont égaux ou supplémentaires.

CHAPITRE XI

SOMME DES ANGLES D'UN TRIANGLE. — SOMME DES ANGLES D'UN POLYGONE CONVEXE.

167. Théorème. — *La somme des angles d'un triangle quelconque est égale à deux angles droits.*

Considérons le triangle ABC (*fig. 117*), prolongeons le côté BC, par exemple, au delà du point C et traçons CE parallèle à BA.

Les angles C_1 et B sont égaux comme correspondants formés par les parallèles BA, CE et la sécante BD. Les angles C_2 et A sont égaux comme alternes-internes formés par les parallèles BA, CE et la

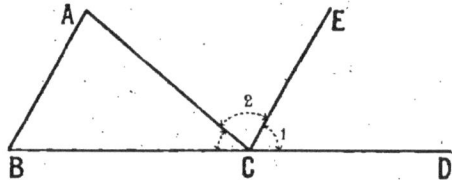

Fig. 117.

sécante AC. Il en résulte que les trois angles du triangle sont respectivement égaux aux trois angles qui ont leur sommet en C. Or ces angles recouvrent tout le plan d'un même côté de BD sans se recouvrir entre eux ; leur somme (n° 75) est égale à deux droits.

168. Remarque. *On appelle* angle extérieur d'un triangle *l'angle formé par un des côtés du triangle avec le prolongement d'un des deux autres côtés. Ainsi* $\widehat{ACD}$ (*fig. 117*) *est un angle extérieur du triangle ABC.*

Il résulte immédiatement de la démonstration précédente que

$$\widehat{ACD} = \widehat{A} + \widehat{B}.$$

On peut donc dire que :

L'angle extérieur d'un triangle est égal à la somme des deux angles intérieurs du triangle qui ne lui sont pas adjacents.

169. Corollaire I. — *Les angles d'un triangle rectangle autres que l'angle droit sont aigus et complémentaires.*

170. Corollaire II. — *L'angle d'un triangle équilatéral vaut* $\frac{2}{3}$ *d'angle droit ou* $\frac{180^\circ}{3} = 60^\circ$, *ou encore* $\frac{200}{3}$ *grades.*

171. Corollaire III. — *Un triangle ne peut avoir qu'un seul angle obtus.*

172. Corollaire IV. — *Si deux triangles ont deux angles égaux chacun à chacun, les troisièmes le sont aussi.*

En effet, ces troisièmes angles ont des suppléments égaux et, par suite, sont égaux.

173. Remarque. Si l'on connaît les mesures de deux angles d'un triangle, on pourra calculer la mesure du troisième : celui-ci est le supplément de la somme des deux autres.

Si l'on connaît la mesure d'un angle aigu d'un triangle rectangle, on pourra calculer l'autre angle ; il suffira de prendre le complément de l'angle connu.

Si l'on connaît la mesure d'un angle d'un triangle isocèle, les deux autres pourront être calculés ; en effet, si l'un des angles connus est un angle à la base, on connaîtra deux des angles du triangle ; si l'angle connu est l'angle du sommet, le supplément représentera la somme des deux autres angles et, comme ceux-ci sont égaux, on pourra calculer chacun d'eux.

174. Théorème. — *La somme des angles d'un polygone convexe est égale à autant de fois deux droits qu'il y a de côtés moins deux.*

Considérons un polygone convexe quelconque : A B C D E F G (*fig.* 118), traçons les diagonales partant d'un même sommet, A,

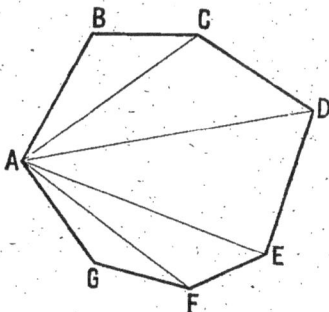

Fig. 118.

par exemple, nous décomposons ainsi le polygone en triangles. Remarquons que la somme des angles de tous les triangles est égale à la somme des angles du polygone. Or, pour faire la somme des angles de tous les triangles, nous pouvons faire la somme des angles dans chaque triangle (elle est égale à deux droits) et multiplier deux droits par le nombre des triangles. Pour calculer le nombre des triangles, il nous suffit de remarquer que dans chaque triangle entre un côté du polygone, sauf pour deux des triangles qui en prennent deux ; il y a donc autant de triangles qu'il y a de côtés moins deux. La somme des angles est donc bien égale à autant de fois deux droits qu'il y a de côtés moins deux.

175. Remarque. Il résulte du théorème qui précède que si n est le nombre des côtés du polygone, S la somme des angles exprimée en angles droits, on a la relation $S = 2(n-2)$. Cette relation permettra de calculer S si n est connu et, inversement, de calculer n si l'on connaît S.

Problèmes.

1re ANNÉE :

141. Étant donnés un triangle ABC et un point O quelconque pris à l'intérieur, démontrer que $\widehat{BOC}$ est supérieur à l'angle $\widehat{A}$ du triangle. (On comparera leurs suppléments d'après le n° 167.)

142. L'un des angles aigus d'un triangle rectangle vaut 54ᵍ,2846. Calculer l'autre.

143. Deux des angles d'un triangle valent respectivement, l'un 102°48′56″, l'autre 52°54′28″. Calculer le troisième.

144. Deux angles d'un triangle étant donnés, construire le troisième, avec le rapporteur.

145. L'angle au sommet d'un triangle isocèle vaut $\frac{4}{5}$ d'angle droit. Calculer chacun des deux autres.

146. L'un des angles à la base d'un triangle isocèle vaut 28ᵍ,4854. Calculer l'angle au sommet.

147. Quelle est la somme des angles d'un quadrilatère convexe ? d'un hexagone convexe ? d'un pentédécagone convexe ?

148. La somme des angles d'un polygone convexe est 18 droits. Combien a-t-il de côtés ?

149. La somme des angles d'un polygone convexe est de 6.840°. Combien a-t-il de côtés ?

150. Dans un triangle rectangle, l'un des angles aigus vaut les $\frac{2}{5}$ de l'autre. Calculer, en degrés et en grades, la valeur de chacun des angles aigus du triangle.

151. Dans un triangle rectangle, l'un des angles aigus surpasse l'autre de 24°42'58". Calculer les angles du triangle.

152. Dans un triangle ABC, on a : $\widehat{B} = 72^G,2465$, $\widehat{C} = 65^G,8724$. Calculer l'angle extérieur ayant pour sommet A.

153. Dans un triangle rectangle en A, l'un des angles aigus $\widehat{B} = 34^G,8736$. Calculer l'angle extérieur du triangle qui a son sommet en C.

154. Dans un triangle isocèle, l'angle au sommet $A = 48°34'7"$. Calculer l'angle extérieur qui a pour sommet B.

155. Si un triangle isocèle a un angle de 60°, il est équilatéral. (Deux cas à examiner.)

156. Si, dans un triangle, l'un des angles est égal à la somme des deux autres, le triangle est rectangle.

157. L'angle au sommet d'un triangle isocèle est le double de l'un des angles à la base. Calculer les angles du triangle.

158. Dans un quadrilatère, deux des angles sont droits, un troisième vaut $48^G,2865$. Quelle est la valeur du quatrième ?

159. Un polygone de 12 côtés a tous ses angles égaux. Quelle est la valeur de chacun d'eux ?

160. Si un triangle rectangle a un angle de 60°, le côté de l'angle droit qui lui est adjacent est la moitié de l'hypoténuse. (On prolongera d'une longueur égale le côté adjacent à l'angle de 60° et on formera un triangle équilatéral.)

161. Énoncer et démontrer le théorème réciproque du précédent. (Pour le démontrer, on fera la même construction.)

162. L'un des angles d'un triangle est double de l'autre et le troisième est triple du plus petit. Calculer les trois angles.

163. Démontrer que si d'un point A on abaisse la perpendiculaire AB sur une droite xy et que l'on mène des obliques AC, AD, AE, etc., d'un même côté de la perpendiculaire, ces obliques font avec xy des angles de plus en plus petits à mesure qu'elles s'éloignent du pied de la perpendiculaire.

164. On suppose que le triangle ABC est équilatéral. Calculer l'angle des deux bissectrices issues de B et C.

165. Dans un triangle isocèle ABC, l'angle au sommet A est le double de l'un des angles à la base, calculer l'angle que font les bissectrices des angles à la base.

2e ANNÉE :

166. Étant donné un triangle quelconque ABC, on mène les bissectrices des angles B et C. Démontrer qu'elles forment un angle qui a pour valeur $\dfrac{\widehat{A}}{2} + 1$ droit.

167. Étant donné un triangle quelconque ABC, on mène les bissectrices des angles extérieurs en B et C. Démontrer qu'elles forment un angle qui a pour valeur 1 droit $- \dfrac{\widehat{A}}{2}$.

168. Étant donné un triangle quelconque ABC; la bissectrice AO de l'angle A limitée à son point de rencontre avec BC forme, avec ce côté, deux angles O_1 et O_2. Démontrer que la différence de ces deux derniers angles est égale à la différence des angles B et C.

169. Démontrer le théorème relatif à la somme des angles d'un polygone convexe en joignant tous les sommets du polygone à un point quelconque pris dans l'intérieur.

170. Connaissant les trois angles A, B, C d'un triangle ABC. Calculer l'angle formé par deux hauteurs quelconques du triangle.

171. Dans un triangle quelconque, l'angle formé par la hauteur et la bissectrice issues du même sommet est égal à la demi-différence des angles adjacents au côté opposé.

172. A chaque sommet d'un triangle, on peut tracer deux angles extérieurs :

1° Ils sont égaux;

2° Si l'on prend un angle extérieur à chaque sommet. Quelle est la somme de ces trois angles?

173. La somme des angles extérieurs que l'on obtient en prolongeant tous les côtés d'un polygone dans le même sens est égale à 4 droits. (Quand un mobile se déplace sur le contour d'un polygone sans jamais revenir en arrière, il définit sur chacun des côtés un sens; on dit que c'est le même sens. Pour traiter le problème, on fera la somme totale des angles intérieurs et extérieurs et on retranchera de cette somme la somme des angles intérieurs.)

174. Construire avec la règle et le compas :

1° Un angle de 45° (on remarquera que $45 = \dfrac{90}{2}$) ; un angle de 22°30;

2° Un angle de 60° (v. prob. n° 161);

3° Un angle de 30° (v. prob. n° 161);

4° Un angle de 120°;

5° Un angle de 15° (on remarquera que $15 = 45 - 30$);

6° Un angle de 150ᴳ, puis de 75ᴳ;

7° Un angle de 105° (on remarquera que $105 = 60 + 45$).

CHAPITRE XII

QUADRILATÈRES CONVEXES PARTICULIERS

176. Un **parallélogramme** (*fig.* 119) *est un quadrilatère dans lequel les côtés opposés sont parallèles.*

177. Un **losange** (*fig.* 119) *est un quadrilatère qui a ses quatre côtés égaux.*

178. Un **rectangle** (*fig.* 119) *est un quadrilatère qui a ses quatre angles droits.*

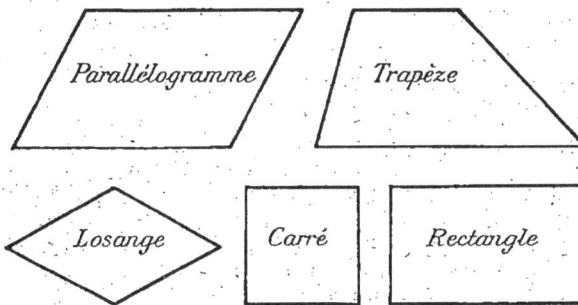

Fig. 119.

179. Un **carré** (*fig.* 119) *est un quadrilatère qui a ses côtés égaux et ses angles droits.*

180. Un **trapèze** (*fig.* 119) *est un quadrilatère convexe qui a deux côtés opposés parallèles.*

Nous allons étudier successivement ces différents quadrilatères.

Parallélogramme.

181. Dans un parallélogramme, l'un quelconque de ses côtés est appelé *base*, sa distance au côté parallèle est appelée *hauteur*.

182. THÉORÈME. — *Dans un parallélogramme, deux angles adjacents à l'un quelconque des côtés sont supplémentaires.*

En effet, les angles A et B (*fig.* 120), par exemple, adjacents au côté AB, sont des angles intérieurs situés d'un même côté de la sécante AB par rapport aux parallèles BC et AD (V. n° 158).

183. Théorème réciproque. — *Si dans un quadrilatère, les angles adjacents à l'un quelconque des côtés sont supplémentaires, le quadrilatère est un parallélogramme.*

Si, dans le quadrilatère ABCD (*fig.* 120), les angles A et B, par exemple, sont supplémentaires, comme ce sont des angles intérieurs situés du même côté de la sécante AB par rapport aux droites BC et AD, ces deux droites sont parallèles (V. n° 159). De même, $\widehat{A}$ et $\widehat{D}$ étant supplémentaires, les deux droites AB et DC sont parallèles. Le quadrilatère est bien un parallélogramme.

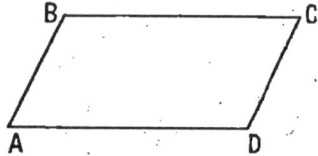
Fig. 120.

184. Théorème. — *Dans un parallélogramme, les angles opposés sont égaux.*

Soit le parallélogramme ABCD (*fig.* 120); $\widehat{A}=\widehat{C}$, car il résulte du théorème précédent que ces deux angles ont le même supplément, $\widehat{B}$ par exemple.

185. Théorème réciproque. — *Si un quadrilatère convexe a ses angles opposés égaux, c'est un parallélogramme.*

La somme des angles d'un quadrilatère convexe égale 4 droits; si $\widehat{A}=\widehat{C}$, $\widehat{B}=\widehat{D}$ (*fig.* 120), on en déduit $\widehat{A}+\widehat{B}=\widehat{C}+\widehat{D}$ et, par suite, $\widehat{A}+\widehat{B}=2$ dr.; il en résulte (V. n° 159) que les droites BC et AD sont parallèles, de même $\widehat{A}+\widehat{D}=2$ dr. et, par suite, les droites AB et DC sont parallèles.

186. Théorème. — *Dans un parallélogramme, les côtés opposés sont égaux.*

Considérons le parallélogramme ABCD (*fig.* 121), traçons la diagonale BD; les deux triangles ABD et BDC sont égaux; ils ont un côté égal adjacent à deux angles égaux chacun à chacun. En effet, BD est commun, $\widehat{B_1}=\widehat{D_1}$ comme alternes-internes formés par les parallèles AB, DC et la sécante BD; $\widehat{B_2}=\widehat{D_2}$ (raison analogue). Il en résulte que AB=CD; ce sont des côtés opposés à des angles égaux dans des triangles égaux; pour la même raison, AD=BC.

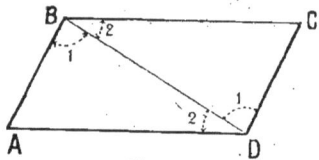
Fig. 121.

187. Théorème réciproque. — *Si dans un quadrilatère convexe* *les côtés opposés sont égaux, le quadrilatère est un parallélo-gramme.*

Soit le parallélogramme ABCD (*fig.* 121); par hypothèse, AB=DC, AD = BC; traçons la diagonale BD. Les deux triangles ABD, BDC sont égaux comme ayant les trois côtés égaux chacun à chacun; en effet, AB = CD, AD = BC par hypothèse, BD est commun. Il en résulte que $\widehat{B_1} = \widehat{D_1}$ (angles opposés à des côtés égaux dans des triangles égaux), de même $\widehat{B_2} = \widehat{D_2}$; $\widehat{B_1}$ et $\widehat{D_1}$ occupant la position d'alternes-internes par rapport aux droites AB et CD et la sécante BD, AB et CD sont parallèles (V. n° 159). De même, $\widehat{B_2}$ et $\widehat{D_2}$ étant égaux, les côtés BC et AD sont parallèles.

188. Théorème. — *Dans un parallélogramme, les diagonales se coupent en parties égales.*

Considérons le parallélogramme ABCD (*fig.* 122) et les diagonales AC et BD qui se coupent en O. Les deux triangles BOC et AOD sont égaux comme ayant un côté égal adjacent à deux angles égaux chacun à chacun; en effet: BC = AD comme côtés opposés du parallélogramme, $\widehat{B_1} = \widehat{D_1}$ comme alternes-internes formés par les parallèles BC, AD et la sécante BD;

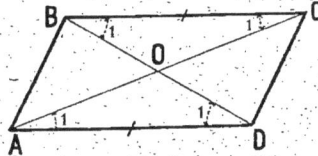

Fig. 122.

de même $\widehat{A_1} = \widehat{C_1}$. On en conclut que OB = OD (côtés opposés à des angles égaux dans des triangles égaux), de même OA = OC.

189. Théorème réciproque. — *Si, dans un quadrilatère convexe, les diagonales se coupent en parties égales, le quadrilatère est un parallélogramme.*

Considérons le quadrilatère ABCD (*fig.* 123) et les diagonales AC et BD qui se coupent en O; par hypothèse $\begin{cases} OB = OD \\ OA = OC \end{cases}$. Les deux triangles AOD, BOC sont égaux comme ayant un angle égal compris entre deux côtés égaux chacun à chacun; en effet, les angles en O dans les deux triangles sont opposés par le sommet et les côtés qui les forment égaux chacun à chacun par hypothèse.

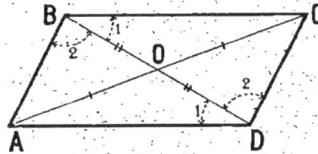

Fig. 123.

On en conclut que $\widehat{B_1} = \widehat{D_1}$ et, par suite, BC et AD sont parallèles. De même, les deux triangles AOB et COD sont égaux et $\widehat{B_2} = \widehat{D_2}$, par suite AB et CD sont parallèles.

190. THÉORÈME. — *Si un quadrilatère convexe a deux côtés égaux et parallèles, c'est un parallélogramme.*

Considérons le quadrilatère ABCD (*fig.* 124) dans lequel AD et BC sont égaux et parallèles. Les deux triangles ABD, DBC sont égaux comme ayant un angle égal compris entre deux côtés égaux cha-cun à chacun : $\widehat{D_1} = \widehat{B_1}$ (alternes-internes formés par les parallèles BC et AD et la sécante BD); BD est commun, BC = AD par hypothèse. On en conclut que les angles B_2 et

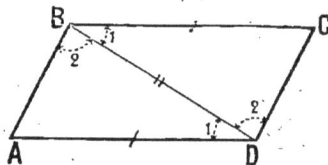

Fig. 124.

D_2 sont égaux (angles opposés à des côtés égaux dans des trian-gles égaux); ces angles occupant la position d'alternes-internes par rapport aux droites AB et DC et la sécante BD, les côtés AB et DC sont parallèles; le quadrilatère a donc ses côtés opposés parallèles.

191. REMARQUE. Il résulte de la définition du parallélogramme et des théorèmes établis, que si l'on veut démontrer qu'un quadrilatère est un parallélogramme, il suffira d'établir qu'il répond à l'*une* des conditions suivantes :

1° Que ses côtés opposés sont parallèles;

2° Que ses angles opposés sont égaux ;

3° Que deux quelconques de ses angles, adjacents au même côté, sont supplémentaires;

4° Que ses côtés opposés sont égaux;

5° Que ses diagonales se coupent en parties égales;

6° Que deux de ses côtés opposés sont égaux et parallèles.

Losange.

192. Nous avons dit qu'un losange est un quadrilatère dont les quatre côtés sont égaux.

Un tel quadrilatère a donc ses côtés opposés égaux et, par suite, c'est un parallélogramme (n° 187); la *base* et la *hauteur* se défi-nissent comme pour le parallélogramme. On peut dire qu'un losange est un parallélogramme qui a deux côtés consécutifs égaux, car alors les quatre côtés sont égaux (V. n° 186).

Le losange a donc toutes les propriétés du parallélogramme; en outre, il en possède d'autres que nous allons établir.

193. THÉORÈME. — *Dans un losange, les diagonales sont per-pendiculaires l'une sur l'autre et bissectrices des angles.*

Considérons le losange ABCD (*fig.* 125) et les diagonales AC, BD, qui se coupent en O; comme le losange est un parallélogramme, OA = OC; dans le triangle isocèle ABC, OB qui est médiane est aussi hauteur et bissectrice de $\widehat{B}$ (V. n° 115).

Rectangle.

194. Nous avons dit qu'un rectangle est un quadrilatère dont les angles sont droits. Dans ces conditions, le quadrilatère a ses côtés opposés parallèles, car ils sont deux à deux perpendiculaires sur une même droite (V. n° 153); c'est donc

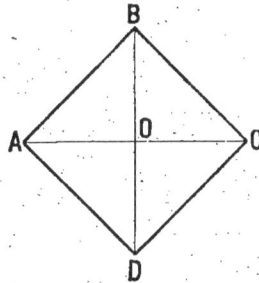

Fig. 125.

un parallélogramme. L'un de ses côtés est appelé *base*, l'un des deux autres perpendiculaires au premier est appelé *hauteur*. La base et la hauteur d'un rectangle sont *ses deux dimensions*.

On peut dire qu'un rectangle est un parallélogramme qui a un angle droit, car alors tous les angles sont droits (V. n°ˢ 182 et 184).

Le rectangle possède donc toutes les propriétés du parallélogramme; en outre, il en possède d'autres que nous allons établir.

195. Théorème. — *Dans un rectangle, les diagonales sont égales.*

Considérons le rectangle ABCD (*fig.* 126) et les diagonales AC et BD; les deux triangles ABD et ACD sont égaux comme ayant un angle égal compris entre deux côtés égaux chacun à chacun; en effet, les angles en A et D dans ces triangles sont droits, AB = CD comme côtés opposés de parallélogramme, AD commun, donc AC = BD. — C. Q. F. D.

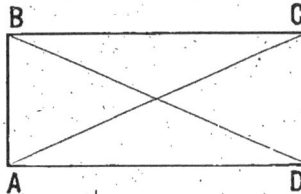

Fig. 126.

*196. Théorème réciproque. — *Si dans un parallélogramme les diagonales sont égales, le parallélogramme est un rectangle.*

Considérons le parallélogramme ABCD (*fig.* 126) et les diagonales AC, BD; les deux triangles ABD et ACD sont égaux comme ayant les trois côtés égaux chacun à chacun; en effet, AC = BD par hypothèse, AD est commun et AB = DC comme côtés opposés d'un parallélogramme; donc $\widehat{BAD} = \widehat{ADC}$; or, ces deux angles adjacents à un même côté AD d'un parallélogramme sont supplémentaires, étant égaux, chacun d'eux est droit et le parallélogramme qui a un angle droit est un rectangle.

197. ApplicatioN. — *Dans un triangle rectangle, la médiane relative à l'hypoténuse est la moitié de l'hypoténuse et, réciproquement, si, dans un triangle, une médiane est la moitié du côté correspondant, le triangle est rectangle.*

Considérons le triangle rectangle ABC (*fig.* 127) et la médiane AO relative à l'hypoténuse. Prolongeons AO d'une longueur OD = OA; le quadrilatère ABDC est un parallélogramme, puisque ses diagonales se coupent en parties égales

Fig. 127.

(n° 189) et, comme il a un angle droit, c'est un rectangle; donc AD = BC et, par suite, $AO = \dfrac{BC}{2}$.

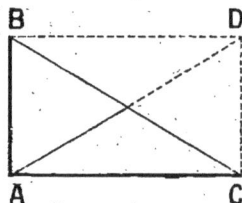

Réciproquement, considérons le triangle ABC (*fig.* 127), la médiane AO, et supposons que $AO = \dfrac{BC}{2}$; prolongeons AO d'une longueur OD = OA; le quadrilatère ABDC est un parallélogramme, car ses diagonales se coupent en parties égales (n° 189); de plus, ces diagonales sont égales; c'est donc un rectangle (n° 196) et, par suite, $\widehat{BAC}$ est un angle droit.

Carré.

198. Le carré ayant tous ses côtés égaux et ses angles égaux est à la fois un losange et un rectangle.

Le carré possède donc toutes les propriétés du losange et celles du rectangle.

Trapèze.

199. Nous avons dit qu'un trapèze est un quadrilatère convexe dont deux côtés opposés sont parallèles.

Les deux côtés parallèles sont appelés *bases du trapèze*. La perpendiculaire commune aux bases est la *hauteur du trapèze* (*fig.* 128).

On dit qu'un trapèze est isocèle (*fig.* 129) lorsque les deux côtés non parallèles sont égaux.

On dit qu'un trapèze est rectangle (*fig.* 130) lorsque l'un de ses angles est droit.

Remarquons de suite que, dans un trapèze, les angles adjacents à l'un quelconque des côtés non parallèles sont supplé-

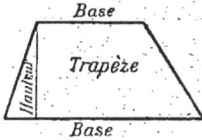

Fig. 128.

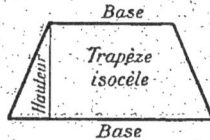

Fig. 129,

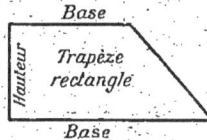

Fig. 130.

mentaires (angles intérieurs situés d'un même côté de la sécante par rapport à deux parallèles. V. n° 158).

Un trapèze rectangle a deux angles droits.

Si l'on connaît un angle d'un trapèze isocèle, tous les autres se trouvent déterminés.

Problèmes.

1re ANNÉE :

175. Construire un parallélogramme, deux de ses côtés ayant pour longueurs 30^{mm} et 15^{mm}, l'angle qu'ils comprennent valant 48°30'.

176. Construire un rectangle ayant pour dimensions 25^{mm} et 35^{mm}.

177. Construire un carré ayant 25^{mm} de côté.

178. Construire un parallélogramme ABCD connaissant le côté AB = 32^{mm}, le côté AC = 28^{mm} et la diagonale AD = 40^{mm}.

179. Construire un parallélogramme ABCD connaissant le côté AB = 28^{mm}, la diagonale AC = 34^{mm} et la diagonale BD = 20^{mm}.

180. Construire un parallélogramme ABCD connaissant la diagonale AC = 38^{mm}, la diagonale BD = 24^{mm} et l'angle AOB = 128°30' de ces diagonales.

181. Construire un parallélogramme ABCD connaissant le côté AB = 34^{mm}, le côté AD = 40^{mm}, la hauteur BH = 15^{mm}.

182. Construire un parallélogramme ABCD connaissant le côté AB = 22^{mm}, le côté AD = 32^{mm} et la diagonale AC = 38^{mm}.

183. Construire un rectangle ABCD connaissant le côté AB = 24^{mm} et sachant que l'angle AOB des diagonales vaut 128°30'.

184. Construire un losange, ses diagonales mesurant 28^{mm} et 20^{mm}.

185. Construire un losange ABCD sachant que la diagonale AC = 4 cm. et $\widehat{A}$ = 64°30'.

186. Construire un losange connaissant son côté 4 cm. et sachant que l'une de ses diagonales a 3 cm.

187. Construire un carré dont la diagonale mesure 28^{mm}.

188. Construire un trapèze rectangle ABCD connaissant les bases AD $=32^{mm}$, BC $=24^{mm}$ et la hauteur AB $=15^{mm}$.

189. Construire un trapèze rectangle ABCD connaissant la grande base AD $=4$ cm., la hauteur AB $=2$ cm. et le côté CD $=3$ cm.

190. Construire un trapèze isocèle ABCD connaissant les deux bases AD $=6$ cm., BC $=3$ cm. et la hauteur 4 cm.

191. Construire un trapèze isocèle ABCD connaissant la grande base AD $=38^{mm}$, la hauteur BH $=2$ cm.; le côté AB $=3$ cm.

192. Étant donné un parallélogramme ABCD, on prend les milieux des deux côtés opposés. Démontrer que la droite qui joint ces deux points est parallèle et égale aux deux autres côtés (V. n° 190).

193. Dans un parallélogramme, l'un des angles vaut 32^G,3875. Que valent les autres?

2e ANNÉE :

194. Deux parallélogrammes sont égaux quand ils ont un angle égal compris entre deux côtés égaux chacun à chacun.

195. Si, dans un parallélogramme, les diagonales sont perpendiculaires l'une sur l'autre, le parallélogramme est un losange.

196. Les portions de droites parallèles comprises entre deux droites parallèles sont égales (V. n° 186).

197. Étant donnés deux droites parallèles et un point quelconque du plan, mener par ce point une droite telle que la portion comprise entre les deux parallèles ait une longueur donnée.
Discuter le problème; est-il toujours possible? Peut-il avoir plusieurs solutions?

198. Étant données deux droites qui se coupent, mener une troisième droite parallèle à une direction donnée et telle que la portion interceptée entre les deux droites ait une longueur donnée.

199. Dans un parallélogramme, une diagonale est équidistante des sommets qu'elle ne joint pas.

200. On considère deux circonférences égales de centres O et O', on trace deux rayons OA et O'A' parallèles et de même sens. Démontrer que le segment AA' est égal et parallèle à OO'.

201. Étant donné un parallélogramme ABCD, toute droite passant par le point O de rencontre des diagonales et limitée au contour du parallélogramme est partagée par le point O en deux parties égales.

202. Si on prend sur les côtés d'un carré ABCD et dans le même

sens des longueurs $AA' = BB' = CC' = DD'$, le quadrilatère $A'B'C'D'$ est un carré. (On montrera que $A'B'C'D'$ est un losange, puis que l'un quelconque de ses angles est droit.)

203. Dans un trapèze isocèle :
1° Les angles adjacents à l'une quelconque des bases sont égaux. (On mènera par un des sommets de la petite base la parallèle à l'un des côtés égaux) ;
2° Les diagonales sont égales.

204. Énoncer et démontrer les deux réciproques du n° 203.

205. Si un trapèze est isocèle, le triangle que l'on obtient en prolongeant les côtés égaux est isocèle.

206. On considère deux segments égaux et parallèles et de leurs extrémités on abaisse des perpendiculaires sur un axe quelconque xy ; les deux trapèzes rectangles que l'on obtient ainsi ont même hauteur.

207. Les deux hauteurs d'un losange sont égales.

208. Si dans un parallélogramme les deux hauteurs sont égales, le parallélogramme est un losange. (On démontrera que deux côtés consécutifs du parallélogramme sont égaux.)

209. Construire un trapèze isocèle ABCD sachant que l'angle adjacent à la grande base $\widehat{A} = 58°$, la grande base $AD = 5$ cm., l'un des côtés égaux $DC = 32^{mm}$.

210. Étant donnés un parallélogramme ABCD, et les diagonales AC et BD qui se coupent en O ; on prend sur BD, de part et d'autre de O, deux points E et F tels que $OE = OF$. Démontrer que AECF est un parallélogramme (V. n° 189).

211. Étant donné un segment AB, on lui fait subir une translation qui l'amène en A'B', puis une nouvelle translation, non parallèle à la première, qui l'amène en A"B". Démontrer qu'on peut passer de AB à A"B" par une seule translation.

212. On considère deux droites parallèles X et Y et deux segments égaux AB et CD s'appuyant sur les parallèles et se coupant en O. Démontrer qu'ils se coupent en parties respectivement égales. (On mènera par l'extrémité d'un segment la parallèle à l'autre.)

213. Le trapèze isocèle a-t-il un axe de symétrie ? Prouvez-le.

CHAPITRE XIII

QUELQUES PROPRIÉTÉS IMPORTANTES DU TRIANGLE

200. Théorème. — *Les perpendiculaires élevées sur les milieux des côtés d'un triangle passent par un même point.*

Considérons le triangle ABC (*fig.* 131), élevons la perpendiculaire DE au milieu de BC et la perpendiculaire FH au milieu de AC. Ces deux droites ne sont pas parallèles, car les droites AC et BC respectivement perpendiculaires sur chacune d'elles seraient parallèles et, comme elles ont un point commun, elles formeraient une seule ligne droite.

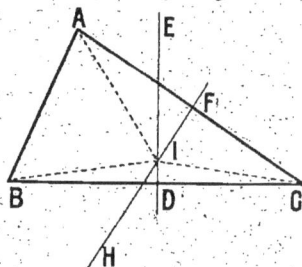

Fig. 131.

Ces perpendiculaires se coupent donc en un point I; nous allons démontrer que la troisième perpendiculaire passe en I. Le point I appartenant à la perpendiculaire DE élevée au milieu de BC, on a : IB = IC (V. n° 94). De même on a : IA = IC.

De ces deux égalités, on déduit : IA = IB.

Le point I est donc équidistant de A et B, et, par suite, il appartient (V. n° 146) à la perpendiculaire élevée au milieu de AB.

201. Remarque. Le point de rencontre des perpendiculaires élevées sur les milieux des côtés d'un triangle est équidistant des trois sommets du triangle; c'est le centre d'un cercle qui passe par les trois sommets (*cercle circonscrit*).

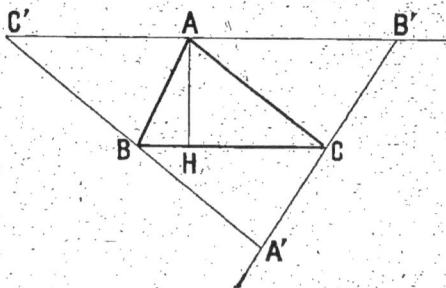

Fig. 132.

202. Théorème. — *Les trois hauteurs d'un triangle passent par un même point.*

Considérons le triangle ABC (*fig.* 132) et soit AH la hauteur issue du sommet A. Par chacun des sommets du triangle, menons la parallèle au côté opposé, nous formons ainsi un nouveau triangle A'B'C'. On voit immédiatement que chaque sommet du premier triangle est au milieu d'un côté du second, ainsi AC' = AB', car chacun de ses segments est égal à BC, puisque les quadrilatères AB'CB, AC'BC sont, par construction, des parallélogrammes. De plus la droite AH perpendiculaire à BC l'est aussi sur sa parallèle B'C'.

En somme, chaque hauteur du triangle ABC est la perpendiculaire au milieu d'un côté du triangle A'B'C'; ces trois hauteurs passent donc par un même point : cela résulte du théorème précédent.

203. Le point de rencontre des trois hauteurs d'un triangle s'appelle *orthocentre* du triangle.

204. Théorème. — *Les trois bissectrices des angles d'un triangle passent par un même point.*

Considérons le triangle ABC (*fig.* 133) et menons les bissectrices des angles A et B par exemple; ces bissectrices se coupent, car, si elles étaient parallèles, les angles intérieurs formés par la sécante AB seraient supplémentaires, ce qui est impossible. Soit O leur point de rencontre. Le point O appartenant à la bissectrice de l'angle $\widehat{A}$ est équidistant des côtés AB et AC

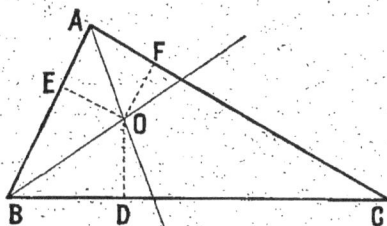

Fig. 133.

et, si l'on abaisse du point O des perpendiculaires OF, OE, OD sur les trois côtés, on a OF = OE (V. n° 148). De même le point O appartenant à la bissectrice de l'angle B, on a OD = OE. De ces deux égalités résulte que OF = OD; le point O est donc équidistant des côtés CA et CB de l'angle C et, par suite, il appartient à la bissectrice de cet angle. Les trois bissectrices passent donc par un même point.

205. Remarque. Le point de rencontre des bissectrices des angles d'un triangle est équidistant des trois côtés du triangle.

206. Théorème. — *Si par le milieu d'un côté d'un triangle on mène la parallèle à l'un des autres côtés, elle passe par le milieu du troisième côté et elle est égale à la moitié du second.*

Considérons le triangle ABC (*fig.* 134); soient D le milieu du côté AB et DE la parallèle à BC. Menons EF parallèle à AB. Les deux triangles ADE, FEC sont égaux ; ils ont un côté égal adjacent à deux angles égaux chacun à chacun ; en effet, EF = BD comme côtés opposés de parallélogramme, et, par suite, EF = AD, $\widehat{E_1} = \widehat{A}$ comme correspondants formés par les parallèles AB, EF et la sécante AC, $\widehat{F_1} = \widehat{D_1}$ comme ayant les côtés parallèles et de même sens. On en conclut que AE = EC et DE = FC ; d'autre part, DE = BF comme côtés opposés de parallélogramme, donc DE = $\dfrac{BC}{2}$.

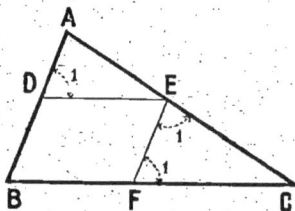

Fig. 134.

207. REMARQUE. *La droite qui joint les milieux de deux côtés d'un triangle est parallèle au troisième côté et égale à sa moitié.* En effet cette droite se confond avec la parallèle au troisième côté menée par le milieu de l'un des deux autres.

208. THÉORÈME. — *Les trois médianes d'un triangle passent par un même point qui est situé au tiers de l'une quelconque d'entre elles à partir de la base.*

Considérons le triangle ABC (*fig.* 135) et deux des médianes, AD et BE par exemple, qui se coupent en G. Si nous démontrons que DG est le tiers de DA, le théorème sera démontré, car nous aurons établi qu'une médiane AD étant

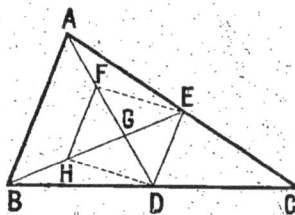

Fig. 135.

tracée, l'une quelconque des deux autres la coupe en un point situé au tiers du segment DA à partir de D.

Joignons DE ; cette droite est parallèle à AB et égale à $\dfrac{AB}{2}$ (V. n° 207) ; F étant le milieu de GA, H le milieu de GB, FH est parallèle à AB et égal à $\dfrac{AB}{2}$. Il en résulte que ED et FH sont égaux et parallèles et le quadrilatère HFED est un parallélogramme (V. n° 190). Ses diagonales se coupent en parties égales et GD = GF ; F étant le milieu de AG, on a donc :

$$AF = FG = GD.$$

GD est bien le tiers de AD et le théorème est démontré.

209. THÉORÈME. — *Si, par le milieu d'un des côtés non parallèles d'un trapèze, on mène la parallèle aux bases, elle passe par le milieu de l'autre côté et elle est égale à la demi-somme des bases.*

Considérons le trapèze ABCD (*fig.* 136) et le point E, milieu de AB; par le point E menons la parallèle à AD. Cette parallèle rencontre la diagonale BD en son milieu F (V. n° 206); passant par

Fig. 136.

le milieu F de BD et étant parallèle à BC, elle rencontre CD en son milieu G.

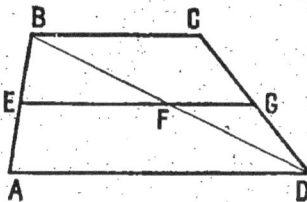

D'autre part :

$$EF = \frac{AD}{2}, \quad FG = \frac{BC}{2}; \quad (\text{V. n}° 206)$$

donc :

$$EF + FG = \frac{AD + BC}{2},$$

c'est-à-dire

$$EG = \frac{AD + BC}{2}. \quad \text{C. Q. F. D.}$$

210. REMARQUE. *La droite qui joint les milieux des deux côtés non parallèles d'un trapèze est parallèle aux bases et égale à leur demi-somme,* car cette droite est confondue avec la parallèle aux bases menée par le milieu d'un des côtés non parallèles.

Problèmes

1re ANNÉE

214. Trois voisins dont les habitations sont en A, B, C, non en ligne droite, veulent faire creuser un puits à frais communs. Où doit-il être placé pour être à égale distance de A, de B et de C?

215. Si l'on joint aux trois sommets d'un triangle équilatéral le point de rencontre des hauteurs, on obtient trois triangles égaux.

216. Si l'on joint les milieux des côtés d'un triangle, on obtient un triangle dont les côtés sont parallèles à ceux du premier. Qu'arrive-t-il si le premier triangle est isocèle? S'il est équilatéral?

2e ANNÉE

217. Dans un triangle isocèle, le point de rencontre des bissectrices, le point de rencontre des perpendiculaires élevées sur les milieux des côtés, le point de rencontre des médianes, le point de rencontre des trois hauteurs et le sommet du triangle sont sur une même droite.

218.. Dans un triangle équilatéral, le point de rencontre des perpendiculaires sur les milieux des côtés, le point de rencontre des hauteurs, le point de rencontre des bissectrices, le point de rencontre des médianes sont confondus.

219. Construire un triangle ayant pour sommets deux points donnés dans le plan et tel que les médianes se coupent en un troisième point donné.

220. Étant donnés trois points B, C, I, construire un triangle ayant pour sommets B et C et tel que I soit le point de rencontre des hauteurs.

221. Étant donnés trois points B, C, F, construire un triangle qui ait pour sommets B et C et tel que F soit le point de rencontre des bissectrices.

222. Si l'on joint les milieux des côtés d'un rectangle, on obtient un losange.

223. Si l'on joint les milieux des côtés d'un losange, on obtient un carré. (Mener les diagonales et voir n° 206.)

224. Étant donné un parallélogramme ABCD, on joint les milieux des côtés; le quadrilatère obtenu EFGH est un parallélogramme. Quel doit être le parallélogramme ABCD pour que le second soit un rectangle? un losange? un carré? (Mener les diagonales et voir n° 206.)

225. Les droites qui joignent les points milieux des côtés d'un quadrilatère quelconque se coupent mutuellement en deux parties égales. (Mener les diagonales et voir n° 206.)

226. Construire un triangle ABC connaissant BC = 50ᵐᵐ, les médianes BD = 45ᵐᵐ et CE = 60ᵐᵐ. (On construira d'abord le triangle ayant pour sommets B, C et le point de concours des médianes.)

227. On considère un trapèze ABCD, on mène les diagonales AC et BD. Si E et K sont les milieux des côtés AB et CD non parallèles, la droite EK coupe les diagonales AC, BD en F et G. Démontrer les égalités suivantes : $EF = GK$; $EG = FK$; $FG = \dfrac{AD - BC}{2}$ (V. n° 206).

Problèmes de récapitulation.

228. Dans un quadrilatère quelconque :
1° Chaque diagonale est plus petite que le demi-périmètre;
2° La somme des diagonales est plus petite que le périmètre;
3° La somme des diagonales est plus grande que la moitié du périmètre.

229. Étant donnés un quadrilatère quelconque ABCD et un point O dans l'intérieur. Démontrer que la somme des distances du point O aux quatre sommets est plus grande que la somme des diagonales.

230. Dans un triangle, chaque médiane est plus petite que la demi-somme des deux côtés issus du même sommet et plus grande que leur demi-différence.

231. Dans un triangle, la somme des médianes est plus petite que le périmètre et plus grande que la moitié de ce même périmètre.

232. Deux quadrilatères sont égaux lorsqu'ils ont deux angles égaux compris entre trois côtés égaux chacun à chacun et disposés de la même façon.

233. Deux quadrilatères sont égaux lorsqu'ils ont deux côtés égaux adjacents à trois angles égaux chacun à chacun et disposés de la même façon.

234. Deux quadrilatères sont égaux lorsqu'ils ont un angle égal et les quatre côtés égaux chacun à chacun, le tout disposé de la même façon.

235. Deux quadrilatères sont égaux lorsqu'ils ont une diagonale égale et les quatre côtés égaux chacun à chacun, le tout disposé de la même façon.

236. Deux quadrilatères sont égaux lorsqu'ils ont les deux diagonales égales chacune à chacune et trois côtés égaux chacun à chacun, le tout disposé de la même façon.

237. Deux triangles sont égaux quand ils ont deux côtés égaux chacun à chacun et une médiane égale, celle-ci étant disposée de la même façon dans les deux triangles.

(On devra considérer deux cas selon que la médiane correspond à un côté égal ou qu'elle est comprise entre les deux côtés égaux.)

238. On considère un triangle isocèle ABC, on prolonge les côtés AB et CB égaux, au delà du sommet, de longueurs BD et BE égales, on joint AE et CD et on prolonge ces droites jusqu'à leur point de rencontre O. Démontrer que le triangle AOC est isocèle.

239. Deux triangles sont égaux quand ils ont deux angles égaux chacun à chacun et la hauteur relative au côté adjacent égale. (Ils sont formés de deux triangles rectangles égaux.)

240. Deux triangles ABC et A'B'C' sont égaux quand ils ont : $\widehat{A} = \widehat{A'}$, $\widehat{B} = \widehat{B'}$ et les hauteurs BH et B'H' égales.

241. Deux triangles sont égaux quand ils ont un côté égal et les médianes correspondant aux autres côtés respectivement égales.

242. Construire un triangle ABC rectangle en A connaissant AB = 3 cm., la bissectrice de l'angle A, AD = 15^{mm}.

243. Deux triangles sont égaux quand ils ont un côté égal et deux hauteurs égales. (Deux problèmes distincts.)

244. Construire un triangle connaissant un côté et deux hauteurs. (Deux problèmes distincts.)

245. Deux triangles sont égaux quand ils ont un côté égal, un angle égal adjacent à ce côté et la bissectrice de cet angle égale.

246. Étant données deux droites parallèles et une sécante, les bissectrices de deux angles intérieurs d'un même côté de la sécante sont perpendiculaires l'une sur l'autre.

247. Construire un triangle ABC connaissant les angles B et C et la hauteur AH.

248. Étant donné un triangle ABC et les médianes AD, BE, CF qui se coupent en G. Par le point G on mène la parallèle à BE, elle rencontre le prolongement de AD en H. Démontrer que le triangle GCH a pour côtés respectifs les $\frac{2}{3}$ de chaque médiane.

249. Construire un triangle connaissant les trois médianes (V. le prob. précédent; on construira d'abord le triangle dont les côtés sont respectivement les $\frac{2}{3}$ de chaque médiane).

250. Construire un triangle équilatéral connaissant la hauteur.

251. Étant donnés un angle xOy et deux points A et B à l'intérieur, trouver le plus court chemin allant de A à B en touchant les deux côtés de l'angle dans un ordre déterminé et une seule fois pour chacun. (On prend le symétrique du point A par rapport au côté qui doit être rencontré le premier, puis le symétrique de B par rapport à l'autre; la droite qui joint les deux points symétriques rencontre les côtés de l'angle en des points qui appartiennent au chemin cherché.)

252. Si dans un triangle deux hauteurs sont égales, le triangle est isocèle. (On démontrera que deux angles sont égaux.)

253. Si dans un triangle deux médianes sont égales, le triangle est isocèle. (On s'appuiera sur le n° 208.)

254. On considère un angle xOy, un point A sur Ox et une droite SA qui fait avec la perpendiculaire AN en A un angle A_1 égal à l'angle A_2 que fait, avec la même perpendiculaire, une droite A_3 qui coupe Oy en B; on mène la perpendiculaire BP en B à Oy, puis la droite BI qui fait avec BP un angle B_2 égal à l'angle B_1 que fait AB avec cette même perpendiculaire. Calculer, connaissant l'angle $xOy = \alpha$, l'angle x que fait la droite SA avec BI. (C'est le *problème du sextant*.)

255. Lieu géométrique du milieu d'un segment de longueur constante s'appuyant sur deux droites rectangulaires (V. n° 197).

256. Lieu géométrique des points milieux des segments ayant une extrémité en un point fixe, l'autre sur une droite fixe.

257. Les bissectrices de deux angles extérieurs d'un triangle et de l'angle intérieur non adjacent passent par un même point. (Même démonstration qu'au n° 204.)

258. Étant donné un triangle isocèle BAC, on mène la parallèle DE au côté BC et l'on joint CD et BE, lieu géométrique du point de rencontre M de ces droites. (On démontrera que AM est la bissectrice de l'angle A et que, réciproquement, tout point de cette bissectrice est un point du lieu.)

259. Dans un triangle ABC, on prolonge BA au delà du point A et on prend sur cette droite, de chaque côté de A, deux longueurs AD et AE égales à AC (on supposera AC < AB); on joint DC et EC. Démontrer :

1° Que $\widehat{D} = \dfrac{\widehat{BAC}}{2}$ (appliquer la remarque n° 168 au triangle ADC);

2° Que $\widehat{DCE} = 1$ droit; 3° Que $\widehat{BEC} = 1$ droit $+ \dfrac{\widehat{BAC}}{2}$.

Déduire de là le moyen de construire un angle moitié d'un angle donné, un angle qui soit le $\dfrac{1}{4}$, le $\dfrac{1}{8}$, etc., d'un angle donné.

260. Les bissectrices des angles d'un quadrilatère forment un second quadrilatère dont les angles opposés sont supplémentaires.

261. Par le sommet A du triangle ABC, on mène la droite AD, du même côté que AC par rapport à AB, qui fait avec AB un angle $\widehat{BAD} = \widehat{C}$, puis une droite AE, du même côté que AB par rapport à AC, qui fait avec AC un angle $\widehat{EAC} = \widehat{B}$.

1° Démontrer que le triangle DAE est isocèle;

2° Quelle doit être la valeur de l'angle A du triangle pour que le triangle DAE soit équilatéral? pour qu'il soit rectangle?

262. Dans le triangle ABC, l'angle B est double de l'angle C et obtus, on mène la hauteur AD, puis la médiane DE du triangle rectangle ADC; cette médiane rencontre AB au point F.

1° Le triangle DBF est isocèle (V. n° 168 et n° 197);

2° Les triangles AFE et ABC ont les angles respectivement égaux.

263. La somme des distances d'un point de la base d'un triangle isocèle aux deux côtés égaux est constante, quel que soit le point considéré. (On démontrera qu'elle est égale à la hauteur relative à l'un des côtés égaux.)

Si le point pris sur la base est à l'extérieur du triangle, c'est la différence de ses distances aux deux côtés qui est constante.

264. La somme des distances d'un point quelconque pris dans l'intérieur d'un triangle équilatéral aux trois côtés est constante.

265. Étant donné un parallélogramme ABCD, on mène par un de ses sommets A une droite illimitée quelconque xAy et on abaisse sur cette droite des perpendiculaires BE, CF, DG, des autres sommets B, C, D du parallélogramme. Démontrer que CF est la somme (si xAy est extérieure à l'angle BAD) ou la différence (si xAy est intérieure à l'angle BAD) de DG et BE.

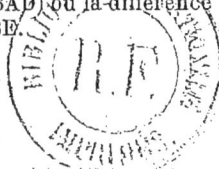

266. On considère un parallélogramme A B C D, on prolonge les côtés AB et AD de longueurs BE = AB et DF = AD. Démontrer que les points E, C, F sont en ligne droite. (On joindra le point C aux deux autres et on invoquera le th. n° 79.)

267. On considère un parallélogramme ABCD, on trace la diagonale AC, puis on joint le point B au milieu F du côté AD et le point D au milieu E du côté BC; ces droites rencontrent AC en G et H.

1° Démontrer que AC se trouve partagé en trois parties égales;

2° GEHF est un parallélogramme. Dans quel cas ce parallélogramme est-il un rectangle? un losange? un carré?

268. On considère un parallélogramme ABCD, on trace la diagonale AC, puis on prolonge les côtés AB, AD au delà du point A de longueurs AB′ = AB, AD′ = AD; sur AB′ et AD′ on construit un nouveau parallélogramme A B′ C D′. Démontrer que AC′ est dans le prolongement de CA. (On appliquera le th. n° 79.)

269. On considère un triangle ABC, on prolonge la médiane AM d'une longueur MA′ = AM. Démontrer que ABA′C est un parallélogramme (V. th. n° 189).

270. Construire un triangle ABC connaissant les côtés AB et AC et la médiane AM relative au troisième côté. (V. le prob. précédent; on est ramené à construire un parallélogramme connaissant deux côtés et une diagonale.)

271. On considère un angle xOy, un point A sur Ox et un point B sur Oy. Du point A, on abaisse la perpendiculaire sur Oy et du point B la perpendiculaire sur Ox; ces perpendiculaires se coupent au point I. Démontrer que la droite OI est perpendiculaire sur la droite AB (V. n° 202).

272. Par un point M pris à l'intérieur d'un angle xOy mener un segment limité aux côtés de l'angle et dont le point M soit le milieu. (On prolongera OM d'une longueur MA = OM et on construira un parallélogramme.)

273. Construire un trapèze ABCD connaissant les deux bases AD, BC et les diagonales AC et BD. (On mènera par B la parallèle BE à AC, on formera un triangle BED dont on connaît les trois côtés. On en déduira la construction cherchée.)

274. Construire un quadrilatère connaissant les quatre côtés et une diagonale.

275. Étant données deux parallèles xy, zt, un point A sur xy, un point B sur zt et un troisième point O quelconque hors des parallèles, mener par le point O une droite qui coupe xy en E, zt en F, de façon que AE = BF. (Prendre le milieu I de AB; la droite cherchée est OI. V. n° 189.)

276. Par le point I pris sur la base BC du triangle isocèle ABC, on mène des parallèles ID, IE aux côtés égaux :

1° Le parallélogramme ADIE a un périmètre constant;

2° Pour quelle position du point I, ce parallélogramme devient-il un losange?

3° Quelles conditions doit remplir le triangle ABC pour que le parallélogramme ADIE soit rectangle et, ces conditions étant remplies, pour quelle position du point I le rectangle est-il un carré?

277. On considère un angle xOy, on porte sur Ox une longueur OA et sur Oy une longueur OB, de telle sorte que OA $+$ OB $= l$, l étant une longueur donnée. On construit le parallélogramme sur OA et sur OB, lieu du quatrième sommet M (V. le prob. précédent).

278. On donne un parallélogramme ABCD, on mène les bissectrices des angles, AE, BF, CG, DH.

1° Chacune de ces bissectrices forme avec les côtés du parallélogramme un triangle isocèle (par exemple, DH forme le triangle ADH);

2° Le quadrilatère IMLK formé par les bissectrices est un rectangle;

3° Le centre de ce rectangle (point de rencontre des diagonales) coïncide avec le centre du parallélogramme;

4° Les diagonales du rectangle sont parallèles aux côtés du parallélogramme;

5° Chaque diagonale du rectangle est égale à la différence des côtés du parallélogramme primitif;

6° Que doit être le parallélogramme ABCD pour que le rectangle soit un carré?

279. Étant donnés deux parallèles xy, zt et deux points A et B situés à l'extérieur et de part et d'autre; trouver le plus court chemin allant de A à B de façon que la portion de ce chemin comprise entre les deux parallèles soit un segment parallèle à une direction donnée.

280. Tracer la bissectrice de l'angle de deux droites qui ne se coupent pas dans les limites de la feuille de papier.

281. On considère un segment AB, on prend le milieu M et on abaisse des perpendiculaires AA′, BB′, MM′ sur une droite quelconque xy ne coupant pas AB entre A et B. Démontrer que MM′ $= \dfrac{\text{AA}' + \text{BB}'}{2}$.

282. Si la droite xy du problème précédent coupe AB entre A et B, démontrer que MM′ $= \dfrac{\text{AA}' - \text{BB}'}{2}$, en supposant que xy coupe AB entre M et B.

283. Étant donnés trois points B, A, C, on joint AB, AC et dans l'intérieur de l'angle BAC on prend un quatrième point D tel que le quadrilatère ABCD soit concave. Démontrer que : $\widehat{D} = \widehat{A} + \widehat{B} + \widehat{C}$. (On prolongera BD. V. n° 168.)

LIVRE II

CHAPITRE PREMIER

LA CIRCONFÉRENCE

211. Rappelons que la circonférence est une ligne dont tous les points sont équidistants d'un point fixe appelé *centre*.

Nous avons établi la différence qui existe entre la circonférence et le cercle et défini (chap. II) le rayon et le diamètre. Nous avons démontré en outre (n° 53) que le diamètre partage le cercle en deux parties égales : c'est un axe de symétrie.

Nous rappellerons aussi qu'un arc est une portion limitée de la circonférence et qu'une corde est une droite qui joint deux points de la circonférence.

212. THÉORÈME. — *Le diamètre est la plus grande des cordes que l'on puisse tracer dans un cercle.*

Considérons, dans un cercle de centre O

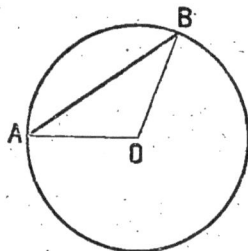

Fig. 137.

(*fig.* 137), une corde quelconque AB, joignons OA et OB; on a, dans le triangle AOB,

$$AB < AO + OB.$$

Or AO + OB, somme de deux rayons, égale le diamètre, et le théorème est démontré.

Arcs et cordes.

213. Si un arc et une corde ont mêmes extrémités, on dit que *la corde sous-tend l'arc* ou que *l'arc est sous-tendu par la corde.*

214. THÉORÈME. — *Dans un même cercle ou dans des cercles égaux, deux arcs égaux sont sous-tendus par des cordes égales.*

Considérons un cercle de centre O (*fig.* 138) et les deux arcs égaux AMB et CND (si ces arcs égaux étaient pris sur deux circonférences égales, on commencerait par superposer celles-ci, on serait ramené au cas considéré).

Nous allons démontrer que *corde* AB = *corde* CD.

Imaginons le cercle dédoublé et considérons deux cercles superposés, l'un sur lequel se trouve tracée la corde CD, l'autre sur lequel est tracée la corde AB. Faisons tourner le premier autour du centre commun, l'autre cercle étant fixe, les deux circonférences resteront en coïncidence et l'arc CD pourra être

Fig. 138.

amené à coïncider avec son égal AB. Dans ces conditions, les deux cordes ayant mêmes extrémités coïncident et sont, par suite, égales.

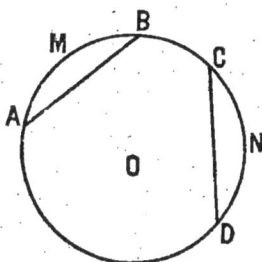

215. Théorème. — *Dans un même cercle ou dans des cercles égaux, si deux arcs inférieurs à une demi-circonférence sont inégaux, les cordes qui les sous-tendent sont inégales et le plus grand arc est sous-tendu par la plus grande corde.*

Considérons un cercle de centre O (*fig.* 139) et les deux arcs ANB et CMD tels que *arc* CMD > *arc* ANB ; nous allons démontrer que la *corde* CD est plus grande que la *corde* AB.

Considérons, à partir de A, un arc ANBE égal à l'arc CMD et joignons AE ; d'après le théorème précédent, on a AE = CD ; le théorème sera démontré si l'on établit que AE est plus grand que AB. Or l'arc ANB étant inférieur à l'arc CMD, le point B est situé, sur l'arc ANBE, entre A et E, de sorte que l'angle AOB est inférieur à l'angle AOE. Dans ces

Fig. 139.

conditions, les deux triangles AOB, AOE ont deux côtés égaux chacun à chacun (rayons) ; ces côtés comprenant des angles inégaux, les troisièmes côtés sont inégaux et au plus grand angle est opposé le plus grand côté (V. n° 140) ; on a donc AE > AB et le théorème est démontré.

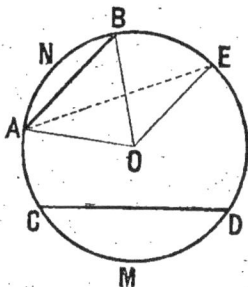

216. Conséquences. Il résulte des deux théorèmes qui précèdent que, dans un cercle ou dans des cercles égaux, les arcs inférieurs à une demi-circonférence et les cordes qui les sous-tendent sont rangés dans le même ordre de grandeur, de sorte que l'on peut énoncer le *théorème réciproque* suivant :

Dans un même cercle ou dans des cercles égaux, si deux cordes sont égales, les arcs, inférieurs à une demi-circonférence, qu'elles sous-tendent, sont égaux; si deux cordes sont inégales, les arcs, inférieurs à une demi-circonférence, qu'elles sous-tendent, sont inégaux et la plus grande des cordes sous-tend le plus grand arc.

247. THÉORÈME. — *Tout diamètre perpendiculaire sur une corde partage la corde et les deux arcs qu'elle sous-tend en parties égales.*

Considérons un cercle de centre O (*fig.* 140) et le diamètre CD perpendiculaire sur la corde AB. Supposons qu'on fasse tourner le demi-cercle CBD autour de CD pour le rabattre sur l'autre partie; les demi-circonférences vont coïncider ;

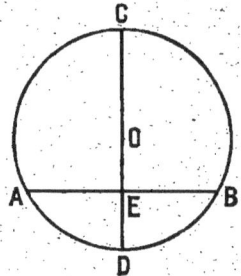

Fig. 140.

d'autre part, EB, perpendiculaire sur CD, prendra la direction de EA et le point B, devant tomber à la fois sur EA et sur le demi-cercle DAC, coïncidera avec A. On en conclut que :

$$EA = EB, \quad arc\ AD = arc\ BD, \quad arc\ CA = arc\ CB.$$

218. THÉORÈME. — *Dans un même cercle ou dans des cercles égaux, deux cordes égales sont équidistantes du centre, deux cordes inégales sont inégalement distantes du centre et la plus grande est la plus rapprochée.*

Considérons un cercle de centre O (*fig.* 141) et deux cordes égales AB et CD. Abaissons du point O les perpendiculaires OF, OE sur les cordes; les points F et E sont les milieux des cordes, d'après le théorème précédent. Les deux triangles rectangles AOF, COE sont égaux, ils ont l'hypoténuse égale (OA = OC comme rayons d'un même cercle) et un côté de l'angle droit égal (AF = CE comme moitiés de cordes égales); donc OF = OE. — C. Q. F. D.

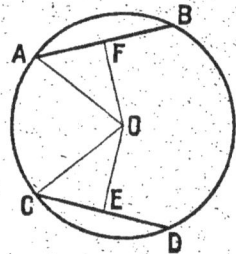

Fig. 141.

Considérons maintenant deux cordes inégales AB et CD (*fig.* 142), et supposons CD > AB. Abaissons du point O les perpendiculaires OF et OG, démontrons que OG est plus petit que OF. Dédoublons le cercle, et imaginons deux cercles égaux, l'un sur lequel reste tracée la corde AB, l'autre sur lequel est tracée la corde CD, puis faisons tourner ce dernier autour de son centre (il restera, en coïncidence avec le premier) jusqu'à ce que l'une des extrémités de la corde CD soit en coïncidence avec A, les arcs, inférieurs à une demi-circonférence, sous-tendus par ces cordes se recouvrant; les cordes étant inégales, les arcs sous-tendus sont inégaux et l'arc CMD est plus grand que l'arc ANB, de telle sorte que le point E sera placé au delà de B par rapport à A sur l'arc ABE. Les deux cordes CD et AE étant égales, elles sont également distantes du centre et, par suite, $OG = OI$; or, les points O et F étant de part et d'autre de la corde AE, la droite OF coupe AE en un point H et l'on a : $OH < OF$, et OI, perpendiculaire sur AE, est plus petit que OH, donc OI et par suite OG est plus petit que OF. — C. Q. F. D.

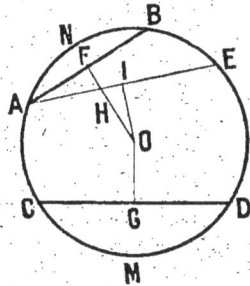

Fig. 142.

Le théorème se démontrerait de la même façon si les deux cordes appartenaient à des cercles égaux.

219. THÉORÈME RÉCIPROQUE. — *Dans un même cercle ou dans des cercles égaux, deux cordes équidistantes du centre sont égales; deux cordes inégalement distantes du centre sont inégales et la plus rapprochée du centre est la plus grande.*

Ce théorème est une conséquence immédiate du théorème précédent, duquel il résulte que la grandeur des cordes varie en raison inverse de leurs distances au centre.

Applications.

220. PROBLÈME. *Étant donnés une droite xy et un point A extérieur, mener par le point A, à l'aide de la règle et du compas, la droite parallèle à xy.*

Du point A (*fig.* 143) comme centre, avec un rayon suffisamment grand, décrivons un arc de cercle qui coupe xy en un point B, puis du point B comme centre avec le même rayon, décrivons un second

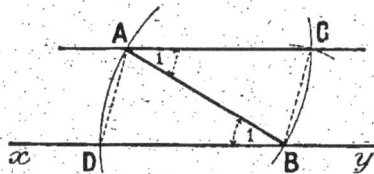

Fig. 143.

arc de cercle qui passe évidemment par A et coupe xy en D; portons (avec le compas), à partir de B, sur le premier arc, une corde BC égale à AD; la droite AC est la droite demandée, car les cordes CB et AD, qui sont égales, sous-tendent dans les cercles égaux des arcs égaux et, par suite, *arc* AD = *arc* BC; il en résulte que les angles A₁ et B₁ sont égaux, puisqu'ils sont des angles au centre qui interceptent des arcs égaux dans deux cercles égaux; enfin ces angles occupent la position d'alternes-internes par rapport aux droites AC, *xy* et la sécante AB. AC et *xy* sont donc parallèles.

221. P̲ROBLÈME̲. *Par un point donné sur une droite donnée, mener une seconde droite qui fasse avec la première un angle égal à un angle donné.*

Soient A un point de la droite donnée *xy* (*fig.* 144) et α l'angle donné. Du sommet O de l'angle α décrivons, avec un rayon quelconque, un arc de cercle qui rencontre les côtés en B et C, puis du point A comme centre avec le même rayon décrivons une circonférence qui rencontre *xy* en D et D'. A l'aide du compas, portons sur cette circonférence, à partir de D, une corde DE égale à la corde BC; la droite AE répond à

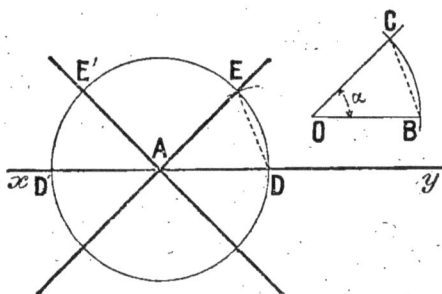

Fig. 144.

l'énoncé; en effet les arcs CB et ED, appartenant à des circonférences égales, sont sous-tendus par des cordes égales; ils sont par suite égaux et les angles au centre EAD et α, qui interceptent des arcs égaux sur des circonférences égales, sont égaux.

Le problème comporte une seconde solution, car on peut aussi prendre un arc D'E' égal à BC et la droite AE' répond aussi à l'énoncé

222. A̲PPLICATIONS̲. Deux angles étant donnés, on pourra construire l'angle qui en est la somme.

— Inversement, la somme de deux angles étant un angle donné, si l'on connaît l'un des angles, on pourra construire l'autre.

— Connaissant deux angles d'un triangle, on pourra construire le troisième. Il suffira de construire la somme de deux angles donnés, puis de construire le supplément de l'angle obtenu.

— Jusqu'ici, quand nous avons voulu construire un angle égal à un angle donné, nous nous sommes servis du rapporteur. Si la mesure de l'angle était donnée en degrés ou en grades, nous avons construit, à l'aide du rapporteur, un angle ayant même mesure; si l'angle était donné en position, nous avons commencé par le mesurer à l'aide du rapporteur, puis nous avons construit un angle ayant même mesure. Or, ces mesures prises à l'aide du rapporteur ne sont jamais exactes et, en opérant ainsi, on commet une erreur qui dépend, bien entendu, de l'habileté de l'opérateur et de la précision de l'instrument.

Dorénavant, quand nous voudrons construire un angle égal à un angle donné en position, nous ne le mesurerons pas et nous opérerons toujours, comme il vient d'être dit plus haut, à l'aide de la règle et du compas.

Problèmes.

1re ANNÉE :

284. Quelle est la plus grande des cordes qui passent par un point donné à l'intérieur d'un cercle ?

285. On considère un cercle de centre O et une corde AB. La figure a-t-elle un axe de symétrie ? Démontrez-le.

286. On considère un cercle de centre O et plusieurs cordes AB, A'B', A"B" parallèles entre elles. La figure a-t-elle un axe de symétrie?

287. Deux cordes égales se coupent à l'intérieur d'un cercle; elles interceptent entre elles quatre arcs dont deux sont égaux.

288. On donne un point à l'intérieur d'un cercle; tracer une corde dont ce point soit le milieu. (On mènera la corde perpendiculaire au diamètre qui passe par le point. V. n° 217.)

289. Étant donnés une droite xy et un point A extérieur situé à la distance $d = 25^{mm}$ de xy. Mener par le point A une droite qui fasse avec xy le complément d'un angle tracé sur la feuille de papier.

290. Étant donnés une droite et un point extérieur, mener par le point une droite qui fasse avec la première un angle égal à un angle donné.

291. Tracer un triangle ABC sur la feuille de papier, prendre une demi-droite Ox, puis, avec la règle et le compas, tracer une demi-droite OC faisant avec Ox un angle égal à $\widehat{A}$, puis une demi-droite OD faisant avec OC un angle ne recouvrant pas le premier et égal à $\widehat{B}$; enfin tracer la droite OE faisant avec OD un angle égal à $\widehat{C}$ et ne recouvrant pas le second. Vérifier que EOx est une ligne droite, pourquoi?

2é ANNÉE :

292. Étant donné un cercle de centre O, on demande le lieu géométrique des points milieux des rayons.

293. Étant donné un cercle de centre O, on demande le lieu géométrique des points milieux de toutes les cordes parallèles entre elles.

294. On donne un cercle de centre O et un point A quelconque dans le plan. Quel est le point de la circonférence qui est le plus rapproché du point A? Quel est le point qui en est le plus éloigné? La distance au point A du point le plus rapproché est appelée distance du point à la circonférence. (Ce sont les extrémités du diamètre qui passent par A; on prendra un autre point quelconque du cercle, on le joindra au centre et on appliquera le th. n° 89.)

295. Si l'on joint le milieu d'un arc au milieu de la corde qui le sous-tend (*flèche*), la droite obtenue passe par le centre et elle est perpendiculaire sur la corde. (Conséquence du n° 217.)

296. On donne un cercle de centre O et un diamètre AB. Par A et B on trace deux cordes AC et BD parallèles. Démontrer que ces cordes sont égales et que la droite DC est un diamètre.

297. Par un point pris à l'intérieur d'un cercle, mener une corde dont ce point soit le milieu.

298. Quelle est la plus petite des cordes qui passent par un point donné à l'intérieur d'un cercle? (C'est la corde perpendiculaire au diamètre qui passe par le point. V. th. n° 219.)

CHAPITRE II

DROITE ET CERCLE TANGENTS.
CERCLES TANGENTS.

223. DÉFINITION. *Une droite est dite* tangente à une circonférence *lorsqu'elle n'a qu'un point de commun avec cette circonférence.* Ce point s'appelle *le point de contact* de la tangente.

Le théorème suivant va nous démontrer l'existence des tangentes.

224. THÉORÈME. — *Toute droite perpendiculaire à l'extrémité d'un rayon est tangente à la circonférence.*

Considérons un cercle de centre O (*fig.* 145), un rayon quelconque OA et la perpendiculaire *xy* sur le rayon OA. Je dis que *xy* est tangente, c'est-à-dire qu'elle n'a que le point A de commun avec la circonférence. En effet, prenons un point B quelconque sur *xy*, OB est une oblique sur *xy* et on a OB > OA, donc le point B ne peut appartenir à la circonférence puisque sa distance au centre est supérieure à un rayon.

225. THÉORÈME RÉCIPROQUE. — *Toute tangente à une circonfé-*

rence est perpendiculaire au rayon qui passe par le point de contact.

Considérons un cercle de centre O (*fig.* 145) et la droite *xy* tangente en A, c'est-à-dire n'ayant que le point A de commun avec la circonférence. Je dis que OA est perpendiculaire sur *xy*. Prenons un point B quelconque sur *xy* et joignons OB. Le point B n'appartient pas à la circonférence et n'est pas non plus situé à l'intérieur, puisque la droite *xy*, par hypothèse, n'a que le point A de commun avec la courbe, donc il est à l'extérieur et, par suite, OB est plus grand qu'un rayon. On a donc OB > OA. Il résulte de là que le point A est, de tous les points

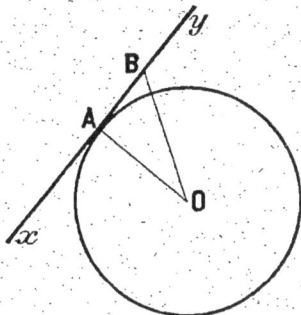

Fig. 145.

de la droite *xy*, le plus rapproché du point O ; par conséquent OA est perpendiculaire sur *xy* (V. n° 95).

226. REMARQUE I. Une droite ne peut rencontrer une circonférence en plus de deux points, car les points d'intersection sont à égale distance du centre et on sait (V. n° 95) que les obliques égales issues d'un point sur une droite ont leurs pieds équidistants du pied de la perpendiculaire. Si une droite rencontre une circonférence en deux points, elle est dite sécante.

Il résulte des théorèmes démontrés que, si une droite est sécante, sa distance au centre est inférieure au rayon ; si elle est tangente, sa distance au centre est égale au rayon ; si elle n'a pas de point commun avec la circonférence, sa distance au centre est supérieure au rayon.

Inversement, étant données une circonférence et une droite, si la distance de la droite au centre est inférieure au rayon, la droite est sécante (elle ne peut être ni tangente ni extérieure). De même si la distance de la droite au centre est égale au rayon, la droite est tangente ; si cette distance est plus grande que le rayon, la droite est extérieure.

227. REMARQUE II. Nous avons vu (n° 204) que les bissectrices des angles d'un triangle passent par un même point qui est équidistant des trois côtés ; si avec cette distance commune comme rayon on décrit un cercle, celui-ci sera tangent aux trois côtés du triangle, c'est le *cercle inscrit dans le triangle*.

228. DÉFINITION. *On dit qu'un cercle est inscrit dans un poly-gone quand il est tangent à tous les côtés du polygone.*

On dit qu'un cercle est circonscrit à un polygone quand il passe par tous les sommets du polygone.

229. THÉORÈME. — *Deux cordes parallèles d'un même cercle interceptent entre elles des arcs égaux.*

Considérons un cercle de centre O (*fig.* 146) et les deux cordes parallèles AB et CD. Traçons le dia-mètre EF perpendiculaire à l'une des cordes, il le sera aussi sur l'autre et, d'après le n° 217, on a :

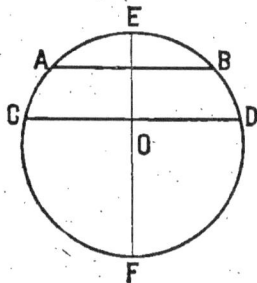

$$\widehat{CE} = \widehat{DE}, \quad \widehat{AE} = \widehat{BE};$$

en retranchant les égalités membre à membre, il vient :

$$\widehat{CE} - \widehat{AE} = \widehat{DE} - \widehat{BE},$$

c'est-à-dire $\widehat{AC} = \widehat{BD}$. C. Q. F. D.

Fig. 146.

230. REMARQUE. Le théorème est en-core vrai si, au lieu de deux cordes parallèles, on considère une corde et une tangente parallèles ou encore deux tangentes parallèles.

Considérons un cercle de centre O (*fig.* 147), une corde AB et une tangente CD parallèle à AB qui touche la circonférence en E. Traçons le dia-mètre OE qui est perpendiculaire sur CD et par suite sur AB; on en dé-duit (n° 217) : *arc* AE = *arc* EB.

Considérons maintenant deux tangentes paral-lèles AB et CD (*fig.* 148); soient F et E les points de contact. Menons le diamètre OE : il est perpendiculaire sur CD et, par suite, sur sa parallèle AB; donc il passe par F et les arcs interceptés sont égaux, puisque ce sont deux demi-circonfé-rences.

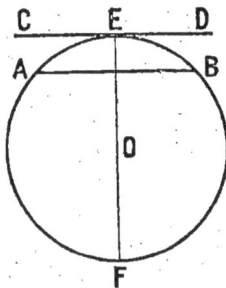

Fig. 147.

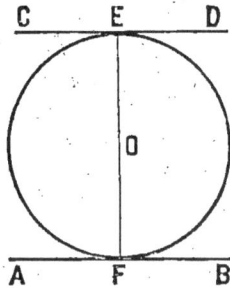

Fig. 148.

Détermination d'un cercle.
Cercles sécants et cercles tangents.

231. THÉORÈME. — *Par trois points donnés non situés en ligne droite, on peut toujours faire passer une circonférence et on n'en peut faire passer qu'une seule.*

Considérons les trois points A, B, C (*fig.* 149), non situés en ligne droite. Proposons-nous de trouver un point équidistant des points A, B, C (V. n° 201); étant à égale distance de A et de B, le point cherché sera sur la perpendiculaire élevée au milieu de AB (V. n° 146); étant à égale distance de B et de C, le point devra également se trouver sur la perpendiculaire élevée au milieu de BC; or ces deux perpendiculaires se coupent, puisque les trois points A, B, C ne sont pas en ligne droite (V. n° 200). Si O est leur point d'intersection, on a : OA = OB

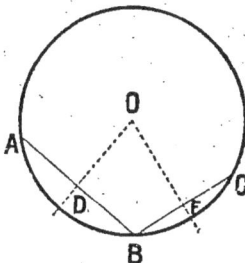

Fig. 149.

et OB = OC; par suite, OA = OB = OC. O est donc le centre de la circonférence passant par A, B, C. Je dis maintenant qu'il n'y a qu'une circonférence passant par A, B, C, puisque tout point équidistant de A, de B et de C doit être à la fois sur les deux perpendiculaires élevées, l'une au milieu de AB, l'autre au milieu de BC.

232. REMARQUE. Il résulte du théorème précédent qu'il existe un cercle et un seul circonscrit à un triangle. On démontrerait de même (V. n°s 204 et 227) qu'il existe un cercle inscrit dans le triangle et un seulement si les points de contact sont situés sur les côtés du triangle et non sur leurs prolongements.

233. COROLLAIRE. — *Deux circonférences ne peuvent se couper en plus de deux points.* — En effet, si elles avaient trois points communs, elles seraient confondues.

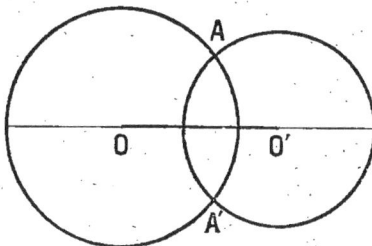

Fig. 150.

234. THÉORÈME. — *Quand deux circonférences ont un point commun situé en dehors de la ligne qui joint leurs centres (ligne des centres), elles en ont un second symétrique du premier par rapport à la ligne des centres.*

Considérons deux circonférences de centre O et O' (*fig.* 150) et soit A un point commun. En faisant tourner les deux demi-circonférences sur lesquelles se trouve le point A, autour de la ligne des centres, pour les rabattre sur les deux autres, elles vont coïncider avec celles-ci ; le point A coïncidera donc avec un autre point A' appartenant aux deux autres demi-circonférences ; ce sera un second point d'intersection et ces deux points sont bien symétriques par rapport à OO'.

235. Corollaire I. — *Quand deux circonférences ont deux points communs, la ligne des centres est perpendiculaire sur le milieu de la corde commune.* — En effet, les deux points sont symétriques par rapport à la ligne des centres.

236. Corollaire II. — *Quand deux circonférences distinctes ont un point commun situé sur la ligne des centres, elles ne peuvent avoir un autre point commun.* — En effet, elles ne peuvent avoir un autre point commun en dehors de la ligne des centres, car alors elles en auraient un troisième symétrique de celui-ci par rapport à la ligne des centres, et les deux circonférences ayant trois points communs seraient confondues.

D'autre part, elles ne peuvent avoir un autre point commun sur la ligne des centres, car la ligne qui joindrait ces deux points serait forcément un diamètre commun aux deux circonférences, et celles-ci seraient encore confondues.

237. Définitions. *Deux circonférences qui n'ont qu'un point commun sont dites* tangentes.

Le point commun est alors appelé *point de contact.*

— Il résulte de ce qui précède que si deux circonférences n'ont qu'un point commun, ce point est forcément situé sur la ligne des centres.

Il est d'ailleurs facile de tracer deux circonférences tangentes ; prenons deux points O et O' (*fig.* 151

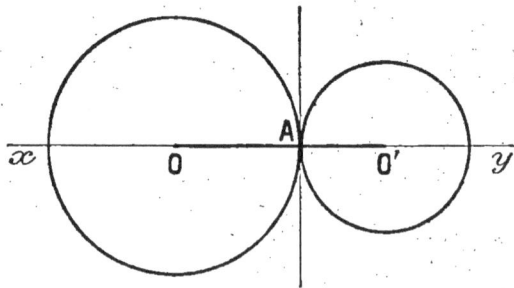

Fig. 151

et 152) sur une droite *xy* et un troisième point A, les deux circonférences de centres O et O' et de rayons OA et O'A ont un point commun sur la ligne des centres; elles sont par suite tangentes.

Si tous les points de l'une sont extérieurs par rapport à l'autre, *on dit que les circonférences sont* tangentes **extérieurement** (*fig.* 151).

Si tous les points de l'une sont intérieurs par rapport à l'autre, *les deux circonférences sont* tangentes intérieurement (*fig.* 152).

238. REMARQUE. Quand deux circonférences sont tangentes, la tangente à l'une au point de contact est perpendiculaire à la ligne des centres; elle est par conséquent tangente à l'autre.

239. *Positions relatives de deux cercles.* — Deux cercles peuvent occuper l'un par rapport à l'autre cinq positions relatives que nous allons caractériser par des rela-

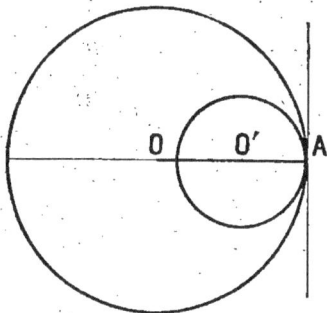

Fig. 152.

tions entre la distance des centres d et la somme ou la différence des rayons R et R'.

1° *Les cercles peuvent être extérieurs.* Il en est ainsi si tous les points de l'un sont extérieurs à l'autre.

Dans ce cas, *la distance des centres est plus grande que la somme des rayons.*

En effet, le point B (*fig.* 153), où la ligne des centres OO' ren-

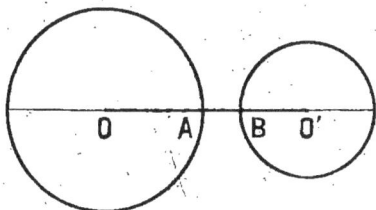

Fig. 153.

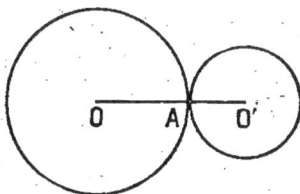

Fig. 154.

contre la circonférence de centre O', est extérieur à la circonférence de centre O; on a donc :

$$OO' = OA + AB + BO'$$

et, par suite, $OO' > OA + BO'$ ou $d > R + R'$.

2° *Les cercles peuvent être tangents extérieurement.* — Dans ce cas, *la distance des centres est égale à la somme des rayons.*

En effet, la ligne OO' (*fig.* 154) rencontre les deux cercles au point de contact A situé entre O et O'; on a donc :

$$OO' = OA + AO' \quad \text{ou} \quad d = R + R'.$$

3° *Les cercles peuvent être sécants.* — Il en est ainsi lorsque les cercles ont deux points communs.

Dans ce cas, *la distance des centres est plus petite que la somme des rayons et plus grande que leur différence.*

En effet, si A (*fig.* 155) est un des points d'intersection des deux cercles, le triangle OAO' nous permet d'écrire (V. n° 89) :

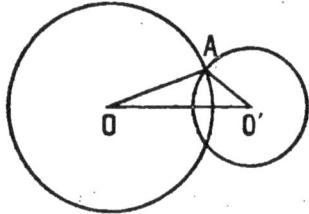

$$OO' < OA + O'A \quad \text{ou} \quad d < R + R';$$
$$OO' > OA - O'A \quad \text{ou} \quad d > R - R'.$$

Fig. 155.

4° *Les cercles peuvent être tangents intérieurement.* — Dans ce cas *la distance des centres est égale à la différence des rayons.*

En effet, la ligne OO' (*fig.* 156) rencontre les deux cercles au point de contact A situé en dehors du segment OO'; on a donc :

$$OO' = OA - O'A \quad \text{ou} \quad d = R - R'.$$

5° *Les cercles peuvent être l'un intérieur à l'autre.* — Il en

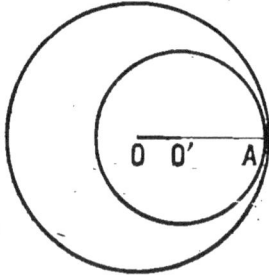

Fig. 156.

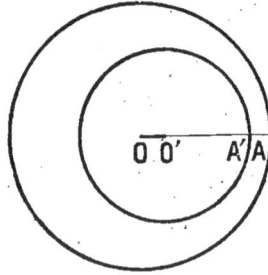

Fig. 157.

est ainsi lorsque tous les points de l'un des cercles sont situés à l'intérieur de l'autre.

Dans ce cas, *la distance des centres est plus petite que la différence des rayons.*

En effet, soit O' (*fig.* 157) le centre de la circonférence intérieure, la ligne OO' prolongée dans le sens OO' rencontre la circonférence de centre O′ en un point A′, l'autre en un point A, et le point A′ est situé évidemment entre O′ et A ; on a donc :

$$OO' = OA - O'A' - AA'.$$

On peut donc écrire :

$$OO' < OA - O'A' \quad \text{ou} \quad d < R - R'.$$

240. REMARQUE. Les relations que nous avons établies dans chacun des cinq cas examinés sont caractéristiques ; en d'autres termes, les réciproques des cinq théorèmes qui précèdent sont vraies :

1° Si $d > R + R'$ les circonférences sont extérieures ;

2° Si $d = R + R'$ — tangentes extérieurem[t] ;

3° Si $\begin{cases} d < R + R' \\ d > R - R' \end{cases}$ — sécantes ;

4° Si $d = R - R'$ — tangentes intérieurem[t] ;

5° Si $d < R - R'$ — l'une à l'intér[r] de l'autre.

Ces cinq propositions se démontrent toutes de la même façon. Démontrons par exemple la quatrième :

Si $d = R - R'$, les circonférences ne peuvent pas être extérieures, car on aurait $d > R + R'$, c'est contraire à l'hypothèse.

Elles ne peuvent pas être tangentes extérieurement, car on aurait $d = R + R'$, c'est contraire à l'hypothèse.

Elles ne peuvent pas être sécantes, car on aurait $d > R - R'$, c'est contraire à l'hypothèse.

Elles ne peuvent pas être l'une à l'intérieur de l'autre, car on aurait $d < R - R'$, c'est contraire à l'hypothèse.

Les deux circonférences ne peuvent prendre que cinq positions relatives, or quatre sont exclues, donc elles occupent la cinquième position, c'est-à-dire qu'elles sont tangentes intérieurement.

Construction des triangles à l'aide de la règle et du compas.

241. Nous avons déjà, dans le premier livre, construit des triangles, en nous servant du rapporteur pour construire les angles. Nous allons reprendre ici cette question en nous servant exclusivement, pour les constructions, de la règle et du compas.

— La construction des triangles a pour objet, connaissant trois éléments d'un triangle dont au moins un côté, de tracer un triangle admettant parmi ses éléments les éléments donnés.

Nous allons traiter ci-dessous les quatre cas classiques de construction, ceux dans lesquels les éléments connus du triangle sont des éléments principaux.

242. PROBLÈME I. *Construire un triangle, connaissant un côté et les deux angles qui lui sont adjacents.*

Soient *a* (*fig.* 158) le côté donné, α et β les deux angles donnés. Sur une droite illimitée *xy*, prenons une longueur BC = *a*; au point B, traçons une demi-droite B*u* qui fasse avec BC un angle

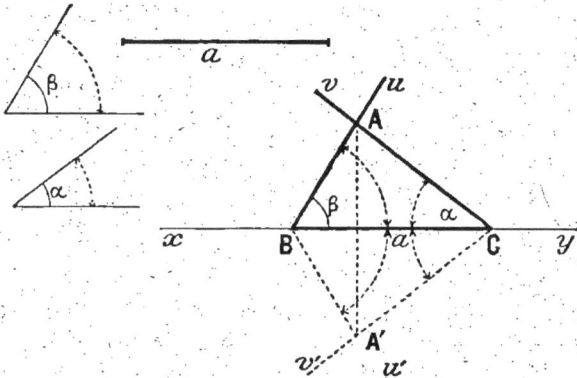

Fig. 158.

égal à β (V. n° 221) et au point C une demi-droite C*v* qui fasse avec CB un angle égal à α; si A est le point de rencontre des deux droites, le triangle ABC est égal au triangle demandé, puisqu'il a, avec lui, un côté égal adjacent à deux angles égaux chacun à chacun.

DISCUSSION. Pour que le problème soit possible, il faut que les deux demi-droites B*u* et C*v* tracées d'un même côté de *xy* se rencontrent, c'est-à-dire que l'on ait : $\widehat{\alpha} + \widehat{\beta} < 180°$.

Si cette condition est remplie, on pourra construire le triangle BAC; on peut aussi tracer deux autres demi-droites B*u'* et C*v'* faisant avant BC des angles β et α, et le triangle BA'C est aussi égal au triangle cherché. Ce triangle est symétrique de ABC par rapport à BC. Les deux triangles obtenus ne diffèrent que par l'orientation; ils sont égaux et l'on n'a, en réalité, qu'une seule solution.

243. PROBLÈME II. *Construire un triangle, connaissant un angle et les deux côtés qui le comprennent.*

Soient α (*fig.* 159) l'angle donné, *b* et *c* les deux côtés donnés.

Sur une droite illimitée xy, prenons une longueur $AC = b$, puis au point A traçons une demi-droite Au qui fasse avec AC l'angle α; portons sur cette droite le segment AB égal à c et joignons BC; le triangle ABC est égal au triangle demandé, car il a avec lui un angle égal compris entre deux côtés égaux chacun à chacun.

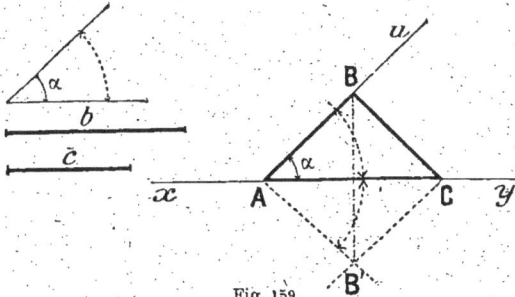

DISCUSSION. Le problème est toujours possible; nous avons

Fig. 159.

encore deux triangles ABC, AB'C répondant à l'énoncé, mais comme ils sont égaux, le problème ne comporte qu'une solution.

244. PROBLÈME III. *Construire un triangle, connaissant les trois côtés.*

Soient a, b, c (*fig.* 160) les trois côtés donnés. Sur une droite illimitée xy prenons une longueur BC égale à a. Du point B comme centre, avec c pour rayon, décrivons un arc de cercle; du point C comme centre, avec b pour rayon, décrivons un autre arc de cercle. Soit A un point

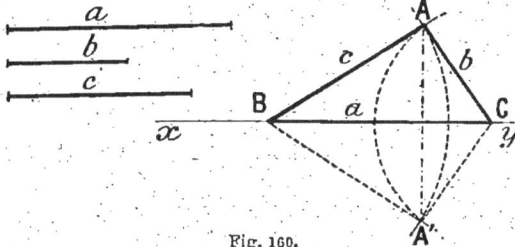

Fig. 160.

d'intersection; le triangle BAC répond à la question; il est égal au triangle demandé, puisqu'il a avec lui les trois côtés égaux chacun à chacun.

DISCUSSION. Pour que le problème soit possible, il faut et il suffit que les deux cercles se coupent, c'est-à-dire que la distance de leurs centres soit inférieure à la somme et supérieure à la différence de leurs rayons, c'est-à-dire que l'on ait : $a < b + c$ et $a > c - b$.

Si ces conditions sont remplies, on a encore deux triangles répondant à l'énoncé, mais les deux triangles obtenus sont égaux et le problème ne comporte qu'une seule solution.

*245. PROBLÈME IV. *Construire un triangle connaissant deux côtés et l'angle opposé à l'un deux.*

Soient a, b (*fig.* 161) les deux côtés donnés et α l'angle opposé au côté a. Sur une droite illimitée xy prenons une longueur AC égale à b ; à partir du point A menons une demi-droite A u faisant

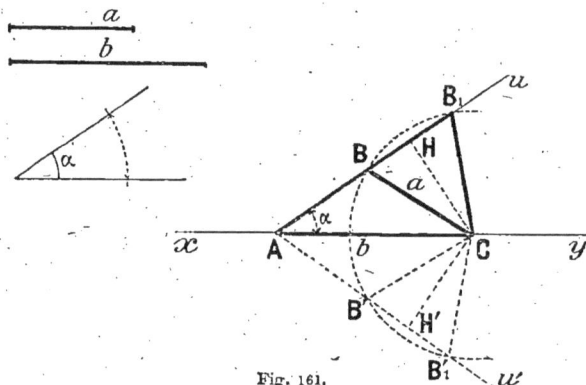

Fig. 161.

avec AC l'angle donné α, puis du point C comme centre, avec a comme rayon, décrivons une circonférence ; si B est un point d'intersection de cette circonférence avec la demi-droite Au, le triangle ABC répond à l'énoncé.

DISCUSSION. Nous examinerons seulement le cas où l'angle donné α est aigu ; il faudra, pour achever la discussion, étudier le cas où α est droit et celui où α est obtus.

Supposons donc $\alpha < 90°$. Abaissons la perpendiculaire CH sur Au ; pour que le problème soit possible, il faut que le cercle de rayon a rencontre la demi-droite Au ; il faut donc que l'on ait :

$$a \geqslant CH \quad \text{et} \quad a < b.$$

Si $a < $ CH, pas de solution.

Si $a = $ CH, la circonférence est tangente, le triangle rectangle AHC répond à la question et on a deux solutions *de position* : AHC et AH'C, ce qui ne constitue, en somme, qu'une seule solution, car les deux triangles AHC et AH'C sont égaux.

Si CH $< a < b$, la circonférence coupe la demi-droite Au en deux points B et B_1, et les deux triangles ABC et AB$_1$C conviennent, il y a deux triangles différents répondant à l'énoncé ; le problème, dans ce cas, comporte donc deux solutions ; il y a deux autres solutions de position.

Si $a > b$, pas de solution.

Construction des tangentes.

246. Problème. *Mener, par un point donné, une tangente à un cercle donné.*

1° *Le point donné est sur la circonférence.* — Soit un cercle de centre O (*fig.* 162), A le point donné sur la circonférence, il nous faut tracer une droite perpendiculaire en A à la droite OA.

On peut opérer avec la règle et le compas (V. n° 120).

Dans le dessin, on opère avec l'équerre. On commence par placer un des côtés de l'angle droit de l'équerre suivant le rayon OA et on applique la règle contre l'hypoténuse, puis on fait glisser l'équerre le long de la règle, jusqu'à ce que l'autre côté de l'angle droit vienne passer par le point A; ce côté est alors tangent, car il est parallèle (V. n° 166) à sa direction primitive qui est elle-même perpendiculaire sur OA.

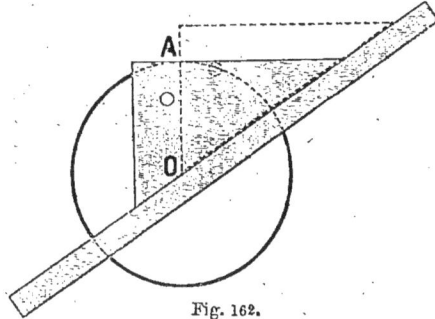

Fig. 162.

2° *Le point donné est à l'extérieur de la circonférence.* — Soient une circonférence de centre O (*fig.* 163) et A un point extérieur. Si l'on suppose la tangente tracée, B étant le point de contact, le triangle OBA est rectangle en B. Dans

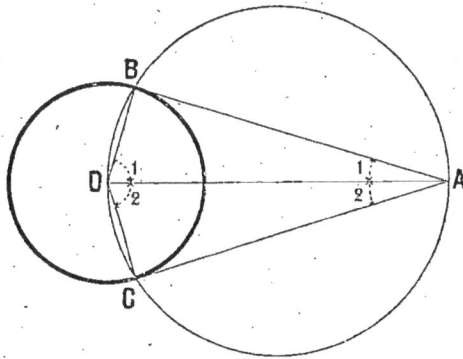

Fig. 163

ces conditions, pour tracer la tangente passant par A, on décrira un cercle ayant OA pour diamètre; si B est l'un des points d'intersection des deux cercles, la droite AB sera la tangente cherchée: en effet, dans le triangle OAB, la médiane relative au côté OA est la moitié de OA (V. n° 197), par suite l'angle en B est droit.

Nous verrons, d'ailleurs, plus loin que l'angle OAB inscrit dans un demi-cercle est un angle droit. Le point A étant extérieur au cercle O, les deux circonférences se coupent en deux points B et C et, par suite, le problème a deux solutions, les droites AB et AC sont toutes deux tangentes au cercle O.

247. REMARQUE. Les deux triangles rectangles AOB, AOC sont égaux comme ayant l'hypoténuse égale (OA commun) et un côté de l'angle droit égal (OB = OC comme rayons d'un même cercle).

Il en résulte que AB = AC, $\widehat{A_1} = \widehat{A_2}$, $\widehat{O_1} = \widehat{O_2}$ et l'on peut dire que :

Si d'un point extérieur à un cercle on mène les deux tangentes, ces tangentes sont égales et la droite qui joint ce point au centre est bissectrice de l'angle des tangentes et de l'angle des rayons qui passent par les points de contact.

248. TANGENTES COMMUNES A DEUX CERCLES. *Une droite est dite* **tangente commune à deux cercles** *lorsqu'elle est tangente séparément à chacun d'eux.*

Lorsqu'une droite est tangente commune à deux cercles, si les deux cercles sont d'un même côté par rapport à elle, on dit que la *tangente commune est extérieure;* si, au contraire, les cercles sont situés de part et d'autre par rapport à elle, on dit que la *tangente commune est intérieure.*

*249. PROBLÈME. *Tracer, avec la règle et le compas, une tangente commune extérieure à deux cercles donnés.*

Considérons deux cercles de centre O et O' (*fig.* 164) et de

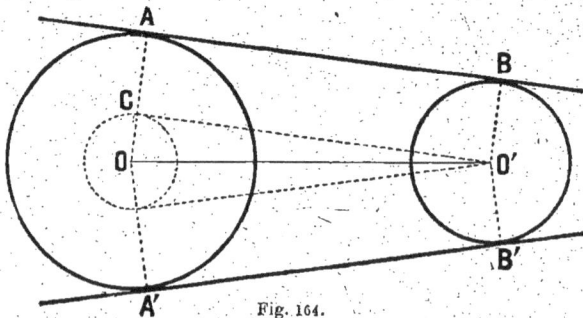

Fig. 164.

rayons R et R' (R > R'). Supposons le problème résolu et soit AB une tangente commune extérieure, OA et O'B sont deux rayons perpendiculaires sur AB et, par suite, parallèles. Si l'on mène

O'C parallèle à BA, le quadrilatère O'BAC est un rectangle et OC est la différence $R - R'$; d'autre part, si du point O comme centre, avec OC pour rayon, on décrit une circonférence, elle sera tangente à O'C. Cette étude préliminaire de la figure nous conduit à la construction suivante :

Du point O, centre de la plus grande circonférence, avec un rayon égal à $R - R'$, décrivons une circonférence ; du point O' traçons O'C tangente à cette circonférence (V. n° 246), puis joignons OC et prolongeons cette droite jusqu'à sa rencontre A avec le plus grand cercle, traçons O'B parallèle à CA (V. n° 220) et joignons AB, c'est la tangente cherchée. En effet, le quadrilatère CABO' est un parallélogramme (V. n°190), puisque les côtés opposés CA et O'B sont parallèles par construction et égaux, car OC est égal à la différence $R - R'$. Or, ce parallélogramme a un angle droit en C, donc c'est un rectangle et, par suite, OA et O'B sont perpendiculaires sur AB ; AB est bien une tangente commune.

Discussion. Soit d la distance des centres ; le problème sera possible si l'on peut mener du point O' une tangente au cercle de rayon $R - R'$, c'est-à-dire si $d > R - R'$.

Si $d > R - R'$, c'est-à-dire si les circonférences sont extérieures ou sécantes, le problème est possible et comme du point O' on peut mener deux tangentes, le problème a deux solutions.

Si $d = R - R'$, c'est-à-dire si les circonférences sont tangentes intérieurement, le point O' est sur la circonférence de rayon OC ; il n'y a qu'une solution.

Si $d < R - R'$, c'est-à-dire si les circonférences sont intérieures, le point O' est intérieur à la circonférence de rayon OC ; le problème n'a pas de solution.

*250. Problème. *Tracer avec la règle et le compas une tangente commune intérieure à deux cercles donnés.*

Considérons deux cercles de centres O et O' (*fig.* 165), de rayons R et R'. Supposons le problème résolu et soit AB une tangente commune extérieure ; OA et O'B sont deux rayons perpendiculaires sur AB et, par suite, parallèles. Si l'on mène O'C parallèle à BA, le quadrilatère O'BAC est un rectangle et OC est la somme $R + R'$; d'autre part, si du point O comme centre avec OC comme rayon on décrit une circonférence, elle sera tangente à O'C. Cette étude préliminaire de la figure nous conduit à la construction suivante :

Du point O comme centre avec un rayon égal à $R + R'$, décrivons une circonférence, du point O' traçons O'C tangente à cette circonférence (V. n° 246), puis joignons OC, cette droite coupe la circonférence de centre O au point A; traçons O'B parallèle à CA (V. n° 220) et joignons AB, c'est la tangente cherchée. En effet, le quadrilatère CABO' est un parallélogramme (V. n° 190), puisque les côtés opposés CA et OB' sont parallèles par construction et égaux, puisque OC est la somme R + R'. Or ce parallélogramme

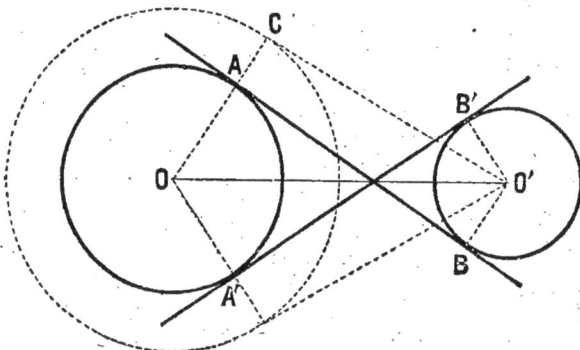

Fig. 165.

a un angle droit en C, donc c'est un rectangle et, par suite, OA et O'B sont perpendiculaires sur AB; AB est bien une tangente commune.

DISCUSSION. Soit d la distance des centres; le problème sera possible si l'on peut mener du point O' une tangente au cercle de rayon R + R', c'est-à-dire si $d >$ R + R'.

Si $d >$ R + R', c'est-à-dire si les circonférences sont extérieures, le problème sera possible et, comme du point O' on peut mener deux tangentes, le problème a deux solutions.

Si $d =$ R + R', c'est-à-dire si les circonférences sont tangentes extérieurement, le point O' est sur la circonférence de rayon OC; il n'y a qu'une solution.

Si $d <$ R + R', c'est-à-dire si les circonférences sont sécantes ou tangentes intérieurement ou intérieures, le problème n'a pas de solution.

*251. RÉSUMÉ. 1° *Si les circonférences sont extérieures* (*fig.* 166), on peut leur mener deux tangentes extérieures et deux tangentes intérieures.

2° *Si les circonférences sont tangentes extérieurement* (*fig.* 167), on peut leur mener deux tangentes extérieures et une seule intérieure.

3° *Si les circonférences sont sécantes* (*fig.* 168), on peut leur mener deux tangentes extérieures et pas de tangente intérieure.

4° *Si les circonférences sont tangentes intérieurement (fig.* 169), on peut leur mener une tangente extérieure et pas de tangente intérieure.

5° *Si les circonférences sont intérieures l'une par rapport à*

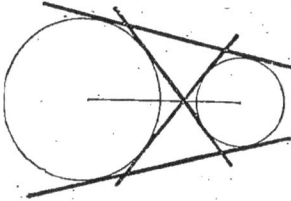

Fig. 166.

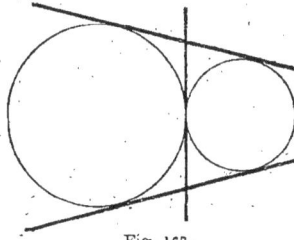

Fig. 167.

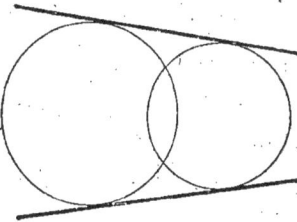

Fig. 168.

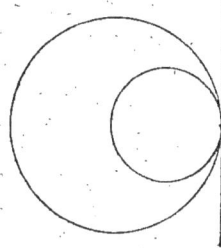

Fig. 169.

l'autre, on ne peut leur mener ni tangente extérieure ni tangente intérieure.

*252. Les tangentes communes intérieures ou extérieures se coupent sur la ligne des centres, car cette dernière est un axe de symétrie de la figure.

Problèmes.

1re ANNÉE :

299. On donne un cercle de centre O, un point A extérieur et une tangente AB au cercle (B étant le point de contact), on joint AO. Démontrer que AB est plus petit que AO.

300. Un cercle ou un arc étant tracé, déterminer avec la règle et le compas la position du centre (V. n° 231).

301. On mène deux cordes AB et CD perpendiculaires à un diamètre. Démontrer que les cordes AC et BD sont égales et que leurs milieux sont sur une perpendiculaire au diamètre.

302. Tout trapèze inscrit dans un cercle est isocèle (th. n° 229).

303. On considère un cercle de 3 cm. de rayon et un point A situé à 4 cm. du centre; mener par le point A une sécante, telle que le milieu de la corde interceptée soit à 2 cm. du point O.

304. On considère deux cercles égaux, la figure a-t-elle plusieurs axes de symétrie?

305. On considère deux cercles concentriques et deux cordes du plus grand cercle, l'une tangente au plus petit, l'autre sécante; ces deux cordes sous-tendent dans le plus grand cercle deux arcs moindres qu'une demi-circonférence. Quel est le plus grand? (V. n° 219).

306. Décrire une circonférence de rayon donné qui soit à égale distance (V. prob. n° 304) de trois points donnés non en ligne droite.

307. Lieu géométrique du milieu des cordes égales que l'on peut tracer dans un cercle.

308. Trouver sur une circonférence deux points tels que chacun d'eux soit équidistant des extrémités d'une corde donnée.

309. Énoncer et démontrer la réciproque du th. n° 229.

310. Lieu géométrique des centres des circonférences tangentes en un point donné d'une droite donnée.

311. En un point A quelconque d'une circonférence de centre O, on mène la tangente et on porte sur cette tangente une longueur $AM = d$, d étant une longueur donnée, $d = 2$ cm. par exemple, lieu géométrique du point M. (C'est la circonférence du rayon OM.)

312. Deux cercles ont pour rayons 15^{mm} et 25^{mm}, la distance de leurs centres est 40^{mm}. Quelles sont leurs positions relatives?

313. Deux cercles sont tangents extérieurement, la distance de leurs centres est 10 cm. et la différence de leurs rayons 2 cm. Quels sont les deux rayons?

314. Deux cercles ont pour rayons 2 cm. et 12^{mm}, la distance de leurs centres est 4 cm. Quelles sont leurs positions relatives?

315. Deux cercles sont extérieurs, la ligne des centres rencontre les cercles aux points A, B, C, D. Démontrer que BC est la plus courte et AD la plus grande de toutes les lignes qui joignent un point quelconque d'une circonférence à un point quelconque de l'autre.

316. Deux cercles ont pour rayons 32^{mm} et 12^{mm}. La distance de leurs centres est 20^{mm}. Quelles sont leurs positions relatives?

317. Tracer deux circonférences tangentes intérieurement, sachant que la distance de leurs centres est 12^{mm} et que le rayon de la plus petite mesure 2 cm.

318. Deux cercles ont pour rayons 34^{mm} et 18^{mm}. La distance de leurs centres est 8^{mm}. Quelles sont leurs positions relatives?

319. Deux cercles ont pour rayons 2 cm. et 3 cm. La distance de leurs centres est 22^{mm}. Quelles sont leurs positions relatives?

2e ANNÉE :

320. Deux cercles sont sécants, quelle est la condition pour que la corde commune passe par le milieu de la ligne qui joint les centres?

321. Lieu géométrique des centres des cercles égaux tangents à une droite (V. nº 161).

322. Énoncer et démontrer les réciproques du nº 246. (On fera des démonstrations analogues à celles du nº 247.)

323. Tracer un cercle quelconque tangent aux deux côtés d'un angle.

324. Un angle étant donné en position, tracer un cercle tangent aux côtés de l'angle et ayant pour rayon une longueur donnée $d = 18^{mm}$.

325. Lieu géométrique des centres des cercles tangents aux deux côtés d'un angle.

326. Deux cercles de rayons 3 cm. et 45^{mm} sont concentriques. Quel est le diamètre d'un cercle qui leur est tangent?

327. Deux circonférences concentriques ont pour rayons 2 cm. et 4 cm. Un point A est à 25^{mm} du centre commun O. Faire passer par ce point une circonférence tangente aux deux premières. (Le centre I de la circonférence cherchée est un sommet du triangle OIA dont on connaît les trois côtés.)

328. Deux circonférences ont pour rayons 2 cm. et 3 cm., la distance de leurs centres est 6 cm. Tracer une troisième circonférence ayant pour rayon 2 cm. et tangente aux deux premières.

329. Construire un triangle isocèle connaissant la hauteur et l'angle au sommet.

330. Refaire les constructions des problèmes nºs 82, 83, 92, 93, en supposant les éléments donnés égaux à des éléments tracés sur le papier et en se servant du compas au lieu de rapporteur.

331. Avec la règle et le compas, tracer deux tangentes à un cercle qui soient parallèles et dont l'une passe par un point donné.

332. Lieu géométrique des centres des cercles égaux tangents extérieurement à un cercle donné.

333. Même problème si les cercles sont tangents intérieurement.

334. Tracer une circonférence passant par un point A donné et qui soit tangente en un point B d'une droite donnée xy.

335. Tracer une circonférence de rayon donné qui soit tangente à la fois à deux circonférences données.

336. Mener à un cercle une tangente parallèle à une droite donnée.

337. Mener à un cercle une tangente qui soit perpendiculaire à une droite donnée.

338. Mener à un cercle une tangente qui fasse, avec une droite donnée, un angle donné.

339. Deux points A et B sont distants de 3 cm., faire passer par les deux points deux droites parallèles qui soient à la distance de 18^{mm} l'une de l'autre. (On mènera la tangente de l'un des points au cercle décrit de l'autre comme centre avec 18^{mm} pour rayon.)

340. Construire un triangle isocèle connaissant la base BC = 32^{mm} et le rayon du cercle inscrit $r = 1$ cm.

341. Construire un triangle isocèle connaissant la base BC = 3 cm. et le rayon du cercle circonscrit R = 25^{mm}.

CHAPITRE III

MESURE DES ANGLES

253. Nous avons établi (n° 51) qu'*un angle au centre a même mesure que l'arc qu'il intercepte, à condition de prendre pour unité d'angle, l'angle qui intercepte l'unité d'arc.*

En d'autres termes, considérons un angle quelconque xOy (*fig.* 170); du sommet O comme centre avec un rayon quelconque décrivons une circonférence, et soit AB l'arc intercepté par les côtés de l'angle, si l'on prend, par exemple, pour unité d'arc, l'arc d'un degré avec, comme sous-multiples, la minute et la seconde sexagésimales, et pour unité d'angle, l'angle qui intercepte sur l'arc AB un arc d'un degré avec, comme sous-multiples, les angles qui interceptent sur l'arc AB la minute et la seconde sexagésimales d'arc, les nombres qui exprimeront les mesures de l'angle xOy et de l'arc AB sont les mêmes.

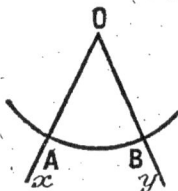

Fig. 170.

Si l'angle n'a pas son sommet au centre du cercle, ses deux côtés coupant cependant la circonférence, nous allons nous proposer de comparer sa mesure à celle des arcs qu'il intercepte.

Nous supposerons, dans ce qui va suivre, que l'unité d'angle est toujours celui qui intercepte l'unité d'arc sur une circonférence ayant son sommet pour centre.

254. DÉFINITION. *Angle inscrit.* — On appelle **angle inscrit** dans un cercle, *tout angle ayant son sommet sur la circonférence et*

dont les côtés sont des sécantes ou encore une sécante et une tangente.

255. Théorème. — *Un angle inscrit a même mesure que la moitié de l'arc intercepté par ses côtés.*

Nous distinguerons trois cas, suivant la position du centre du cercle par rapport à l'angle.

1° *Le centre est sur l'un des côtés de l'angle.*

Considérons l'angle inscrit ABC (*fig.* 171), dont un des côtés BC passe par le centre O du cercle. Joignons OA. L'angle O_1 extérieur au triangle AOB est égal à la somme des deux angles du triangle qui ne lui sont pas adjacents (V. n° 168); $\widehat{O_1} = \widehat{A} + \widehat{B}$.

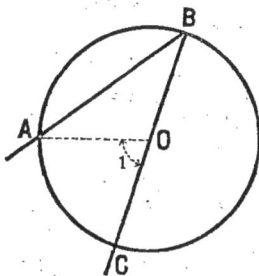

Fig. 171.

Or, le triangle AOB est isocèle, puisque OA et OB sont deux rayons; par conséquent $\widehat{A} = \widehat{B}$.

On déduit de là : $\widehat{O_1} = 2\widehat{B}$; ou encore : $\widehat{B} = \dfrac{\widehat{O_1}}{2}$.

L'angle O_1 ayant même mesure que l'arc AC (n° 51), l'angle B a même mesure que la moitié de AC. — c. q. f. d.

2° *Le centre est à l'intérieur de l'angle.* Considérons l'angle inscrit ABC (*fig.* 172), le centre O étant à l'intérieur. Traçons le diamètre BD. L'angle B est la somme des angles B_1 et B_2; or ce sont deux angles inscrits dont un côté BD passe par le centre; le premier a donc même mesure que $\dfrac{\widehat{AD}}{2}$, le second a même mesure que $\dfrac{\widehat{DC}}{2}$; il en résulte que l'angle B a même mesure que $\dfrac{\widehat{AD}}{2} + \dfrac{\widehat{DC}}{2}$ ou $\dfrac{\widehat{AD} + \widehat{DC}}{2}$, c'est-à-dire $\dfrac{\widehat{AC}}{2}$. — c. q. f. d.

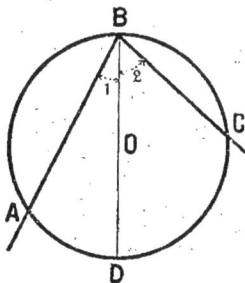

Fig. 172.

3° *Le centre est à l'extérieur de l'angle.* Considérons l'angle inscrit ABC (*fig.* 173), le centre O étant à l'extérieur. Traçons le diamètre BD. On a immédiatement ;

$$\widehat{ABC} = \widehat{ABD} - \widehat{CBD},$$

Or les angles ABD et CBD ont un côté BD qui passe par le centre ; le premier a donc même mesure que l'arc $\dfrac{AC}{2}$, le second même mesure que l'arc $\dfrac{CD}{2}$; il en résulte que l'angle ABC a même mesure que $\dfrac{\widehat{AD}}{2} - \dfrac{\widehat{CD}}{2}$ ou $\dfrac{\widehat{AD} - \widehat{CD}}{2}$, c'est-à-dire $\dfrac{\widehat{AC}}{2}$. — C. Q. F. D.

256. Cas particulier. Examinons le cas particulier où l'un des côtés AB (*fig.* 174) de l'angle ABC est tangent au cercle. L'angle a

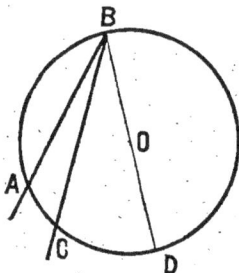
Fig. 173.

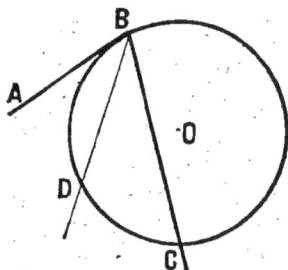
Fig. 174.

encore même mesure que la moitié de l'arc BC compris entre ses côtés. En effet, considérons l'angle inscrit DBC ; il a même mesure que $\dfrac{\widehat{DC}}{2}$. Supposons maintenant que la sécante BD tourne autour du point B et se rapproche de la tangente ; si on l'arrête dans une position quelconque, le théorème est toujours applicable et il l'est également quand la sécante devient infiniment voisine de la tangente ; or quand la sécante devient infiniment voisine de AB, l'arc $\widehat{DC}$ intercepté est infiniment voisin de l'arc $\widehat{BC}$. Quand BD devient tangente, le théorème est encore applicable et l'arc DC est devenu l'arc BC.

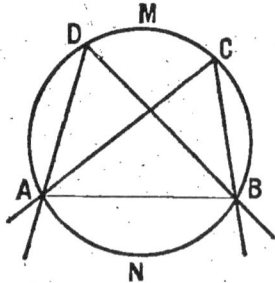
Fig. 175.

257. Définition. — *On dit qu'un angle est* inscrit *dans un segment de cercle quand son sommet est sur l'arc du segment et que ses côtés passent par les extrémités de la corde du segment.*

Ainsi l'angle ACB *fig.* 175) est inscrit dans le segment AMB.

258. Corollaire I. — *Tous les angles inscrits dans un même segment sont égaux.*

En effet, ils ont tous même mesure; les angles ACB et ADB (*fig.* 175) sont égaux, ils ont même mesure que la moitié de l'arc ANB.

259. Remarque. Chaque segment se trouve ainsi caractérisé par l'angle que l'on peut y inscrire. Si dans un segment on peut inscrire un angle α par exemple, on dit que le segment est *capable* de l'angle α.

260. Corollaire II. — *Tous les angles inscrits dans un demi-cercle sont droits.*

En effet, ils ont tous même mesure qu'une demi-circonférence; ainsi l'angle ACB (*fig.* 176) a même me-sure que $\dfrac{\widehat{AMB}}{2}$; c'est un angle de $\dfrac{180°}{2}$, soit 90° ou 100ᴳ.

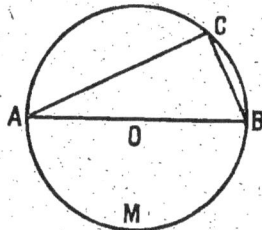

Fig. 176.

261. Corollaire III. — *Si l'on consi-dère les deux segments déterminés par une corde dans un même cercle, et que l'on inscrive un angle dans chacun d'eux, les deux angles sont supplémen-taires.*

En effet, considérons la corde AB (*fig.* 177) et les deux angles AMB et ANB; leur somme a évidemment même mesure que la demi-cir-conférence c'est-à-dire 180° ou 200ᴳ; ils sont bien sup-plémentaires.

On dit encore que les deux seg-ments sont capa-bles d'angles sup-plémentaires.

262. Théorème. — *Tout angle ayant son sommet à l'intérieur d'un cercle a même mesure que la demi-somme des arcs interceptés par ses côtés et les prolon-gements de ses côtés.*

Considérons l'angle BAC (*fig.* 178), prolongeons ses côtés

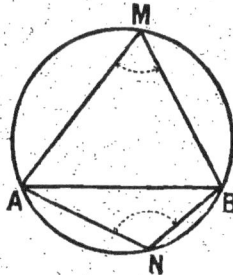

Fig. 177.

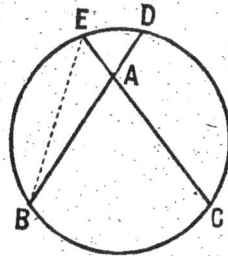

Fig. 178.

au delà du sommet A et joignons BE, l'angle BAC est extérieur au triangle BAE et l'on a (n° 168) :

$$\widehat{BAC} = \widehat{B} + \widehat{E}.$$

Or l'angle B, inscrit, a même mesure que $\dfrac{\widehat{ED}}{2}$, l'angle E inscrit a même mesure que $\dfrac{\widehat{BC}}{2}$; l'angle BAC a donc même mesure que $\dfrac{\widehat{ED}}{2} + \dfrac{\widehat{BC}}{2} = \dfrac{\widehat{ED} + \widehat{BC}}{2}.$ — C. Q. F. D.

263. Théorème. — *Tout angle ayant son sommet hors d'un cercle et dont les deux côtés sont sécants a même mesure que la demi-différence des arcs interceptés par ses côtés.*

Considérons l'angle DIA (*fig.* 179) dont le sommet I est extérieur au cercle; les deux côtés ID et IA étant des sécantes rencontrent la circonférence en C et B. Joignons CA. L'angle $\widehat{C_1}$ est extérieur au triangle CIA et, par suite,

$$\widehat{C_1} = \widehat{A} + \widehat{I}.$$

On en déduit :

$$\widehat{I} = \widehat{C_1} - \widehat{A}.$$

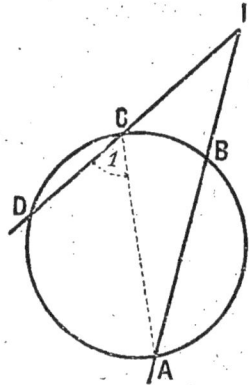

Fig. 179.

Or l'angle $\widehat{C_1}$, inscrit, a même mesure que $\dfrac{\widehat{DA}}{2}$, l'angle A inscrit a même mesure que $\dfrac{\widehat{CB}}{2}$, donc $\widehat{I}$ a même mesure que $\dfrac{\widehat{DA}}{2} - \dfrac{\widehat{CB}}{2}$ ou encore $\dfrac{\widehat{DA} - \widehat{CB}}{2}.$

C. Q. F. D.

264. Remarque I. Le théorème est encore vrai si l'un des côtés de l'angle est tangent au cercle.

Ainsi, considérons l'angle BAD (*fig.* 180) ayant son sommet A extérieur, l'un de ses côtés AD sécant, l'autre AB tangent. Le côté AB est la limite des positions d'une sécante AEF tournant au-

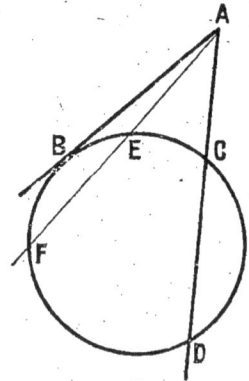

Fig. 180.

tour du point A et l'angle BAD est la limite de l'angle FAD. Or
l'angle FAD a même mesure que $\dfrac{\overset{\frown}{DF} - \overset{\frown}{EC}}{2}$.

Quand la sécante AF tourne autour de A, les points E et F se
rapprochent indéfiniment, puis vien-
nent se confondre en B. L'arc FD a
pour limite $\overset{\frown}{BD}$, l'arc EC a pour limite
$\overset{\frown}{CB}$. Le théorème étant encore applicable lorsque la droite AF est infiniment
voisine de AB, il est applicable à la
limite et $\overset{\frown}{A}$ a même mesure que

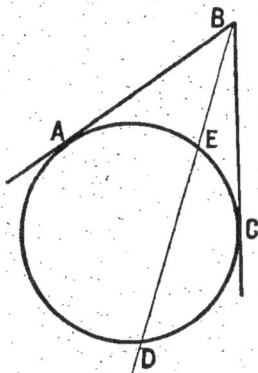

Fig. 181.

$$\frac{\overset{\frown}{BD} - \overset{\frown}{BC}}{2}.$$

265. REMARQUE II. Le théorème est
encore applicable si les deux côtés de
l'angle sont tangents.

Considérons l'angle ABC (*fig.* 181)
dont les deux côtés sont tangents, traçons la sécante BED.

D'après la remarque précédente,

l'angle ABD a même mesure que $\dfrac{\overset{\frown}{AD} - \overset{\frown}{AE}}{2}$,

l'angle DBC   — $\dfrac{\overset{\frown}{CD} - \overset{\frown}{CE}}{2}$.

L'angle B, qui est la somme de $\overset{\frown}{ABD}$ et $\overset{\frown}{DBC}$, a même mesure
que $\dfrac{\overset{\frown}{AD} - \overset{\frown}{AE} + \overset{\frown}{CD} - \overset{\frown}{CE}}{2}$;

ce que l'on peut écrire : $\dfrac{\overset{\frown}{ADC} - \overset{\frown}{AEC}}{2}.$

266. COROLLAIRE. — *La circonférence ayant pour diamètre
l'hypoténuse d'un triangle rectangle passe
par le sommet de l'angle droit.*

Considérons le triangle ABC (*fig.* 182);
la circonférence qui a pour diamètre l'hypoténuse BC passe par le point A; car s'il
en était autrement, ou bien le point A
serait extérieur à la circonférence et alors

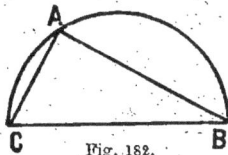

Fig. 182.

l'angle A aurait même mesure qu'un arc plus petit qu'une demi-
circonférence (n° 263), ou bien le point A serait intérieur et alors

l'angle A aurait même mesure qu'un arc plus grand qu'une demi-circonférence (n° 262).

Il résulte de là que *dans un triangle rectangle la médiane qui correspond à l'hypoténuse est la moitié de l'hypoténuse* (V. n° 197).

Applications.

*267. Théorème. — *La condition nécessaire et suffisante pour qu'un quadrilatère soit inscriptible dans un cercle est que ses angles opposés soient supplémentaires.*

1° *La condition est nécessaire.* En effet, si nous considérons un quadrilatère ABCD (*fig.* 183) inscrit dans un cercle; deux angles opposés $\widehat{A}$ et $\widehat{C}$ par exemple sont des angles inscrits ayant même mesure que $\dfrac{\widehat{BCD}}{2}$ et $\dfrac{\widehat{BAD}}{2}$; leur somme a donc même mesure que la moitié de la circonférence, elle est égale à 180°.

2° *La condition est suffisante.* En effet, considérons un quadrilatère ABCD (*fig.* 184) dans lequel on a $\widehat{A} + \widehat{C} = 2$ droits.

Nous allons démontrer qu'on peut faire passer une circonférence par ses quatre sommets. Par trois sommets consécutifs B,A,D, par exemple, faisons passer une circonférence, et supposons qu'elle coupe DC en un point C', le quadrilatère ABC'D serait inscriptible

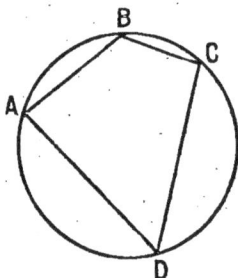

Fig. 183.

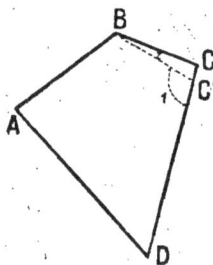

Fig. 184.

et $\widehat{C'_1}$ aurait pour supplément $\widehat{A}$; $\widehat{C}$ et $\widehat{C'}$ auraient le même supplément $\widehat{A}$, ils seraient égaux; ceci n'est possible que si le point C' est confondu avec C, car on a, si C' est situé entre D et C (n° 168) : $C'_1 = \widehat{C'BC} + \widehat{C}$; $\widehat{C'BC}$ doit donc être nul. On ferait une démonstration analogue en supposant C' non situé entre D et C.

268. Conséquences. Un rectangle peut toujours être inscrit dans un cercle. Un parallélogramme ne peut être inscrit que s'il est rectangle, car ses angles opposés étant égaux, chacun d'eux est droit.

*269. Problème. *Construire sur un segment de droite, pris comme corde, un segment de cercle capable d'un angle donné.*

Soit AB *(fig.* 185) le segment de droite considéré, α l'angle donné, il nous faut construire un segment ayant AB pour corde et qui soit capable (V. nº 259) de l'angle α. Traçons une droite B*x* qui fasse avec BA l'angle α, puis faisons passer un cercle par A et B qui soit tangent en B à la droite B*x* ; pour cela, élevons la perpendiculaire au milieu de AB et la perpendiculaire en B sur B*x* ; ces deux perpendiculaires se coupent en O, qui est le centre du cercle cherché. En effet, il est équidistant de A et de B et la circonférence décrite de O comme centre avec OB comme rayon passe par A et B et elle est tangente en B à B*x*. Le segment AMB est le segment cherché ; en effet, si l'on inscrit un angle quelconque ACB dans ce segment, il est égal à α, car ces deux angles ont tous deux même mesure que la moitié de l'arc ANB.

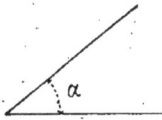

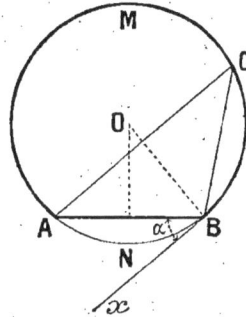

Fig. 185.

Problèmes.

1re ANNÉE

342. On considère une circonférence sur laquelle on prend 2 arcs AB, CD ne se recouvrant pas ; $\widehat{AB} = 20^G,2863$, $\widehat{CD} = 48^G,5872$. On mène les droites AC, BD qui se coupent en O, puis AD et BC qui se coupent en I. Évaluer en grades les angles BOC et DIA.

343. On donne une circonférence sur laquelle on prend un arc AB de 120º. On mène les tangentes en A et B, elles se coupent en I. Démontrer que le triangle IAB est équilatéral.

344. Dans une circonférence est inscrit un quadrilatère ABCD ; on a : $\widehat{AB} = 38º42'56''$, $\widehat{BC} = 102º41'54''$, $\widehat{CD} = 72º30'28''$. Les diagonales se coupent en I. Évaluer en degrés les angles ADB, ABD, AID.

345. On considère, sur une circonférence, un arc $AB = 28º42'54''$. Les tangentes en A et B se coupent en I. Évaluer l'angle I.

346. Étant donnés un cercle et un angle inscrit ABC, démontrer que la bissectrice de l'angle B passe par le milieu de l'arc AC.

347. A partir d'un point A pris sur une circonférence, on porte un arc AB = 120°, puis un arc BC = 60°, puis un arc CD = 120°. Dire ce qu'est le quadrilatère ABCD. Ses diagonales passent par le centre.

2ᵉ ANNÉE :

348. Si deux cordes perpendiculaires l'une sur l'autre ont une extrémité commune, leurs autres extrémités et le centre du cercle sont sur une même ligne droite.

349. On considère deux cercles qui se coupent en A et B, on mène par A une sécante CAD, démontrer que l'angle CBD est constant, quelle que soit la sécante CAD. (Les angles C et D sont constants.)

350. On considère deux cercles tangents extérieurement ou intérieurement en A et on leur mène une sécante commune passant par A ; cette sécante détermine deux arcs sur chaque circonférence ; ces arcs ont deux à deux le même nombre de degrés. (Mener la tangente en A et considérer les mesures des angles opposés par le sommet.)

351. Deux cercles égaux se coupent en A et B ; on mène une sécante commune quelconque CAD, démontrer que BCD est isocèle.

Problèmes de récapitulation.

2ᵉ ANNÉE :

352. On considère deux cercles sécants de centres O et O' qui se coupent en A et B, on mène les diamètres AOC et AO'D. Démontrer que les points C, B, D sont en ligne droite. (On démontrera que les angles adjacents ABC et ABD sont supplémentaires.)

353. On considère deux cercles de centres O et O' tangents extérieurement en un point A, on trace une sécante commune BAC, démontrer :

1° Que OB et O'C sont parallèles (on démontrera que les angles alternes-internes B et C sont égaux) ;

2° Que les tangentes en B et C sont parallèles.

354. Même problème en supposant les circonférences tangentes intérieurement.

355. On considère deux circonférences tangentes extérieurement en A, on trace deux sécantes communes BAC et DAE. Démontrer que les cordes BD et CE sont parallèles (on démontrera que les angles D et E sont égaux, en considérant la tangente commune en A).

356. On considère deux circonférences tangentes extérieurement en A, on leur mène une sécante commune BAC. Démontrer que les tangentes en B et C sont parallèles (démonst. anal. à la précédente).

357. D'un point A pris dans l'intérieur d'un angle xOy on abaisse des perpendiculaires AB, AC sur les côtés. Le quadrilatère ABOC est inscriptible.

358. On considère un quadrilatère inscriptible ABCD et le cercle circonscrit. On trace les diagonales. Indiquer quels sont les angles de la figure qui sont égaux deux à deux.

359. Lieu géométrique des points M, d'où l'on voit une longueur AB donnée sous un angle droit, c'est-à-dire tels que $\widehat{AMB} = 1$ droit.

360. Lieu géométrique des points d'où l'on voit une longueur donnée sous un angle donné (V. nᵒˢ 258 et 269).

361. Étant donnés un cercle et une droite extérieure, quel est le point de la circonférence qui est le plus rapproché de la droite? Quel est celui qui en est le plus éloigné?

362. Par un point A extérieur à un cercle de centre O, on mène une sécante ABC dont la partie extérieure AB est égale au rayon. On mène le diamètre AEOD. Démontrer que $\widehat{A} = \dfrac{\widehat{COD}}{3}$. (On considérera COD comme angle extérieur du triangle BOC isocèle et dans lequel l'angle en B est lui-même extérieur au triangle isocèle ABO.) [Ce problème est appelé problème du trisecteur.]

363. Le diamètre du cercle inscrit dans un triangle rectangle est égal à l'excès de la somme des côtés de l'angle droit sur l'hypoténuse (V. nᵒ 247).

364. Décrire d'un point O donné comme centre un cercle qui intercepte sur une droite donnée, située à 3 cm. du point O, une corde ayant une longueur de 2 cm.

365. Étant donnés une circonférence de centre O ayant 25ᵐᵐ de rayon et un point A situé à 35ᵐᵐ du point O, décrire, du point A comme centre, un cercle qui coupe la circonférence O de telle façon que la corde commune ait pour longueur 22ᵐᵐ.

366. Tracer une circonférence équidistante de quatre points dont trois quelconques ne sont pas en ligne droite. (On fera passer une circonférence par trois des points, on joindra le quatrième au centre; la circonférence cherchée a même centre et passe par le point équidistant du quatrième point et de la première circonférence.)

367. Tracer une circonférence de rayon donné qui coupe une autre circonférence en deux points donnés.

368. Tracer une circonférence de rayon donné passant par un point donné et tangente à une droite donnée.

369. Tracer une circonférence de rayon donné qui soit tangente à la fois à une circonférence donnée et à une droite donnée.

370. a, b, c étant les côtés d'un triangle ABC, $2p$ le périmètre, on trace le cercle inscrit, soit M le point de contact sur le côté AB, démontrer que $AM = p - a$.

371. Étant donné un triangle ABC, on sait que les bissectrices des angles passent par un même point (V. n° 204).

1° La bissectrice d'un angle du triangle A, par exemple, et les bissectrices des angles extérieurs en B et C passent par un même point;

2° Ce point est équidistant des trois côtés du triangle et, par suite, le centre d'un cercle tangent aux trois côtés du triangle, mais extérieur au triangle, c'est un cercle ex-inscrit;

3° Si E est le point de contact sur BC du cercle ex-inscrit dans l'angle A, on a $CE = p - b$, p étant le demi-périmètre du triangle.

372. On donne un triangle ABC, on prolonge la base BC de longueurs $BD = BA$, $CE = CA$ et par les points A, D, E on fait passer une circonférence. Démontrer que la droite qui joint le sommet A au centre est bissectrice de l'angle BAC.

373. On considère deux circonférences égales de centres O et O', on trace la parallèle à la ligne des centres qui rencontre les circonférences en A, B, C, D. Démontrer que : $AB = CD$; $AC = BD$; en conclure que $OACO'$ et $OBDO'$ sont des parallélogrammes.

374. Tracer deux circonférences égales et sécantes, sachant que la distance de leurs centres mesure 8 cm. et la corde commune 4 cm.

375. Sur un diamètre d'un cercle de centre O, on prend deux points A et B tels que $OA = OB$, puis, par A et B, on mène deux cordes CAD, EBF parallèles, démontrer que les deux cordes sont égales. (On démontrera qu'elles sont équidistantes du centre.) Montrer en outre que $AC = BF$ et $AD = BE$, puis que la droite CF est un diamètre.

376. Une circonférence a 25^{mm} de rayon; un point du plan est situé à 15^{mm} du centre. Tracer une circonférence tangente à la circonférence donnée et passant par le point donné. (Le problème revient à construire un triangle, connaissant les trois côtés.)

377. Une circonférence a 2 cm. de rayon, tracer une circonférence de 15^{mm} de rayon tangente à la première et passant par un point donné situé à 32^{mm} du centre de la circonférence donnée.

378. Étant donnés deux cercles qui se coupent, mener par un de leurs points d'intersection une sécante telle que les cordes interceptées sur cette sécante dans chacun des cercles soient égales. (On joindra le milieu de la droite qui réunit les centres au point d'intersection et on mènera la sécante perpendiculaire à cette droite.)

379. Étant donné un cercle, tracer des cercles égaux au premier, tangents entre eux et tangents extérieurement au cercle donné Combien y en a-t-il?

380. Un triangle ABC a pour côtés $AB = 32^{mm}$, $BC = 28^{mm}$ et $AC = 38^{mm}$. Décrire, des sommets comme centres, trois circonférences telles que chacune d'elles soit tangente aux deux autres. (Il faudra calculer trois nombres connaissant leurs sommes deux à deux.)

381. Étant donnés un cercle et un point du plan, mener par ce point une sécante telle que la corde interceptée par le cercle soit égale à une longueur donnée. Le problème est-il toujours possible ? (On tracera le cercle tangent à une corde quelconque égale à la longueur donnée et on mènera la tangente du point donné.)

382. Étant donnés deux cercles, mener une sécante telle que la corde interceptée dans chacun des cercles soit égale à une longueur donnée.

383. Étant donnés une droite xy et deux points A et B sur cette droite, on trace un cercle quelconque tangent en B à xy et par A on lui mène une seconde tangente AM. Lieu géométrique du point M.

384. On considère un cercle de centre O et deux tangentes fixes AB, AC issues du point A ; on mène une troisième tangente ayant son point de contact D sur le plus petit des arcs BC et rencontrant les deux premières en EF. Démontrer :

1° Que le triangle AEF a un périmètre constant quel que soit le point D de contact de la tangente EF (n° 247) ;

2° Que l'angle BOC est constant. (C'est la moitié de l'angle BOC) ;

3° Comment faudrait-il modifier l'énoncé du théorème si le point de contact de la tangente EF était pris sur le plus grand arc BC.

385. On considère deux circonférences de centre O et O' tangentes extérieurement en I, on trace une tangente commune extérieure AA', puis la tangente commune intérieure qui coupe la première en M :

1° M est le milieu de AA' (V. n° 247) ;

2° Le triangle AIA' est rectangle (V. n° 197) ;

3° Le triangle MOO' est rectangle ;

4° La circonférence de diamètre AA' est tangente en I à OO' ;

5° La circonférence de diamètre OO' est tangente en M à AA'.

386. On considère un cercle O et deux diamètres AB, CD perpendiculaires ; par le point A on trace une corde quelconque AE qui rencontre le diamètre CD en F. On trace la tangente en E qui coupe le prolongement de CD en H. Démontrer que l'angle OHE est le double de $\widehat{OAE}$. (On montrera que $\widehat{OHE} = \widehat{BOE}$.)

387. Étant donné un triangle, sur chaque côté pris comme diamètre on décrit un cercle :

1° Ces cercles se coupent deux à deux sur les côtés du triangle (aux pieds des hauteurs) ;

2° En déduire que les hauteurs du triangle sont les bissectrices des angles du triangle que l'on obtient en joignant les pieds de ces mêmes hauteurs.

388. Élever, avec la règle et le compas, la perpendiculaire à l'extrémité d'une droite qu'on ne peut prolonger.

389. Construire un triangle connaissant, en position, les pieds des trois hauteurs (on s'appuiera sur la seconde partie du probl. n° 387).

390. Construire un triangle connaissant le côté BC et les hauteurs BH et CK issues des sommets B et C.

391. On considère une circonférence, un diamètre AB sur lequel on prend un point quelconque C, on mène le rayon OD perpendiculaire à AB, la droite DC coupe le cercle en un point E, on mène la tangente en E qui coupe AB en F. Démontrer que EF = CF.

392. On considère deux cercles sécants; par un des points A d'insection, on mène une sécante quelconque BAC. Aux points B et C on mène les tangentes, qui se coupent en M. Démontrer que l'angle M est constant quelle que soit la sécante BC. (On mènera les tangentes en A et on montrera que $\widehat{M}$ est égal à l'angle de ces deux tangentes.)

393. Dans tout quadrilatère circonscrit à un cercle : 1° La somme de deux côtés opposés est égale à la somme des deux autres; 2° Les bissectrices des angles concourent en un même point.

394. Si un quadrilatère est tel que la somme de deux côtés opposés est égale à la somme des deux autres, on peut le circonscrire à un cercle. Il en est de même si les bissectrices de ses quatre angles concourent en un même point. (Réciproque du problème précédent.)

395. Tout parallélogramme circonscrit à un cercle est un losange.

396. Tout losange peut être circonscrit à un cercle.

397. Un trapèze isocèle peut être inscrit dans un cercle (V. n° 267).

398. On considère un cercle et deux cordes perpendiculaires l'une sur l'autre, on mène les tangentes à leurs extrémités. Démontrer que le quadrilatère formé est inscriptible.

399. Étant donnés un cercle et une corde AB, on prend le milieu C de l'arc AB et on mène par ce point le diamètre ADE et une corde quelconque AFG. Le quadrilatère EDFG est inscriptible (V. n° 267).

400. On considère trois demi-droites faisant entre elles des angles égaux. Démontrer que si d'un point quelconque du plan on abaisse des perpendiculaires sur ces trois droites, les droites qui joignent les pieds de ces perpendiculaires forment un triangle équilatéral.

401. Lieu géométrique des points d'où les tangentes à un cercle donné se coupent sous le même angle.

402. Étant donnés deux points A, B; par A on mène une droite quelconque Ax et du point B on abaisse BM perpendiculaire sur Ax. Lieu géométrique du point M (V. n° 260 et 266).

403. Étant donnés un cercle et un point A extérieur, on trace du point A une sécante quelconque ABC. Lieu géométrique du milieu M de BC. (On joint OM et le problème est ramené au précédent.)

404. On donne un point A et un cercle de centre O. Lieu géométrique des milieux de tous les segments qui joignent le point O aux différents points de la circonférence. (On considérera un de ces seg-

ments, on mènera par le milieu M la parallèle au rayon qui passe par l'extrémité; cette parallèle passe par le milieu I de AO et sa longueur est constante. V. n° 206.)

405. Un segment AB de longueur constante s'appuie constamment par l'extrémité A sur une circonférence pendant qu'il se déplace parallèlement à une direction donnée (translation). Lieu géométrique de l'extrémité B. (On considérera AB dans une de ses positions, on tracera le diamètre parallèle à AB et on mènera par B la parallèle à OA jusqu'au point de rencontre avec le diamètre; ce point est fixe et le segment tracé est constant.)

406. Construire un triangle ABC rectangle en A connaissant BC = 3 cm. et la hauteur AH = 2 cm. (V. n° 266).

407. Construire un triangle ABC rectangle en A connaissant AC = 25^{mm} et la hauteur AH = 18^{mm}.

408. Construire un triangle ABC rectangle en A connaissant la médiane AM = 3 cm. et la hauteur AH = 25^{mm} (V. n° 266).

409. Construire un triangle ABC rectangle en A connaissant un côté de l'angle droit AB = 28^{mm} et le rayon du cercle inscrit r = 1 cm.

410. Construire un triangle ABC rectangle en A connaissant le rayon du cercle inscrit r = 12^{mm} et un angle aigu $\widehat{B}$ = 34° 30'.

411. Construire un triangle connaissant le rayon du cercle circonscrit et deux côtés.

412. Construire un triangle connaissant le rayon du cercle circonscrit et les angles.

413. Construire un triangle connaissant le rayon du cercle circonscrit, un côté et une hauteur. (On considérera deux cas.)

414. Construire un triangle connaissant le rayon du cercle inscrit et les angles.

415. Construire un trapèze isocèle connaissant les deux bases et un angle.

416. Construire un trapèze isocèle connaissant les deux bases et le rayon du cercle circonscrit.

417. Étant donnés trois points ABC, on demande de trouver, à l'intérieur du triangle ABC, un quatrième point M tel que de ce point on voie les segments AB et AC sous des angles donnés, par exemple, $\widehat{AMB}$ = 154° $\widehat{BMC}$ = 72°. (*Problème de la carte.*) [V. prob. n° 360.]

LIVRE III

CHAPITRE PREMIER

LES AIRES

270. Définition. *On appelle aire d'une figure plane, la portion de plan limitée par le contour de cette figure et située à l'intérieur de ce contour.*

Ainsi, l'aire du rectangle ABCD (*fig.* 186) est la portion de plan, couverte de hachures, limitée par le contour ABCD de ce rectangle.

On confond souvent dans le langage courant les mots aire et surface et l'on dit *surface ABCD* pour *aire ABDC* ; cela ne peut prêter à aucune équivoque ; cependant, il importe de bien remarquer que le mot surface indique plus particulièrement une forme déterminée alors que le mot aire est pris dans le sens de grandeur.

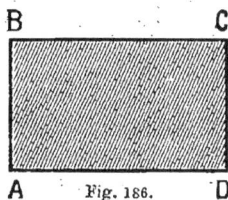

Fig. 186.

271. Mesure d'une surface. *Mesurer une surface, c'est chercher combien de fois elle contient l'unité de surface* (1).

L'unité de surface est le carré construit sur l'unité de longueur (*fig.* 187).

L'unité de longueur adoptée varie selon les étendues à mesurer. Dans le dessin, on emploie le millimètre, le centimètre; par suite, on y évalue les surfaces en *millimètres carrés*, en *centimètres carrés.* Dans l'industrie, on emploie le plus souvent pour unité de longueur le décimètre, le mètre, et on évalue les surfaces en *décimètres carrés,* en *mètres carrés.* Dans l'arpentage, l'unité de

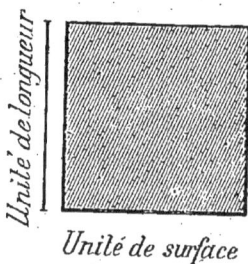

Unité de surface
Fig. 187.

(1) Voir l'arithmétique de Laugier et Jacquème.

longueur adoptée est le décamètre, et l'on évalue les surfaces en *décamètres carrés* ou *ares*. Enfin, dans les mesures itinéraires, on évalue les longueurs en hectomètres, en kilomètres, en myriamètres même, et l'on évalue l'étendue des terrains communaux, des départements, des États, des continents, en *hectomètres carrés*, en *kilomètres carrés*, en *myriamètres carrés*.

272. Remarquons qu'il n'existe aucune mesure effective de surface. Il serait trop long et trop pénible, souvent impossible, de transporter l'unité de surface sur la surface à mesurer. Aussi, dans la pratique, on n'obtient pas la mesure d'une surface en comparant di-

Fig. 188.

rectement la surface à mesurer à l'unité de surface adoptée, on opère par des procédés *géométriques* que nous allons étudier.

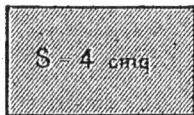

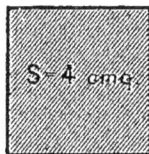

273. Deux figures sont dites *équivalentes* quand elles ont la même aire. Si le rectangle ABCD (*fig.* 188) et le carré DEFG ont tous deux une aire de 4 cm², le rectangle et le carré sont *équivalents*

Aire du rectangle.

274. Théorème. — *L'aire d'un rectangle a pour mesure le produit des deux nombres qui expriment la mesure de sa base et celle de sa hauteur.*

Soit à mesurer l'aire du rectangle ABCD (*fig.* 189).

Supposons que l'unité de longueur adoptée, le centimètre par exemple, soit contenue un nombre exact de fois dans la longueur AD et dans la largeur AB. Soit AD = 5 cm., et AB = 3 cm.

Partageons AD en cinq parties égales et AB en trois parties égales. Chaque segment représente l'unité de longueur, 1 cm.

Par les points de division de AD menons des parallèles au côté AB,

Fig. 189.

nous décomposons le rectangle en cinq bandes ayant chacune 1 cm. de largeur et 3 cm. de longueur.

Par les points de division de AB, menons des parallèles au côté

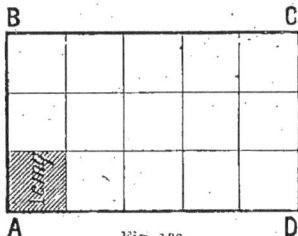

AD ; elles déterminent, par leurs intersections avec les premières, des carrés ayant pour côté l'unité de longueur, c'est-à-dire des centimètres carrés.

Or, chaque bande contient cinq fois 1 cm², et comme il y a trois bandes semblables, le rectangle entier contient :

$$1 \text{ cm}^2 \times 5 \times 3 = 15 \text{ cm}^2.$$

L'aire du rectangle ABCD a donc pour mesure le produit des nombres qui expriment la mesure de sa base et celle de sa hauteur.

— La démonstration précédente pourrait se faire de la même façon en supposant que la base et la hauteur du rectangle contiennent toutes deux un nombre entier de fois une unité de longueur quelconque (mètre, millimètre, dixième de millimètre, etc.).

On exprime plus simplement l'énoncé en disant : *L'aire d'un rectangle est égale au produit de sa base par sa hauteur*.

275. FORMULE. — Si nous désignons par B la base d'un rectangle quelconque, par H sa hauteur, par S sa surface, on a :

$$S = B \times H.$$

276. REMARQUE I. La base et la hauteur d'un rectangle sont *ses deux dimensions ;* on peut donc dire que *l'aire d'un rectangle a pour mesure le produit de ses deux dimensions.*

Il résulte d'ailleurs de la démonstration du théorème que les deux dimensions devront être mesurées avec la même unité de longueur et, dans ces conditions, la surface sera exprimée en unités correspondantes de surface.

277. REMARQUE II. Le rapport des aires de deux rectangles ayant une dimension commune est égal au rapport des deux autres dimensions.

En effet : considérons deux rectangles ayant une dimension commune B, les deux autres dimensions étant H et H' ; si S et S' sont leurs aires, on a : $S = B \times H,$ $S' = B \times H'.$

On en déduit :
$$\frac{S}{S'} = \frac{H}{H'}.$$

278. REMARQUE III. La formule $S = B \times H$ est une relation qui lie les trois grandeurs S (surface), B (base), H (hauteur) ; elle permet, connaissant deux de ces grandeurs, de calculer la troisième.

Si on connaît B et H, on a $\qquad S = B \times H$;

— S et B, la formule donne $H = \dfrac{S}{B}$;

— S et H, — $B = \dfrac{S}{H}$.

Problèmes.

Connaissant B et H, calculer S.

418. Calculer la surface d'un champ rectangulaire de 345m,75 de long et de 7 dam. 8 m. de large.

419. Un champ rectangulaire a 132 m. de long et 76 m. de large; mais le décamètre qui a servi à mesurer ces dimensions n'a que 975 cm. Quelle est la surface réelle du champ ? (*Brev. élém., Paris.*)

420. On veut entourer un jardin, qui a 6 dam. de long sur 48m,20 de large, avec un treillage en fil de fer qui a 8 dm. de haut. Ce treillage est vendu 13 fr. 50 le quintal et pèse 3 kg. 500 par mètre carré. Quelle sera la dépense ? (*Bourses des lycées et collèges, 2e série, 1903.*)

421. Une cuisine a 4m,50 de longueur sur 4m,25 de largeur. Pour la paver, combien faudra-t-il de carreaux de 1 dm. 1/4 de côté ? Quelle sera la dépense, sachant que le mille de ces carreaux se vend 85 fr., et que l'ouvrier prendra 0 fr. 65 par mètre carré pour la pose? (*Bourses d'ens. prim. sup., Haute-Garonne, 1902.*)

422. Avec des rouleaux ayant 6 m. de long sur 0m,65 de large, on veut tapisser une salle qui a 8m,20 de longueur sur 4m,60 de largeur et 3m,15 de hauteur. Combien emploiera-t-on de rouleaux et quelle sera la dépense, sachant que les ouvertures ont ensemble 8m²,09 et que l'achat et la pose du papier coûtent 0 fr. 40 par mètre carré? (*Bourses d'ens. prim. sup., Haute-Garonne, 1902.*)

423. Une feuille de papier rectangulaire a 1m,92 de périmètre; on détache sur chacun de ses côtés une bande de 0m,02 de largeur; qu'est devenue la surface ? (*Éc. prim. sup. de Paris, 1902.*)

424. Le tapis qui recouvre une table rectangulaire de 2 m. de long sur 1m,40 de large retombe tout autour de 0m,25 et a été acheté au prix de 18 fr. 50 le m². On le double avec une étoffe de 0m,60 de largeur à 1 fr. 75 le m., et on le borde d'une frange à 1 fr. 25 le mètre courant. Quel est le prix de revient? (*Brev. élém., Alger.*)

425. Calculer la surface d'un jardin rectangulaire sachant que l'un des côtés a 65 m. et l'autre 32 m. de plus.

426. Un terrain de forme rectangulaire a 245m,70 de long; il y a entre la longueur et la largeur une différence de 109m,4/5. Le terrain a coûté 16.695 fr. 315. Combien devra-t-on revendre le mètre carré pour gagner 15 fr. par are ? (*Éc. prim. sup., Paris.*)

427. Un champ rectangulaire de 2 hm. 8 m. de long et 18 dam. 72 m. de large a été planté en pommes de terre. Au moment de la récolte, le cultivateur fait arracher une bande longue de 5 dam. 8 m. et large de 2m,50. Il obtient ainsi 46 dal. 4 l. de pommes de terre. Quel pourra être le prix de la récolte entière au prix de 6 fr. 50 l'hectolitre ? (*Certif. d'apt. aux bourses de l'Enseign. secondaire, 1909.*)

428. Un champ rectangulaire a 246 m. de long; sa largeur est les $\frac{2}{3}$ de sa longueur. Quelle en est la valeur à raison de 35 fr. l'are?

429. On veut carreler une cuisine rectangulaire avec des carreaux de 225 cm². La largeur de cette pièce est de 2ᵐ,25 et sa longueur est deux fois plus grande. Quelle sera la dépense, le mille de carreaux coûtant 90 fr., et la pose 0 fr. 75 par mètre carré?

Connaissant le périmètre d'un rectangle et une relation entre les dimensions, calculer S.

430. Le périmètre d'un tapis rectangulaire a 8ᵐ,50 et l'on sait que sa longueur surpasse sa largeur de 0ᵐ,75. Combien coûtera la doublure de ce tapis, si l'étoffe employée pour le doubler a 0ᵐ,90 de largeur et vaut 0 fr. 85 le mètre? (*Brev. élém. aspirantes, Besançon,* 1907.)

431. Un champ a la forme d'un rectangle; le périmètre est égal à 780 m.; la différence entre la base et la hauteur est 150 m. Quelle est la surface du champ? Ce champ a été acheté 10 000 fr. On le revend à raison de 35 fr. l'are. Quel est le bénéfice total? Quel est le bénéfice pour 100? (*Brev. élém. aspirants, Besançon,* 1902.)

432. Le périmètre d'un rectangle est de 450 m.; sa longueur est triple de sa largeur. Quelle est la surface de ce rectangle?

433. Calculer la surface d'un rectangle dont le périmètre est de 192 m., sachant que la largeur est le $\frac{1}{3}$ de la longueur.

434. Un terrain rectangulaire a une longueur double de la largeur. Une personne faisant 124 pas de 0ᵐ,75 par minute en a fait le tour complet en 6 minutes. Quel bénéfice a-t-on réalisé en vendant ce terrain 3 000 fr., sachant qu'il avait été acheté 12 fr. 75 l'are? (*Brev. élém, aspirantes, Toulouse,* 1905.)

435. Tout autour d'un champ rectangulaire dont la longueur et la largeur ont ensemble 160 m., on veut planter, à 5 m. en dedans du bord, des arbres espacés de 4 m.; la largeur du champ est les $\frac{7}{9}$ de la longueur. Trouver le nombre d'arbres que cette plantation exigera et la superficie de la portion du champ comprise entre les rangées extrêmes des arbres et les bords de la propriété. (*Brev. élém. aspirantes. Poitiers,* 1903.)

Connaissant S et B, calculer H; connaissant S et H, calculer B.

436. Calculer la hauteur d'un rectangle dont la surface est de 357ᵐ²,50, la base mesurant 2 dam. 5 m.

437. Un jardin rectangulaire a une superficie de 25 a. 04. Le plus grand côté a 84 m. On voudrait augmenter la surface de ce jardin

de 200 m² sans changer le grand côté. De combien faut-il augmenter l'autre ?

438. La surface d'un tapis est de 14^{m2},40. On enlève sur la longueur une bande de 0^m,45 et la superficie se trouve alors n'être plus que les $\frac{9}{10}$ de ce qu'elle était auparavant. Quelles étaient les dimensions du tapis ? (*Brev. élém. aspirants, Paris.*)

439. Un propriétaire veut établir un sentier à côté de sa propriété qui a 225 m. de long ; son voisin lui cède du terrain au prix de 15 fr. l'are ; le propriétaire ne voulant dépenser que 35 fr. pour l'achat, quelle sera la largeur du sentier qu'il pourra établir ? (*Bourses d'ens. prim. sup.*)

440. Un particulier achète deux terrains rectangulaires. Le premier qui a 95 m. de long a été payé 7.125 fr. à raison de 300 fr. l'are ; le second a 57 m. de long et son prix d'achat est les $\frac{24}{25}$ de celui du premier. A surface égale, l'acquéreur a payé deux fois autant pour le second terrain que pour le premier. Trouver la largeur des terrains. (*Brev. élém. aspirants, Paris.*)

441. Une ouvrière veut doubler une robe. Il lui faudrait 6^m,50 d'étoffe ayant une largeur de 1^m,20. Elle ne trouve qu'une étoffe ayant 0^m,70 de large et coûtant 49 fr. 90 les 12 m. De plus, cette étoffe, ayant besoin d'être lavée, se rétrécit de $\frac{1}{16}$ de la largeur et de $\frac{1}{20}$ de la longueur. Combien l'ouvrière a-t-elle payé ? (*Brev. élém. aspirantes, Alger, 1904.*)

Connaissant S et une relation entre B et H, calculer B et H.

442. La surface d'un terrain rectangulaire est égale à 1 km². La longueur est 5 fois la largeur, déterminez les dimensions. (*Ex. de sortie des C. compl.*)

443. La surface d'un jardin rectangulaire est de 4 725 m². La longueur est les $\frac{7}{3}$ de la largeur. Quelles sont les deux dimensions ?

444. On se propose de doubler et de border un tapis rectangulaire de 40 m² dont la largeur est les $\frac{2}{5}$ de la longueur. Quelle sera la dépense, sachant que la doublure a 0^m,75 de large et qu'elle coûte 1 fr. 10 le mètre, et que la bordure revient à 0 fr. 40 le mètre ? (*Brev. élém. aspirants, Paris.*)

445. Une cour rectangulaire a une longueur qui est égale à 2 fois $\frac{1}{3}$ sa largeur. On se propose d'allonger d'un quart chacune de ses dimensions ; dans ces conditions, la superficie sera de 18 900 m². Trouver les anciennes et les nouvelles dimensions de la cour. (*Bourses, Chaptal.*)

Aire du carré.

279. THÉORÈME. — *L'aire d'un carré a pour mesure le carré du nombre qui exprime la mesure de son côté.*

En effet, un carré est un rectangle dont les dimensions sont égales.

280. FORMULE. Si c est le côté d'un carré, S sa surface, on a :

$$S = c^2.$$

Problèmes.

1re ET 2e ANNÉES.

Connaissant c, calculer S.

446. Une cour carrée avait 35^m,40 de côté. On l'a agrandie en doublant chaque côté. Quelle est la surface de la nouvelle cour? Combien est-elle de fois plus grande que la première?

447. On a un carré mesurant 7 225 m². Si l'on diminue ses côtés de 15 m., quelle sera la superficie du carré obtenu?

448. Un mouchoir a 0^m,40 de côté. On fait tout autour un ourlet à jour de 0^m,02; de combien la surface du mouchoir est-elle réduite?

449. Sur la carte au $\dfrac{1}{80\,000}$, quelle superficie représente un carré de 75^{mm} de côté? (*Éc. mil., Versailles, tr. équipages*, 1901.)

450. Un jardin carré est entouré d'une palissade qui revient à 115 fr. 20, à raison de 1 fr. 80 le m. courant. Quelle est sa surface?

Connaissant S, calculer c.

451. Un jardin carré a 1 hectare de superficie. On l'entoure d'un treillage qui coûte 2 fr. le mètre courant. Quelle sera la dépense? (*Bourses, lycées et collèges,* 1re *série,* 1903.)

452. Un ouvrier a peint, à raison de 1 fr. 20 le mètre carré, les surfaces de trois carrés mesurant ensemble 136^{m2},8725. Il a reçu pour l'un des carrés 43 fr. 20, et l'on sait que la différence du prix pour les deux autres est de 52 fr. 353. Calculer les côtés des trois carrés. (*Brev. sup. aspirantes, Caen,* 1903.)

453. Si l'on augmentait l'un des côtés d'un carré de 2^m,80 et l'autre de 1^m,80, la surface augmenterait de 38^{m2},16. Quel est le côté de ce carré? (*Brev. élém. aspirants, Besançon.*)

454. Un jardinier trace une allée de 1^m,20 autour d'un jardin carré. L'allée étant prise sur le terrain, la surface du jardin est ainsi réduite à 1 296 m². Quelle était la superficie primitive?

Rectangle et carré équivalents.

455. Un champ rectangulaire a 420^m,40 de long et 385^m,75 de large. Quel serait le côté du carré équivalent? (*Éc. prim. sup., Paris.*)

456. Un jardin rectangulaire a 75^m,60 de long sur 47^m,25 de large. De combien faut-il diminuer la longueur et augmenter la largeur pour obtenir un carré équivalent? (*Éc. prim. sup., Paris.*)

2e ANNÉE :

Exercices théoriques.

457. Démontrer que l'aire d'un carré est égale à la moitié de l'aire du carré ayant pour côté la diagonale du premier carré. (On mènera par les sommets du carré des parallèles aux diagonales.)

458. Construire un carré double d'un carré donné (V. prob. n° 457).

459. En mesurant le côté c d'un carré, on a fait une erreur e. Quelle erreur a-t-on commise pour la mesure de la surface?

460. Une feuille de zinc a la forme d'un carré de 3 cm. de côté, on veut la diviser en 3 parties d'aire égale par des carrés ayant leurs côtés parallèles aux bords de la feuille et même centre. A quelle distance de ce centre devra-t-on tracer le côté de chacun des carrés?

Aire du parallélogramme.

281. Théorème. — *L'aire d'un parallélogramme a pour mesure le produit des nombres qui expriment la mesure de sa base et celle de sa hauteur.*

Soit le parallélogramme ABCD (*fig.* 190); sa base est un côté quelconque, AD par exemple; sa hauteur est la distance de ce côté au côté opposé.

Démontrons que le parallélogramme ABCD est équivalent à un rectangle de même base et de même hauteur.

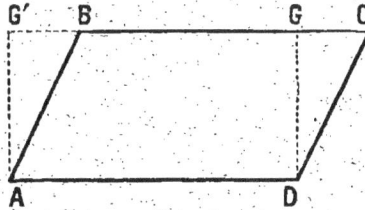

Aux points A et D, élevons des perpendiculaires à la

Fig. 190.

base AD; nous formons ainsi le rectangle AG'GD et les triangles rectangles AG'B et DGC. Ces triangles sont égaux comme ayant l'hypoténuse égale et un côté de l'angle droit égal;

En effet, AB = DC comme côtés opposés d'un parallélogramme,

AG' = DG comme côtés opposés d'un rectangle.

Par suite, si de la figure totale nous retranchons, d'une part, le triangle AG'B, il reste le parallélogramme ABCD ; d'autre part, le triangle DGC, il reste le rectangle AG'GD.

Comme nous retranchons des triangles égaux dans les deux cas, l'aire du parallélogramme est équivalente à l'aire du rectangle. Nous avons donc :

$$\text{Aire parall. ABCD} = \text{Aire rect. AG'GD} = AD \times DG.$$

— Vérification tachymétrique. Découper sur un carton un parallélogramme ABCD (*fig.* 191).

Détacher le triangle rectangle DGC, le reporter en AFB. On obtient le rectangle AFGD ayant même base et même hauteur que le parallélogramme donné. (Cela revient géométriquement à faire la translation du triangle DGC. V. n° 166.)

Autre procédé. Partager le parallélogramme ABCD (*fig.* 192) en deux parties par un trait perpendiculaire à la base.

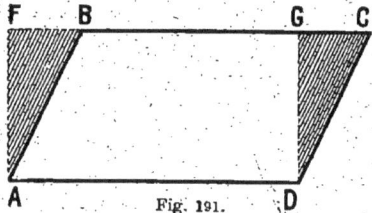

Fig. 191.

Porter les deux parties comme l'indique la figure 193 ; on voit

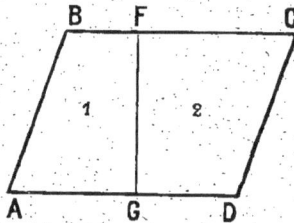

Fig. 192.

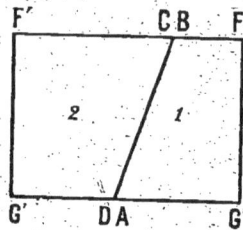

Fig. 193.

que le parallélogramme donné est équivalent à un rectangle ayant même base et même hauteur.

282. Formule. Si S est l'aire du parallélogramme, B sa base, H sa hauteur, on a la formule :

$$S = B \times H,$$

et nous pouvons faire les mêmes remarques que pour le rectangle (V. n°ˢ 276, 277, 278).

283. Remarque. On peut prendre comme base d'un parallélogramme l'un quelconque des côtés, soient B et B' les deux bases, les hauteurs correspondantes étant H et H', on a évidemment :

$$B \times H = B' \times H'.$$

Problèmes.

461. Partager un parallélogramme en quatre parties équivalentes en traçant des parallèles à l'un des côtés.

462. On joint les milieux des quatre côtés d'un parallélogramme, démontrer que le quadrilatère obtenu est un parallélogramme (V. n° 187) et comparer son aire à celle du parallélogramme donné. (On joindra les milieux des côtés opposés.)

463. Par les sommets d'un rectangle, on mène des parallèles aux diagonales, on forme ainsi un parallélogramme. Comparer l'aire de ce parallélogramme et celle du rectangle.

464. Par un point quelconque de la diagonale d'un parallélogramme, on trace des parallèles aux côtés, on obtiendra ainsi quatre parallélogrammes. Les deux parallélogrammes non traversés par la diagonale sont équivalents. (Leurs aires sont des différences d'aires de triangles égaux.)

465. Dans un parallélogramme ABCD, on a AB $= 1^m,25$, BC $= 2^m,70$; la hauteur correspondante à AD est BH $= 1.64$. Calculer la distance des côtés parallèles AB et CD (V. n° 283).

Aire du triangle.

284. THÉORÈME. — *L'aire d'un triangle a pour mesure la moi-tié du produit des nombres qui expriment les mesures de sa base et de sa hauteur.*

Soit le triangle ABC (*fig.* 194); sa base est un côté quelconque, AC par exemple; sa hauteur est la perpendiculaire BH abaissée du sommet opposé sur ce côté.

Démontrons que le triangle ABC est équivalent à la moitié d'un parallélogramme ayant même base et même hauteur que lui.

Par le point B, menons la parallèle à AC; par le point C, la parallèle à AB. Nous formons ainsi le parallélogramme ABDC, composé de deux triangles ABC et CBD. Ces deux triangles sont égaux comme ayant un côté égal adjacent à deux angles égaux chacun à chacun; en effet, BC est commun, $\widehat{B_1} = \widehat{C_1}$

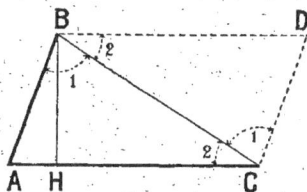

Fig. 194.

comme alternes-internes par rapport aux droites parallèles AB et CD coupées par la sécante BC. On a de même $\widehat{B_2} = \widehat{C_2}$.

Par suite, l'aire du triangle ABC est égale à la moitié de l'aire du parallélogramme ABCD.

Or la mesure de l'aire du parallélogramme est $AC \times BH$, donc la mesure de l'aire du triangle est $\dfrac{AC \times BH}{2}$.

—Vérification tachymétrique. Découper un triangle quelconque

ABC (*fig.* 195); puis découper un triangle identique A'B'C'; placer les deux triangles dans la position indiquée; on forme ainsi un quadrilatère ABA'C qui a ses côtés opposés égaux : c'est un parallélogramme.

Le triangle ABC est donc égal à la moitié d'un parallélogramme ayant même base et même hauteur.

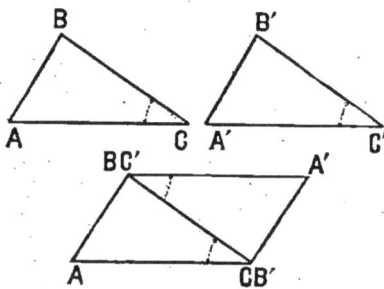

Fig. 195.

—Autre vérification. Découper un triangle ABC (*fig.* 196). Déterminer la hauteur BH par pliage. Rabattre le sommet B en H, marquer le pli FG qui rencontre le pli BH en D, milieu de BH.

Détacher le triangle BDF pour le reporter en AFD_1, et le triangle BDG pour le reporter en CGD_2. Nous obtenons ainsi un rectangle équivalent au triangle donné et ayant pour base AC et pour hauteur DH, c'est-à-dire la moitié de BH.

Or :

Surf. $AD_1 D_2 C = AC \times DH$.

C'est la surface du triangle ABC,

et l'on a : $AC \times DH = \dfrac{AC \times BH}{2}$.

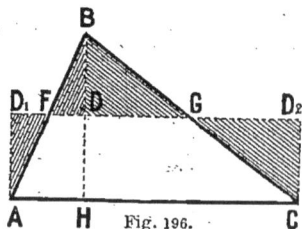

Fig. 196.

285. Formule. Si l'on désigne par S l'aire d'un triangle, par B la base et H la hauteur, on a la formule

$$S = \frac{B \times H}{2}.$$

286. Remarque I. Deux triangles ayant des bases égales et des hauteurs égales sont équivalents; il en résulte qu'étant donné un triangle ABC (*fig.* 197), si l'on déplace l'un de ses sommets, A par exemple, sur une droite xy parallèle à la base BC, tous les triangles obtenus sont équivalents, car ils ont même base et leurs hauteurs sont égales, puisque deux parallèles sont partout équidistantes.

287. Remarque II. *Le rapport des aires de deux triangles de même base est égal au rapport de leurs hauteurs.*

En effet, si un triangle a pour base B, pour hauteur H, pour aire S et qu'un autre triangle ait pour base B, pour hauteur H', pour aire S', on a :

$$S = \frac{B \times H}{2}, \quad S' = \frac{B \times H'}{2}.$$

On en déduit : $\dfrac{S}{S'} = \dfrac{H}{H'}$.

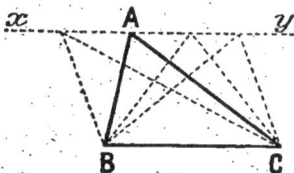

Fig. 197.

On démontrerait, de la même façon, que *le rapport des aires de deux triangles ayant même hauteur est égal au rapport des bases.*

288. Remarque III. *L'aire d'un triangle rectangle est égale au demi-produit des côtés de l'angle droit.*

Car si l'on prend un de ces côtés pour base, l'autre est la hauteur.

289. Remarque IV. *Le produit des côtés de l'angle droit d'un triangle rectangle est égal au produit de l'hypoténuse par la hauteur correspondante.*

En effet chacun de ces produits exprime le double de la surface du triangle.

Problèmes.

1re ET 2e ANNÉES :

Calculer S connaissant B et H ou B et une relation entre B et H.

466. Dans une équerre à dessin ayant la forme d'un triangle rectangle, les côtés de l'angle droit ont l'un 2 dm. 40 et l'autre 12 cm. Quelle est la surface de cette équerre ?

467. Une vigne qui a la forme d'un triangle dont la base est 217 m. et la hauteur 68 m. a coûté 75 fr. l'are. Elle a donné 644 l. de vin par hectare. Ce vin a été vendu 45 fr. l'hectolitre. Quel est le bénéfice du propriétaire si les frais de culture reviennent à 350 fr. par hectare et si l'on déduit l'intérêt du prix de la vigne, calculé à 4,8 pour 100 ? (*Brev. élém. aspirants, Paris.*)

468. On a mesuré les côtés d'un triangle et l'on a trouvé que le périmètre a 2169 dm. de longueur, que deux côtés sont égaux entre eux, et que le troisième côté est égal aux $\frac{2}{9}$ du périmètre. On demande la surface de ce triangle. (*Brev. élém aspirants, Paris.*)

Connaissant la surface et l'une des dimensions, calculer l'autre, ou connaissant S et une relation entre les dimensions, calculer B et H.

469. Quelle est la hauteur d'un carreau triangulaire dont la surface est de 300 cm² et dont la base mesure 40 cm ?

470. La superficie d'un triangle est 1 134 m². La hauteur est les $\frac{4}{5}$ de la base. Dites les dimensions de ce triangle.

471. Comment obtient-on l'aire d'un triangle ? Un champ de forme triangulaire a une superficie de 1 ha.; sa hauteur est les $\frac{4}{5}$ de sa base, trouver cette base à 1 cm. près. (*Éc. prim. sup., Paris,* 1903.)

Figures équivalentes.

472. Trouver le côté d'un carré équivalent à un triangle ayant 17ᵐ,375 de base et 1ᵐ,39 de hauteur. (*Brev. élém. aspirants, Paris.*)

473. Un propriétaire échange un terrain triangulaire ayant 184 m. de base et 38 m. de hauteur contre un terrain rectangulaire de hauteur triple. Quelle doit être la base de ce terrain ?

474. Si a, b, c désignent les mesures des trois côtés d'un triangle, h, h' et h'' les hauteurs correspondantes, on a : $ah = bh' = ch''$.

475. La médiane d'un triangle partage celui-ci en deux triangles équivalents.

476. Partager un triangle en 5 triangles équivalents à l'aide de droites partant d'un même sommet.

477. On considère un carré ABCD de côté a; à partir du sommet A on prend sur chacun des côtés AB et AC d'une part les $\frac{2}{3}$ du côté, d'autre part les $\frac{3}{4}$ de ce même côté et l'on joint les points E, F obtenus. Quelle est l'aire du pentagone EFBDC ?

2ᵉ ANNÉE :

478. Un carré a une aire de 49 m². A partir de chaque sommet sur chaque côté et dans le même sens, on prend des longueurs de 4 mètres. En joignant les points obtenus, on obtient un nouveau carré (V. prob. 202) dont on demande l'aire et le côté.

479. On considère un triangle équilatéral ABC, on prolonge les côtés dans le même sens, AB au delà de B d'une longueur BC'=AB, BC au delà de C d'une longueur CA'=BC, CA au delà de A d'une longueur AB'=AC. Démontrer que le triangle A'B'C' est équilatéral et comparer son aire à celle du triangle ABC.

480. Dans un triangle rectangle ABC, on a : $a=5$ m., $b=4$ m., $c=3$ m. Calculer la hauteur relative à l'hypoténuse (V. n° 289).

481. Dans un triangle rectangle isocèle ABC, l'hypoténuse $a = 8$ m. Calculer l'aire du triangle (V. n° 197).

482. Calculer l'aire d'un triangle isocèle ABC, sachant que la base BC fait avec les côtés égaux des angles de 60°, que la hauteur AH = 0^m,40 et le côté AB = 0^m,60.

483. On donne un triangle équilatéral ABC. De quelle longueur CD faut-il prolonger le côté BC pour que le triangle ABD soit rectangle ? (V. n° 197). Comparer les aires des triangles ABC et CAD.

484. Deux triangles de même hauteur ont des bases B et B', telles que $B = \frac{3}{4}$ B'. L'aire du triangle de base B est 28^{m2}, calculer l'autre.

485. Un triangle a pour base B, pour hauteur H, un autre a pour base $B' = \frac{2}{3}$ B et pour hauteur $H' = \frac{5}{6}$ H. L'aire du premier est 18 m². Calculer l'aire du second.

486. Dans un triangle ABC, on connaît le côté b, le côté c, et on sait que $\widehat{A} = 30°$. Calculer l'aire du triangle (V. probl. n° 160).

Aire du losange.

290. THÉORÈME. — *La surface d'un losange a pour mesure la moitié du produit des nombres exprimant les mesures de ses diagonales.*

Soit le losange ABCD (*fig.* 198); ses diagonales AC et BD se coupent en O.

Fig. 198.

Le losange est équivalent à la somme des triangles ABC et ADC ou au double de ABC, car ces deux triangles sont égaux. Mais les diagonales d'un losange sont perpendiculaires entre elles (V. n° 193); par suite BO est la hauteur du triangle ABC. Nous avons donc :

$$\text{Surf. triangle ABC} = \frac{AC \times BO}{2},$$

d'où, $\text{Surf. losange ABCD} = AC \times BO = \dfrac{AC \times BD}{2}.$

VÉRIFICATION TACHYMÉTRIQUE. — Découper un losange ABCD (*fig.* 198). Le plier selon une diagonale AC. On constate ainsi qu'il est équivalent à deux triangles égaux ayant pour base commune la diagonale AC, et pour hauteur BO = DO.

$$\text{Donc surface losange} = \frac{AC}{2}(BO + DO) = \frac{AC \times BD}{2}.$$

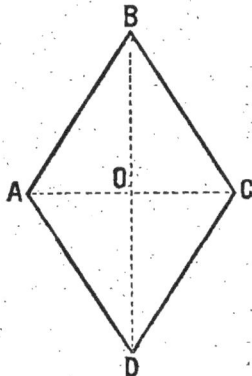

AUTRE VÉRIFICATION. — Découper un losange quelconque ABCD (*fig.* 199), puis un losange égal A′B′C′D′. Couper A′B′C′D′ suivant les diagonales. Disposer les quatre triangles obtenus, par rapport à ABCD, ainsi qu'il est indiqué sur la figure. On obtient ainsi un rectangle (le démontrer); le losange

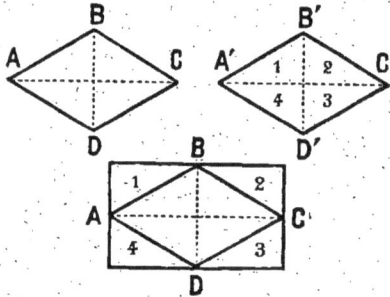

Fig. 199.

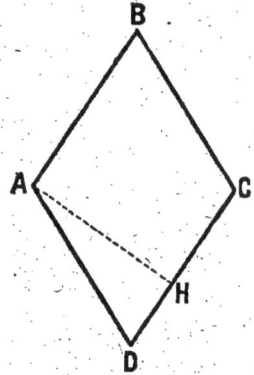

Fig. 200.

est donc la moitié d'un rectangle ayant pour dimensions la grande et la petite diagonale.

291. FORMULE. — Si nous désignons par S la surface d'un losange, par D la grande diagonale, par *d* la petite, nous avons :

$$S = \frac{D \times d}{2}.$$

292. REMARQUE. — Le losange est un parallélogramme; en conséquence, on peut obtenir sa surface en multipliant la longueur de son côté par celle de la perpendiculaire abaissée d'un sommet sur le côté opposé (*fig.* 200).

Surface losange ABCD = DC × AH.

Si *b* est la mesure d'un des côtés du losange, *h* la hauteur correspondante, on a :

$$2\,bh = D\,d,$$

chaque membre de l'égalité désignant le double de l'aire du losange.

Problèmes.

1ʳᵉ ET 2ᵉ ANNÉES :

Connaissant D *et* d, *calculer* S.

487. On a un parterre en forme de losange dont les diagonales ont 2ᵐ,50 et 1ᵐ,80. Le jardinier qui prépare la terre est payé à raison de 1 fr. 25 le mètre carré. Que lui doit-on ?

Connaissant la surface et l'une des diagonales, calculer l'autre.

488. Une pelouse est formée de 8 losanges égaux ayant une superficie totale de 14^{m2},40. Quelle est la longueur de la petite diagonale de chaque losange, sachant que l'autre mesure 2^m,50?

Connaissant S et le rapport des deux diagonales, calculer D et d.

489. Le foin d'un pré a été vendu sur place 76 fr. 50 à raison de 0 fr. 75 l'are. Le champ a la forme d'un losange et la petite diagonale est les $\frac{3}{4}$ de la grande, on demande la longueur des diagonales.

490. Une personne achète un champ qui a la forme d'un losange et dont la superficie est 2 ha. 25. Les deux diagonales sont dans le rapport de 3 à 7. Quelle est la longueur de chacune?

Figures équivalentes.

491. Les diagonales d'un losange ont 45 m. et 24 m. Calculer : 1° La hauteur d'un rectangle équivalent dont la base a 38 m.; 2° Le côté d'un carré équivalent; 3° La base d'un triangle équivalent, ayant 15 m. de hauteur; 4° La hauteur d'un parallélogramme équivalent, ayant 58 m. de base; 5° Le côté d'un autre losange équivalent, ayant 32 m. de hauteur.

492. Dans un mur se trouve une baie rectangulaire de 0^m,70 de haut sur 0^m,60 de large. On veut la remplacer par une autre de même étendue, ayant la forme d'un losange dont la grande diagonale aura 0^m,85. Quelle sera la longueur de la petite diagonale?

2ᵉ ANNÉE :
Problèmes théoriques.

493. Établir le théorème donnant la mesure du losange en montrant que celui-ci est la moitié d'un rectangle ayant pour dimensions les deux diagonales.

494. Dans un losange ABCD, l'angle A vaut 60°, la diagonale AC = 42 cm. et le côté AB = 16 cm. Calculer l'aire (V. prob. n° 160).

495. Dans un losange, les diagonales valent D = 16 cm., d = 12 cm. et le côté = 10 cm. Calculer la distance de deux côtés parallèles.

496. Dans un losange ABCD, on mène les diagonales AC, BD qui se coupent en O et on prend les milieux E, F, G, H des segments OA, OB, OC, OD. Le quadrilatère EFGH est un nouveau losange. Quel est le rapport de son aire à celle du premier?

Aire du trapèze.

293. THÉORÈME. — *L'aire d'un trapèze a pour mesure le produit de la demi-somme des nombres qui expriment les mesures des bases par le nombre qui exprime la mesure de la hauteur.*

Considérons le trapèze ABCD (*fig.* 201) dans lequel les bases sont AD et BC, la hauteur BH.

Traçons la diagonale BD, le trapèze est la somme de deux triangles ABD et BCD, le triangle ABD a pour base AD et pour hauteur BH, le triangle BCD a pour base BC et sa hauteur DH' est égale à BH comme côtés opposés de rectangle. Dans ces conditions :

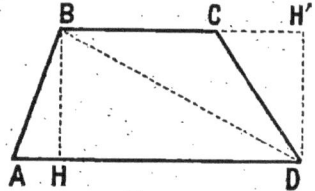

Fig. 201.

$$\text{Aire ABD} = \frac{AD \times BH}{2},$$

$$\text{Aire BCD} = \frac{BC \times BH}{2},$$

et en ajoutant les égalités membre à membre :

$$\text{Aire ABCD} = \frac{AD \times BH + BC \times BH}{2} = \frac{(AD + BC) BH}{2}$$
$$= \frac{AD + BC}{2} \times BH.$$

AUTRE DÉMONSTRATION. — Nous allons démontrer que le trapèze est équivalent à un triangle de même hauteur et ayant pour base la somme des deux bases du trapèze.

Prenons le milieu F du côté CD (*fig.* 202), joignons BF et prolongeons cette droite jusqu'en G, point d'intersection avec le prolongement de la base AD. Nous formons deux triangles BCF et GDF qui sont égaux comme ayant un côté égal adjacent à deux angles égaux chacun à chacun ; en effet : DF = CF par construction, les angles en F égaux comme opposés par le sommet : $\widehat{BCF} = \widehat{GDF}$ comme alternes-internes.

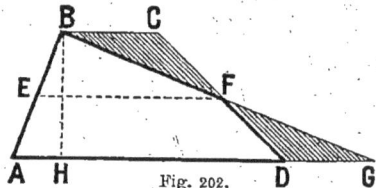

Fig. 202.

Par suite, les côtés BC et DG sont égaux ; d'autre part, si de la figure totale nous retranchons le triangle GDF, il reste le trapèze ABCD ; si nous retranchons le triangle BCF, il reste le triangle ABG.

Donc l'aire du trapèze ABCD est équivalente à celle du triangle ABG.

Or, aire $ABG = \dfrac{AG}{2} \times BH = \dfrac{AD + DG}{2} \times BH = \dfrac{AD + BC}{2} \times BH$;

Donc, aire $ABCD = \dfrac{AD + BC}{2} \times BH.$

VÉRIFICATION TACHYMÉTRIQUE. — Découper un trapèze quelconque ABCD (*fig.* 203). Déterminer le milieu F de CD. Découper le triangle FBC et le reporter en FDB₁. On obtient le triangle ABB₁

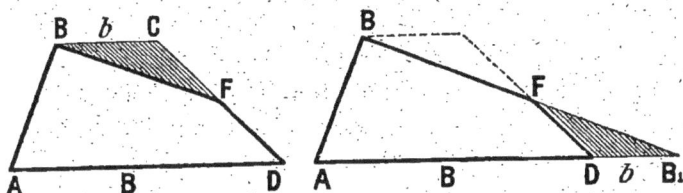

Fig. 203.

équivalent au trapèze donné et ayant pour base la somme des deux bases du trapèze et, pour hauteur, celle du trapèze.

AUTRE VÉRIFICATION. — Découper le trapèze 1 (*fig.* 204), puis un trapèze identique 2. Placer les deux trapèzes comme l'indique la figure; l'ensemble constitue un parallélogramme. On le démontrera et on en déduira l'énoncé du théorème.

294. FORMULE. — Si l'on désigne par S l'aire d'un trapèze, par B et *b* ses deux bases, H sa hauteur, le théorème précédent nous donne :

$$S = \frac{B + b}{2} \times H.$$

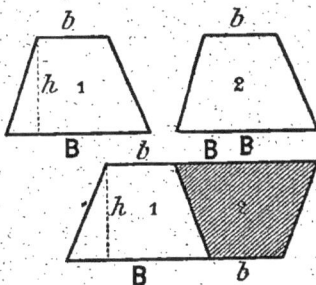

Fig. 204.

295. AUTRE EXPRESSION DE L'AIRE D'UN TRAPÈZE. — La droite qui joint les milieux des deux côtés non parallèles d'un trapèze est parallèle aux bases et égale à leur demi-somme. En effet, soit E le milieu de AB (*fig.* 202), la droite EF joint les milieux des côtés BA et BG du triangle ABG, donc (V. n° 210) EF est parallèle à AG et,

de plus, $EF = \frac{AG}{2}$,

donc $EF = \frac{AD + DG}{2} = \frac{AD + BC}{2}$.

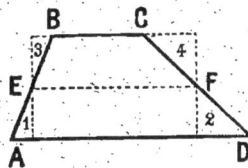

Fig. 205.

Cette droite EF est appelée *base moyenne* du trapèze et l'on peut dire que

L'aire d'un trapèze a pour mesure le produit des nombres qui mesurent sa base moyenne et sa hauteur.

VÉRIFICATION TACHYMÉTRIQUE. — Découper un trapèze quelconque ABCD (*fig.* 205). Déterminer par pliage les milieux E et F des côtés AB et CD. Découper les triangles rectangles 1 et 2 et les placer dans les positions 3 et 4; on forme ainsi un rectangle (le démontrer) qui a pour base la base moyenne du trapèze et même hauteur que ce dernier.

296. REMARQUE. — La formule $S = \dfrac{B + b}{2} \times H$ est une relation qui lie 4 grandeurs S, B, b, H ; si trois de ces grandeurs sont connues, elle permettra de calculer la quatrième. Cette formule permet donc de résoudre 4 problèmes différents suivant que l'une des 4 grandeurs est prise pour inconnue.

Problèmes.

1re ET 2e ANNÉES :

Connaissant B, b et H, calculer S.

497. Une pièce de terre a la forme d'un trapèze dont la hauteur est 1 hm. 04 et les bases respectivement 95 m. et 80 m. Le terrain a été acheté 800 fr. les 36 ares 40. Les frais se sont élevés en outre à 7 fr. 25 pour 100 du prix d'achat. 1° Combien a coûté ce terrain; 2° Quelle serait la base d'un triangle équivalent dont la hauteur serait la même que celle du trapèze? (*Brev. élém. aspirants, Lyon.*)

498. Une personne achète deux terrains qui lui coûtent ensemble 29 988 fr. Les $\dfrac{2}{5}$ du prix du premier égalent les $\dfrac{4}{7}$ du prix du second. On demande : 1° Le prix de chaque terrain; 2° La surface du second sachant que le premier est un trapèze ayant pour bases 127 m. et 83 m., pour hauteur 42 m. et que l'hectare du premier coûte 4 000 fr. de plus que l'hectare du second.

499. Un emplacement a la forme d'un trapèze dont les côtés parallèles ont pour longueur 18ᵐ,50 et 25ᵐ,80. La hauteur est de 14 m. On le divise en deux lots dont le premier est vendu 2 fr. le mètre carré, et le second 7 fr. 50. Le prix total de vente est 2 633 fr. 25. Calculer la superficie de chaque lot. (*Brev. élém. aspirants, Limoges.*)

Connaissant h et B + b ou deux relations entre B et b, calculer S.

500. Un emplacement a la forme d'un trapèze dont la hauteur est de 14 m. La somme des bases est de 44ᵐ,30; leur différence 7ᵐ,30. On le divise en deux lots dont le premier est vendu 9 fr. le mètre carré et le second 7 fr. 50. Le prix total est de 2 633 fr. 25. Calculer la superficie de chaque lot. (*Brev. élém. aspirants, Clermont,* 1907.)

501. Un pré a la forme d'un trapèze dont la hauteur est 54 m., la différence des bases est 25 m., et l'une de ces bases est le tiers de l'autre. Quelle est la surface de ce pré?

Connaissant S *et* B $+ b$, *calculer* H.

502. Un champ ayant la forme d'un trapèze est vendu 2 400 fr., à raison de 32 fr. l'are. Quelle en est la hauteur, sachant que la somme des deux bases est de 248 m. ?

Connaissant S, H *et l'une des bases, calculer l'autre.*

503. Un champ a la forme d'un trapèze ABCD dont la grande base a 22 dam. 8 m. et la hauteur 38 m. Calculer la petite base.

Connaissant S, H, *et une relation entre* B *et* b, *calculer* B *et* b.

504. La grande base d'un trapèze est égale au triple de la petite. La hauteur est 52 m. Sachant que la surface du trapèze est égale à celle d'un carré construit sur la hauteur, on demande la longueur de l'une et l'autre base. (*Ex. de sortie des C. compl., Seine.*)

505. Un trapèze de 192^m,50 de hauteur a une surface de 477 a. 40 ca. Trouver les bases de ce trapèze, sachant que la grande base a 54 m. de plus que l'autre. (*Conc. des Éc. prim. sup. de Paris*, 1909.)

506. Un terrain ayant la forme d'un trapèze dont la petite base est les $\frac{3}{5}$ de la grande et la hauteur 20 m. a coûté 400 fr. Sachant que l'are vaut 50 fr., trouver les deux bases du trapèze.

Figures équivalentes.

507. Un trapèze rectangle dont les dimensions sont : grande base 76 m., petite base 54 m., hauteur 35 m., doit être partagé en deux parties égales par une droite partant d'une des extrémités de la petite base et devant couper la grande base. Comment cette base sera-t-elle partagée ? (*Ex. de sortie des C. compl., Seine.*)

508. Les deux bases d'un trapèze sont 1^m,25 et 0^m,80. La hauteur est 0^m,75. Quelle est la base d'un triangle équivalent au trapèze et ayant même hauteur ? (*Cert. d'ét. prim. sup. aspirants.*)

2e ANNÉE. — PROBLÈMES THÉORIQUES.

509. On considère un trapèze ABCD, de bases AD et BC, on prend le milieu F du côté CD. Démontrer que le triangle ABF est équivalent à la moitié du trapèze ABCD. (On tracera la droite EF qui joint les milieux des côtés non parallèles ; le triangle ABF est la somme de deux triangles ayant EF pour base commune.)

510. Un trapèze a pour bases B et b et l'un de ses côtés de longueur *a* fait un angle de 150° avec la petite base. Quelle est l'expression de l'aire ? On appliquera les propriétés indiquées au probl. n° 160.)

511. Un trapèze rectangle a pour bases B et b, de plus son côté oblique fait un angle de 45° avec la grande base. Trouver l'aire ?

512. Dans un trapèze ABCD, les bases sont AD = 48 m., BC = 36 m. On prend sur AD une longueur AE = 20 m. Trouver sur BC un point F tel que EF partage le trapèze en deux parties équivalentes.

513. Étant donné un trapèze, on fait glisser les deux bases sur les deux droites qu'elles déterminent. Tous les trapèzes qu'on peut obtenir ainsi sont équivalents.

514. Un trapèze a pour aire 361 m², calculer sa hauteur sachant qu'elle est égale à la droite qui joint les milieux des côtés non parallèles.

Aire d'un polygone quelconque.

297. — *Pour calculer l'aire d'un polygone quelconque, on partage ce polygone en rectangles, triangles ou trapèzes dont on détermine les aires; la somme de celles-ci donne l'aire totale.*

Soit à calculer la surface d'un polygone convexe.

1ʳᵉ MÉTHODE. — Par l'un des sommets, A par exemple (*fig.* 206), menons toutes les diagonales possibles. Nous décomposons ainsi le polygone en triangles. L'aire du polygone est égale à la somme des aires des triangles.

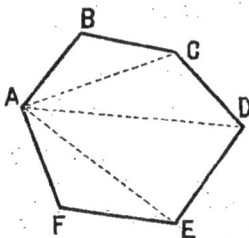

Fig. 206.

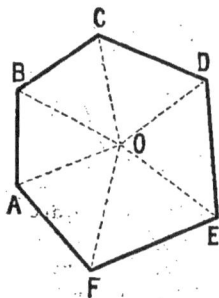

Fig. 207.

2ᵉ MÉTHODE. — Joignons à chacun des sommets du polygone un point quelconque O, pris à l'intérieur (*fig.* 207). Nous décomposons ainsi le polygone en triangles. La somme des aires de ces triangles donne l'aire du polygone.

3ᵉ MÉTHODE. — Par l'un quelconque des sommets, A par exemple (*fig.* 208), menons une diagonale (on mène généralement la plus grande). De chacun des sommets, abaissons la perpendiculaire sur cette diagonale, nous décomposons ainsi le polygone en triangles rectangles ou trapèzes; la somme de leurs aires représente l'aire du polygone.

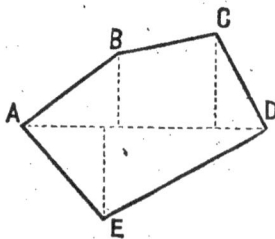

Fig. 208.

— Dans l'arpentage, ainsi que nous le verrons plus loin, on applique surtout la troisième méthode. Nous verrons aussi comment on évalue la superficie d'étendues inaccessibles comme celle d'une mare ou celle de terrains limités par une courbe quelconque.

CHAPITRE II

LIGNES PROPORTIONNELLES

Rappelons quelques notions d'arithmétique sur la mesure des grandeurs.

298. SEGMENTS COMMENSURABLES ENTRE EUX. — Considérons deux segments AB et CD (*fig.* 209) et supposons qu'un troisième segment EF soit contenu un nombre exact de fois dans chacun des segments AB et CD, nous dirons que les deux segments AB et CD ont *une commune mesure*, ou encore qu'ils sont *commensurables entre eux.*

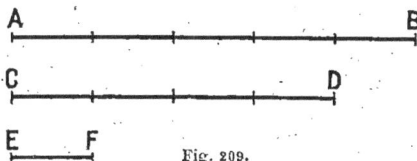

Fig. 209.

Supposons que AB soit la somme de 5 segments égaux à EF, que CD soit la somme de 4 segments égaux à EF.

On peut dire que EF est le quart de CD et, par suite, que AB contient 5 fois le $\frac{1}{4}$ de CD ou les $\frac{5}{4}$ de CD.

299. — Il existe des segments pour lesquels il est impossible de trouver une commune mesure; on dit qu'ils sont *incommensurables.*

300. RAPPORT DE DEUX SEGMENTS. — D'une façon générale, *on appelle rapport de deux grandeurs le nombre qui exprime la mesure de l'une lorsqu'on prend l'autre pour unité.*

Le rapport de deux grandeurs a et b s'exprime par la notation $\frac{a}{b}$.

— Dans l'évaluation du rapport $\frac{a}{b}$ de deux segments a et b, trois cas peuvent se présenter :

1° *Le segment b est contenu un nombre exact de fois dans le segment a.*

Supposons que le segment *a* (*fig.* 210) contienne trois fois le segment *b ;* si *b* est pris pour unité, le nombre qui exprime la mesure de *a* est évidemment 3 et l'on a

$$\frac{a}{b} = 3$$

Fig. 210.

2° *Le segment b n'est pas contenu un nombre exact de fois dans a, mais entre a et b existe une commune mesure.*

Supposons donc qu'entre *a* et *b* (*fig.* 211) existe une commune mesure *c* qui soit contenue 4 fois dans *a* et 3 fois dans *b*. Nous pouvons dire que *a* est les $\frac{4}{3}$ de *b* (V. n° 299) et, si l'on prend *b* pour unité, le nombre qui mesurera *a* est $\frac{4}{3}$. On a, dans ce cas, $\frac{a}{b} = \frac{4}{3}$.

3° *Les deux segments a et b sont incommensurables.*

Dans ce cas, on dit que le rapport des deux segments est incommensurable ; il n'existe pas de nombre entier ni fractionnaire qui exprime la mesure de *a* quand on prend *b* pour unité. Cependant, en prenant une unité de mesure suffisamment petite, on peut évaluer le rapport de deux segments infiniment voisins des segments *a* et *b*. Nous ne nous attarderons pas à étudier ce cas et nous supposerons, dans ce qui va suivre, que les segments dont nous aurons à prendre les rapports sont commensurables entre eux. Disons, une fois pour toutes, que les théorèmes que nous allons établir, en nous tenant dans cette réserve, sont encore vrais si les rapports considérés sont incommensurables.

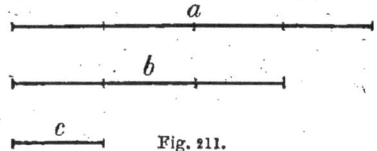

Fig. 211.

301. D'une façon générale, nous admettrons, dans ce qui va suivre, le théorème suivant :

Le rapport de deux segments est égal au rapport des nombres qui expriment leurs mesures, ces mesures ayant été faites avec la même unité (commune mesure) et quelle que soit d'ailleurs cette unité.

302. LONGUEURS PROPORTIONNELLES. — Considérons deux groupes de segments

$$a, b, c$$
$$a', b', c'$$

se correspondant de telle façon que le rapport d'un quelconque a
des segments du premier groupe au segment correspondant a'
du second soit le même pour tous les segments, on dit que *les
segments sont proportionnels*
et l'on peut écrire :

$$\frac{a}{a'} = \frac{b}{b'} = \frac{c}{c'}.$$

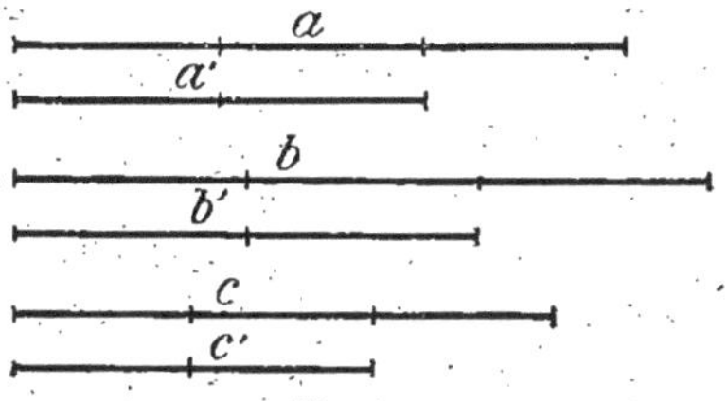

En particulier, les seg-
ments qui ont pour mesures :

    6 m.   14 m.   16 m.

et ceux qui ont pour mesures :

Fig. 212.

      9 m.   21 m.   24 m.

sont proportionnels, car on a :

$$\frac{6}{9} = \frac{14}{21} = \frac{16}{24}.$$

Dans le cas de la figure 212, on a :

$$\frac{a}{a'} = \frac{b}{b'} = \frac{c}{c'},$$

car chacun des rapports est égal à $\frac{3}{2}$,

303. Proportion. — Si, en particulier, 4 segments a, b, a', b',
sont proportionnels, c'est-à-dire fournissent deux rapports
égaux, l'égalité de ces deux rapports constitue une *proportion* ·

$$\frac{a}{b} = \frac{a'}{b'}.$$

L'un quelconque des 4 segments est dit *quatrième proportionnel aux trois autres.*

Chacun des segments est appelé *terme de la proportion*, a et b'
sont les *termes extrêmes*, b et a' sont les *termes moyens*.

   304. Dans tout ce qui va suivre, nous supposerons que, dans
une proportion $\frac{a}{b} = \frac{a'}{b'}$, les rapports $\frac{a}{b}$ et $\frac{a'}{b'}$ sont des *fractions
arithmétiques* exprimant les mesures des rapports des segments
considérés et nous renverrons à un cours d'arithmétique pour
l'étude des propriétés des proportions.

Rappelons encore que l'on *appelle moyenne proportionnelle
entre deux grandeurs, une troisième grandeur qui peut occuper la
place des moyens dans une proportion où les deux autres occupent
la place des extrêmes.*

Si l'on a, par exemple, la proportion :

$$\frac{a}{b} = \frac{b}{c},$$

on dit que b est moyenne proportionnelle entre a et c.

Ainsi, par exemple, b est moyenne proportionnelle entre 4 et 9.

Si les deux rapports considérés sont numériques, le produit des extrêmes étant égal au produit des moyens, on a :

$$b^2 = ac \quad \text{ou} \quad b = \sqrt{ac}.$$

305. THÉORÈME. — *Si on coupe deux droites quelconques par des parallèles, de manière que deux segments déterminés sur la première soient égaux, les deux segments correspondants de la seconde sont aussi égaux.*

Soient les deux droites quelconques XX' et YY' (*fig.* 213) coupées par les parallèles
AB, CD et EF, de ma-
nière que AC = CE.

Démontrons que nous
avons aussi :

BD = DF.

Par les points B et D
menons BG et DH pa-
rallèles à XX'. Nous for-
mons ainsi les parallélo-
grammes ABGC et CDHE
dans lesquels BG = AC
et DH = CE; or, AC = CE
par hypothèse, donc
BG = DH. Si nous con-

Fig. 213.

sidérons les deux triangles BGD et DHF, ils sont égaux comme ayant un côté égal adjacent à deux angles égaux chacun à cha-cun; en effet, $\widehat{B_1} = \widehat{D_1}$ comme correspondants, $\widehat{G_1} = \widehat{H_1}$ comme ayant leurs côtés parallèles et dirigés dans le même sens, et nous avons vu que BG = DH. Il résulte de l'égalité des triangles que BD = DF. — C. Q. F. D.

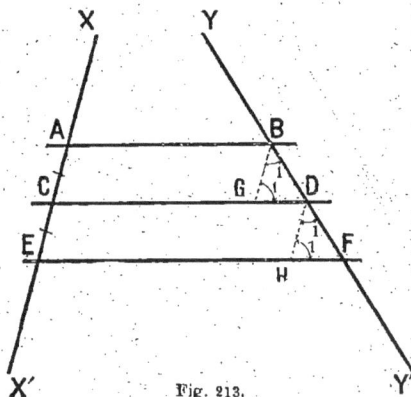

306. THÉORÈME. — *Si deux droites quelconques sont coupées par une série de parallèles, le rapport de deux segments déter-minés sur la première est égal au rapport des deux segments correspondants de la seconde.*

Soient les droites XX' et YY' (*fig.* 214) coupées par les paral-lèles AB, CD, EF.

Démontrons que :

$$\frac{AC}{CE} = \frac{BD}{DF}.$$

Supposons qu'entre AC et CE existe une commune mesure, contenue, par exemple, 2 fois dans AC et 3 fois dans CE. Nous avons :

$$\frac{AC}{CE} = \frac{2}{3} \ (\text{V. n° 301}).$$

Par les points de division de AC et de CE, menons des parallèles à AB ; elles déterminent sur BD et sur DF des segments égaux entre eux (n° 305) ; pour évaluer le rapport $\frac{BD}{DF}$, prenons comme commune mesure l'un de ces segments égaux (V. n° 301) ; il est contenu 2 fois dans BD, 3 fois dans DF et, par suite,

$$\frac{BD}{DF} = \frac{2}{3}.$$

On en conclut que :

$$\frac{AC}{CE} = \frac{BD}{DF}. \hspace{2cm} \text{C. Q. F. D.}$$

Le théorème est encore vrai si le rapport des segments AC et CE est incommensurable.

307. Remarque. — Les segments déterminés par les parallèles AB, CD, EF (*fig.* 214) sur les deux droites XX′, YY′ permettent d'écrire d'autres proportions. Ainsi, on démontrerait de la même façon que

$$\frac{AC}{AE} = \frac{BD}{BF}, \ \frac{AE}{CE} = \frac{BF}{DF}, \ \text{etc.}$$

— D'autre part, de la proportion

$$\frac{AC}{CE} = \frac{BD}{DF},$$

on déduit

$$\frac{AC}{BD} = \frac{CE}{DF}.$$

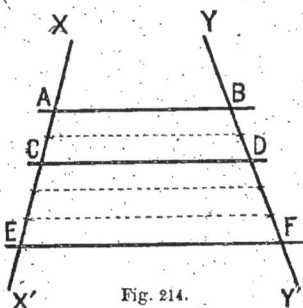

Fig. 214.

Il résulte de là que :

Tous les segments déterminés sur XX′ sont proportionnels aux segments correspondants déterminés sur YY′.

308. Théorème de Thalès. — *Toute parallèle à l'un des côtés d'un triangle divise les deux autres en parties proportionnelles.*

Soit le triangle ABC (*fig.* 215), la droite DE parallèle au côté AC. Démontrons que

$$\frac{BD}{DA} = \frac{BE}{EC}.$$

Cela résulte immédiatement du théorème précédent; on peut d'ailleurs reprendre la même démonstration.

309. REMARQUE. — Il résulte du numéro 307 que DE étant parallèle à AC (*fig.* 215), on peut écrire :

$$\frac{BD}{BA} = \frac{BE}{BC}, \quad \frac{DA}{BA} = \frac{EC}{BC}, \text{etc.}$$

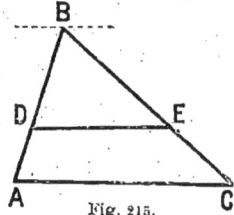

Fig. 215.

310. APPLICATIONS. — DIVISER UN SEGMENT DONNÉ EN PLUSIEURS PARTIES ÉGALES :

Soit à diviser le segment AB (*fig.* 216) en 5 parties égales.

Par le point A, menons une droite quelconque AX, et portons sur cette ligne 5 longueurs égales :

$$AC = CD = DF = FG = GH.$$

Joignons BH, et par les points de division C, D, F et G menons

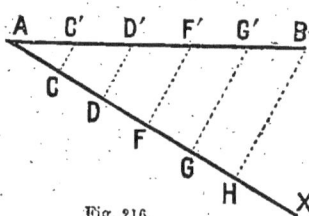

Fig. 216.

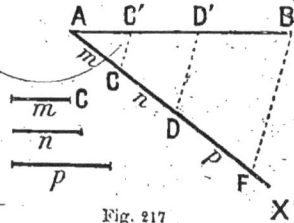

Fig. 217

des parallèles à BH, elles déterminent sur AB cinq segments AC', C'D', D'F', F'G', G'B qui sont égaux, d'après le théorème n° 305.

311. DIVISER UN SEGMENT DONNÉ EN PARTIES PROPORTIONNELLES A DES LONGUEURS DONNÉES :

Soit à diviser le segment AB (*fig.* 217) en parties proportionnelles aux segments *m*, *n*, *p*.

Le problème consiste à trouver trois segments *u*, *v*, *w*, tels que l'on ait :

$$\begin{cases} u + v + w = AB \\ \dfrac{u}{m} = \dfrac{v}{n} = \dfrac{w}{p}. \end{cases}$$

Par le point A, menons une droite quelconque AX, et portons successivement sur cette ligne les longueurs :

$$AC = m, \ CD = n, \ DF = p.$$

Joignons BF et par les points C et D menons les parallèles à BF. Elles déterminent sur AB les segments AC', C'D' et D'B, qui sont les segments demandés, car nous avons :

$$AC' + C'D' + D'B = AB,$$

et, d'après le n° 307 :

$$\frac{AC'}{AC} = \frac{C'D'}{CD} = \frac{D'B}{DF} \quad ou \quad \frac{AC'}{m} = \frac{C'D'}{n} = \frac{D'B}{p}.$$

312. CONSTRUIRE UN SEGMENT QUI SOIT QUATRIÈME PROPORTIONNEL A TROIS SEGMENTS DONNÉS.

Soient m, n, p (*fig.* 218) les trois segments donnés, il nous faut construire un segment u tel que l'on ait :

$$\frac{m}{n} = \frac{p}{u}.$$

Traçons deux droites concourantes quelconques Ax et Ay. Sur Ax portons successivement les longueurs AB et BC respectivement égales à m et n, et sur Ay portons la longueur AD égale à p. Joignons BD et, par le point C, menons la parallèle à BD, elle détermine sur Ay le

Fig. 218.

segment DF qui est la quatrième proportionnelle cherchée, car nous avons (V. n° 308) :

$$\frac{AB}{BC} = \frac{AD}{DF} \quad ou \quad \frac{m}{n} = \frac{p}{u}.$$

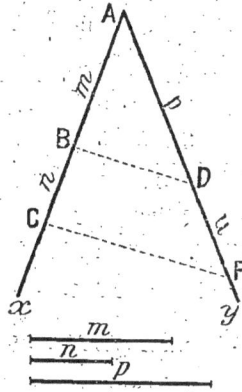

Problèmes.

1re ET 2e ANNÉES :

515. Calculer la longueur d'un segment qui soit quatrième proportionnel à trois segments de longueurs 6 cm., 8 cm., 12 cm.

516. Calculer la longueur d'un segment qui soit moyen proportionnel entre deux segments de longueurs 4 cm. et 9 cm.

517. Tracer un segment de 10 cm. et le partager en trois parties égales.

518. Partager un segment de 142mm en parties proportionnelles aux nombres 15, 24 et 32.

519. Construire un segment qui soit quatrième proportionnel à des segments de 20^{mm}, 28^{mm}, 35^{mm}.

520. Dans un trapèze ABCD on trace la droite EF parallèle aux bases et entre les deux bases. On sait que AB = 10 cm., AE = 8 cm., CD = 15 cm. Calculer CF.

521. Deux points M et N d'une droite sont distants de 80^{mm}. Trouver sur cette droite un point tel que le rapport de ses distances aux deux points A et B soit égal au rapport des nombres 3 et 7. (*Le problème a deux solutions.*) Quelle est la distance des deux points trouvés?

522. Dans le triangle ABC, on a AB = 30^{mm}, BC = 45^{mm}. Par un point D pris sur AB à 9^{mm} du point A, on mène une parallèle DF à AC. Déterminer les segments BF et FC.

523. Deux droites xx', yy' se coupent en O; à partir de O et de part et d'autre sur xx' on prend OA = 8 cm., OA' = 12 cm., puis sur Oy la longueur OB = 2 cm. On joint AB et l'on trace A'B' parallèle à AB. Calculer OB'.

2e ANNÉE.

524. Démontrer en s'appuyant sur le n° 305 que la droite menée par le milieu d'un côté d'un trapèze parallèlement aux bases passe par le milieu de l'autre côté.

525. Dans un triangle ABC, on prend sur AB à partir du sommet A une longueur $AD = \dfrac{AB}{3}$ et par le point D on mène DE parallèle à BC. Démontrer que $AE = \dfrac{AC}{3}$. Qu'arrive-t-il si D est le milieu de AB?

526. Étant donné un rectangle dont on connaît les deux dimensions a et b, construire un second rectangle ayant une dimension connue c et qui soit équivalent au premier.

527. Étant donnés deux segments a et b, construire un segment x, tel que l'on ait :

$$\frac{a}{b} = \frac{x}{a}.$$

528. Dans un triangle quelconque, si par le point de rencontre des médianes on mène des parallèles aux trois côtés, ceux-ci se trouvent partagés par ces parallèles en trois parties égales.

529. Étant donnés cinq segments m, n, p, q, r, tels que $m = 2$ cm., $n = 15^{mm}$, $p = 7^{mm}$, $q = 12^{mm}$, $r = 12^{mm}$. Construire une longueur x, telle que :

$$x = \frac{mnp}{qr}.$$

$\left(\text{On construira d'abord une longueur } u, \text{ telle que } u = \dfrac{mn}{q}, \text{ c'est une quatrième proportionnelle, puis la longueur } x, \text{telle que } x = \dfrac{up}{r}.\right)$

530. Construire deux longueurs x et y sachant qu'elles sont proportionnelles à deux longueurs données a et b et que leur somme est égale à une autre longueur donnée l. $\left(\text{On doit avoir } \dfrac{x}{a} = \dfrac{y}{b}, \text{ ou}\right.$

$\left. \dfrac{x+y}{a+b} = \dfrac{x}{a}, \text{ ou } \dfrac{l}{a+b} = \dfrac{x}{a}. \right)$

CHAPITRE II

FIGURES SEMBLABLES

313. DÉFINITIONS. TRIANGLES ET POLYGONES SEMBLABLES. Quand deux triangles ont leurs angles égaux chacun à chacun, on dit que ces angles sont deux à deux **homologues**.

Si l'on a (*fig.* 219) : $\widehat{A} = \widehat{A'}$, $\widehat{B} = \widehat{B'}$, $\widehat{C} = \widehat{C'}$, les angles A et A' sont homologues, de même B et B', C et C'. Dans de tels triangles, les côtés disposés de la même façon sont aussi appelés homologues; ainsi AB et A'B' sont homologues; il en est de même de BC et B'C', de CA et C'A'; prati-

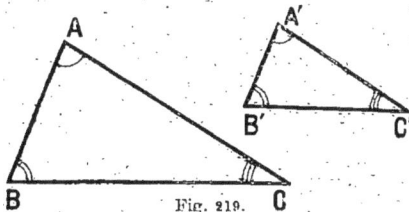

Fig. 219.

quement, on les reconnaît à ce qu'ils sont opposés aux angles respectivement égaux ou encore adjacents à des angles respectivement égaux.

On dit que deux triangles sont **semblables** *lorsqu'ils ont leurs angles égaux chacun à chacun et leurs côtés homologues proportionnels.*

Si les deux triangles ABC et A'B'C' (*fig.* 219) sont tels que l'on ait :

$$\widehat{A} = A', \quad \widehat{B} = \widehat{B'} \quad \widehat{C} = \widehat{C'},$$
$$\frac{AB}{A'B'} = \frac{BC}{B'C'} = \frac{CA}{C'A'},$$

ils sont semblables.

314. Considérons maintenant deux polygones ABCDE et A'B'C'D'E' (*fig.* 220) et supposons que sur chacun d'eux un mobile se déplace dans un certain sens, sans revenir en arrière; il rencontrera les sommets successifs dans l'ordre ABCDE, par exemple, pour le premier polygone, et A'B'C'D'E' pour le second. Supposons que les angles correspondant aux sommets successivement rencontrés soient égaux deux à deux, par exemple que $\widehat{A} = \widehat{A'}$, $\widehat{B} = \widehat{B'}$, $\widehat{C} = \widehat{C'}$, etc. Les angles sont, deux à deux, appelés homologues; $\widehat{A}$ et $\widehat{A'}$ sont homologues, de même $\widehat{B}$ et $\widehat{B'}$, etc.

Les côtés disposés de la même façon sont aussi, deux à deux, appelés homologues; AB et A'B' sont homologues, de même BC et B'C', etc.

On appelle polygones semblables *deux polygones qui ont leurs angles égaux chacun à chacun et les côtés homologues proportionnels;* pratiquement, on reconnaît ces derniers à ce qu'ils sont adjacents à des angles respectivement égaux.

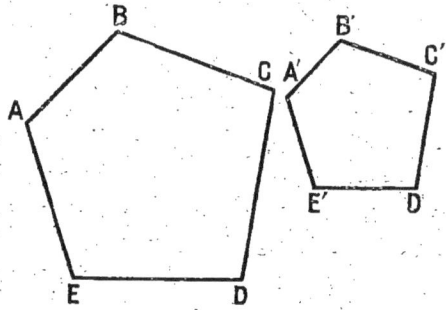

Fig. 220.

Si les deux polygones ABCD et A'B'C'D' (*fig.* 220) sont tels que l'on ait :

$$\widehat{A} = \widehat{A'}, \quad \widehat{B} = \widehat{B'}, \quad \widehat{C} = \widehat{C'}, \quad \widehat{D} = \widehat{D'}, \quad \widehat{E} = \widehat{E'},$$
$$\frac{AB}{A'B'} = \frac{BC}{B'C'} = \frac{CD}{C'D'} = \frac{DE}{D'E'} = \frac{EA}{E'A'},$$

ils sont semblables.

— Le théorème qui suit va nous démontrer l'existence des triangles semblables.

315. Théorème. — *Toute parallèle à l'un des côtés d'un triangle détermine un second triangle semblable au premier.*

Soit le triangle ABC (*fig.* 221) et DE une droite parallèle au côté BC; elle détermine le triangle ADE.

Démontrons qu'il est semblable au triangle ABC.

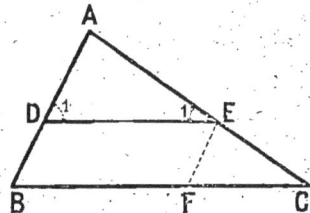

Fig. 221.

1° *Leurs angles sont égaux chacun à chacun.* En effet, l'angle A est commun aux deux triangles. Les angles D_1 et B d'une part, E_1 et C d'autre part, sont égaux comme correspondants.

2° *Leurs côtés homologues sont proportionnels.* En effet, DE étant parallèle à BC, nous avons (n° 309) :

$$\frac{AD}{AB} = \frac{AE}{AC}.$$

Menons EF parallèle à AB, nous avons (n° 309) :

$$\frac{AE}{AC} = \frac{BF}{BC},$$

mais BF = DE comme côtés opposés de parallélogramme; on a donc :

$$\frac{AE}{AC} = \frac{DE}{BC}$$

et, par suite :

$$\frac{AD}{AB} = \frac{AE}{AC} = \frac{DE}{BC}.$$

Les deux triangles ABC et ADE, ayant leurs angles égaux chacun à chacun et leurs côtés homologues proportionnels, sont semblables.

316. Cas de similitude des triangles. Pour déterminer la similitude de deux triangles, il n'est pas nécessaire d'établir l'égalité de leurs angles pris deux à deux avec, en plus, l'égalité des rapports des côtés homologues; il suffit que certaines conditions soient remplies pour que les autres existent nécessairement. Ces conditions sont déterminées par les théorèmes suivants, dits *cas de similitude des triangles.*

317. 1er cas. — Théorème. — *Deux triangles sont semblables quand ils ont deux angles égaux chacun à chacun.*

Soient les deux triangles ABC et DEF (*fig.* 222) dans lesquels nous avons par hypothèse :

$$\widehat{A} = \widehat{D}; \ \widehat{B} = \widehat{E}.$$

Portons sur AB, à partir de A, une longueur AG=DE et menons GH parallèle à BC, nous déterminons le triangle AGH qui est semblable au triangle ABC (n° 315). Mais

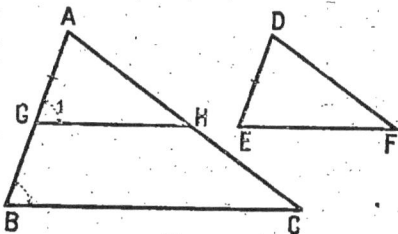

Fig. 222.

les triangles AGH et DEF sont égaux comme ayant un côté égal adjacent à deux angles égaux chacun à chacun. En effet :

$$AG = DE \text{ par construction,}$$
$$\widehat{A} = \widehat{D} \text{ par hypothèse,}$$
$$\widehat{G_1} = \widehat{E}, \text{ car } \widehat{G_1} = \widehat{B} \text{ comme correspondants}$$

et $\widehat{B} = \widehat{E}$ par hypothèse.

Par suite, les triangles DEF et ABC sont semblables.

318. Corollaire I. *Deux triangles rectangles qui ont un angle aigu égal sont semblables.*

En effet, comme ils ont un angle droit égal, les deux triangles ont deux angles égaux chacun à chacun.

319. Corollaire II. *Deux triangles isocèles qui ont un angle égal sont semblables.*

En effet, si l'angle égal est l'un des angles à la base, les deux triangles ont deux angles égaux chacun à chacun.

Si l'angle égal est l'angle au sommet, la somme des angles à la base est la même pour chacun d'eux et, par suite, leurs angles sont respectivement égaux.

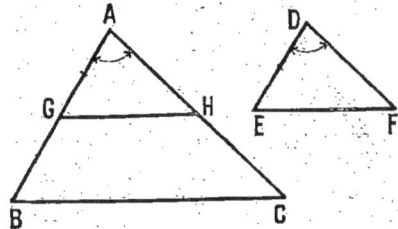

Fig. 223.

320. 2e cas. — Théorème. — *Deux triangles sont semblables lorsqu'ils ont un angle égal compris entre deux côtés proportionnels.*

Considérons les deux triangles ABC et DEF (*fig.* 223) dans lesquels on a, par hypothèse :

$$\widehat{A} = \widehat{D}, \quad \frac{AB}{DE} = \frac{AC}{DF}.$$

Portons sur AB, à partir de A, une longueur $AG = DE$ et menons GH parallèle à BC. Nous formons ainsi le triangle AGH semblable à ABC (V. n° 315).

Or le triangle AGH est égal au triangle DEF comme ayant un angle égal compris entre deux côtés égaux chacun à chacun.

En effet : $\widehat{A} = \widehat{D}$ par hypothèse,
$$AG = DE \text{ par construction,}$$
$$AH = DF, \text{ car la similitude des triangles ABC}$$
et AGH donne :

$$\frac{AB}{AG} = \frac{AC}{AH} \quad \text{ou} \quad \frac{AB}{DE} = \frac{AC}{AH}, \quad \text{puisque } AG = DE;$$

or, par hypothèse, $\frac{AB}{DE} = \frac{AC}{DF}$; les deux derniers rapports, dans chaque proportion, sont donc égaux et, comme ils ont mêmes numérateurs, leurs dénominateurs sont égaux.

Donc les triangles ABC et DEF sont semblables.

321. 3e cas. — Théorème. — *Deux triangles sont semblables quand ils ont les côtés pro-*
portionnels deux à deux.

Considérons les deux triangles ABC et DEF (*fig.* 224) tels que l'on ait par hypothèse :

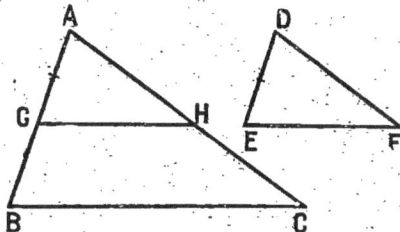

Fig. 224.

$$\frac{AB}{DE} = \frac{BC}{EF} = \frac{CA}{FD}.$$

Portons sur AB, à partir de A, une longueur AG = DE et menons GH parallèle à BC. Nous formons ainsi un triangle GAH semblable à BAC (n° 315).

Mais les deux triangles AGH et DEF sont égaux comme ayant leurs trois côtés égaux chacun à chacun. En effet : AG = DE par construction; d'autre part, la similitude des deux triangles ABC, AGH nous donne :

$$\frac{AB}{AG} = \frac{BC}{GH} = \frac{CA}{HA};$$

or AG = DE, de sorte que si nous comparons ces derniers rapports égaux aux rapports égaux par hypothèse, les rapports $\frac{AB}{DE}$ et $\frac{AB}{AG}$ étant égaux, il en résulte que tous les rapports sont égaux entre eux et, par suite :

$$\frac{BC}{EF} = \frac{BC}{GH}, \quad \frac{CA}{FD} = \frac{CA}{HA}.$$

On en déduit : GH = EF et HA = FD. Les deux triangles ABC et DEF sont donc semblables.

Polygones semblables.

322. Théorème. — *Deux polygones qui sont décomposables en un même nombre de triangles semblables et semblablement placés sont semblables.*

Considérons deux polygones ABCDE, A'B'C'D'E' (*fig.* 225) et supposons qu'il existe deux points O et O' tels qu'en joignant le point O à tous les sommets de l'un des polygones et O' aux sommets de l'autre, les deux polygones se trouvent décomposés en triangles semblables et semblablement placés ; ainsi supposons AOB et A'O'B' semblables ; BOC et B'O'C' semblables, etc.

Il résulte de là que :

$$\widehat{A_1} = \widehat{A'_1}, \ \widehat{B_1} = \widehat{B'_1}, \ \widehat{O_1} = \widehat{O'_1}; \ \widehat{B_2} = \widehat{B'_2}, \ \widehat{C_2} = \widehat{C'_2}, \ \widehat{O_2} = \widehat{O'_2}, \text{ etc.,}$$

de plus $\qquad \dfrac{OA}{O'A'} = \dfrac{AB}{A'B'} = \dfrac{OB}{O'B'} = \dfrac{BC}{B'C'} = \dfrac{OC}{O'C'} = \cdots$

On déduit aisément de là que les deux polygones ont leurs angles respectivement égaux et leurs côtés homologues proportionnels.

323. Théorème réciproque. — *Si deux polygones sont semblables, ils sont décomposables en un même nombre de triangles semblables et semblablement placés.*

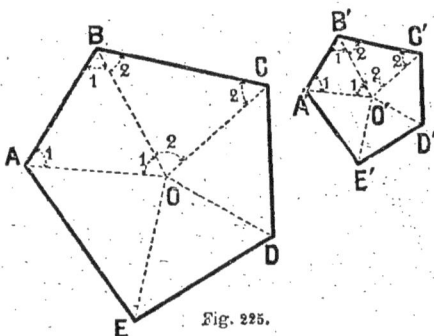

Considérons les polygones semblables ABCDE, A'B'B'D'E' (*fig.* 226) ; on a par hypothèse :

$$\widehat{A} = \widehat{A'}, \ \widehat{B} = \widehat{B'}, \ \widehat{C} = \widehat{C'}, \ \widehat{D} = \widehat{D'}, \ \widehat{E} = \widehat{E'},$$

$$\frac{AB}{A'B'} = \frac{BC}{B'C'} = \frac{CD}{C'D'} = \frac{DE}{D'E'} = \frac{EA}{E'A'}.$$

Prenons un point quelconque O à l'intérieur du polygone ABCDE et joignons-le à tous les sommets, nous décomposons le polygone en triangles. Sur le côté A'B', homologue de AB, construisons le triangle A'O'B' semblable à AOB ; il suffira de construire un angle $\widehat{A'_1} = \widehat{A_1}$ et un autre angle $\widehat{B'_1} = \widehat{B_1}$; les deux triangles A'O'B' et AOB, ayant deux angles égaux, sont semblables. Joignons O' à tous les sommets du second polygone. D'après la construction, on a : $\widehat{A_1} = \widehat{A'_1}$, donc $\widehat{A_2} = \widehat{A'_2}$, puisque par hypothèse les angles A et A' sont égaux. D'autre part :

$$\frac{AB}{A'B'} = \frac{OA}{O'A'}, \text{ or } \frac{AB}{A'B'} = \frac{AE}{A'E'}, \text{ donc } \frac{OA}{O'A'} = \frac{AE}{A'E'},$$

et les deux triangles OAE, O'A'E' sont semblables (2ᵉ cas). On démontrerait de proche en proche que les autres triangles sont semblables deux à deux

324. REMARQUE I. Quand deux triangles ou quand deux polygones sont semblables, on appelle *rapport de similitude* le rapport de deux côtés homologues.

325. REMARQUE II. Quand deux triangles sont semblables, un élément quelconque du premier (hauteur, bissectrice, médiane, angle formé par deux médianes, par deux hauteurs, etc.) a son homologue dans l'autre.

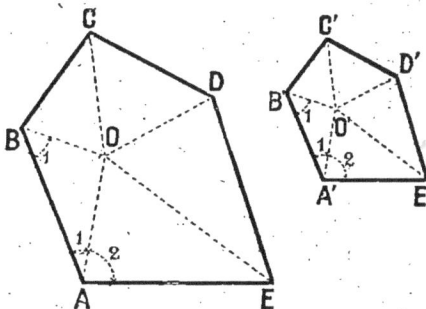

Fig. 226.

On démontre d'une façon générale que deux angles homologues sont égaux et que le rapport de deux segments homologues est égal au rapport de similitude.

Même remarque d'ailleurs pour deux polygones semblables.

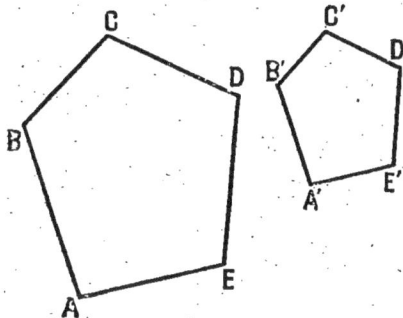

Fig. 227.

326. THÉORÈME. — *Quand deux polygones sont semblables, le rapport de leurs périmètres est égal au rapport de similitude.*

Considérons deux polygones semblables ABCDE, A'B'C'D'E' (*fig.* 227); on a :

$$\frac{AB}{A'B'} = \frac{AC}{B'C'} = \frac{CD}{C'D'} = \frac{DE}{D'E'} = \frac{EA}{E'A'},$$

et, d'après un théorème connu d'arithmétique, on sait que le rapport ayant pour numérateur la somme des numérateurs des rapports égaux et pour dénominateur la somme des dénominateurs est égal à chacun des rapports considérés; on a donc :

$$\frac{AB}{A'B'} = \frac{AB + BC + CD + DE + EA}{A'B' + B'C' + C'D' + D'E' + E'A'}.$$

Applications.

327. PROBLÈME I. *Construire un triangle semblable à un triangle donné connaissant le côté homologue d'un côté déterminé du triangle donné.*

Soit à construire sur le segment DF, homologue de AC (*fig.* 228), un triangle semblable au triangle ABC.

En D, faisons un angle égal à l'angle A. En F, faisons un angle égal à l'angle C. Les deux droites se coupent en E et déterminent le trian-

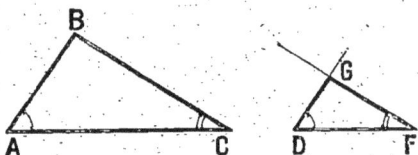

Fig. 228.

gle DGF. Les deux triangles ayant deux angles égaux sont semblables.

328. PROBLÈME II. *Construire un polygone semblable à un polygone donné, le rapport de similitude étant donné.*

Soit à construire un polygone semblable au polygone ABCDE (*fig.* 229), tel que le rapport de similitude du polygone cherché au polygone donné soit 3/4.

Traçons une droite A'B' qui soit les 3/4 de AB.

En B' faisons un angle égal à l'angle B, et portons B'C' égal aux 3/4 de BC.

En C' faisons un angle égal à l'angle C et portons C'D' égal aux 3/4 de CD.

En D' faisons un angle égal à l'angle D et portons D'E' égal

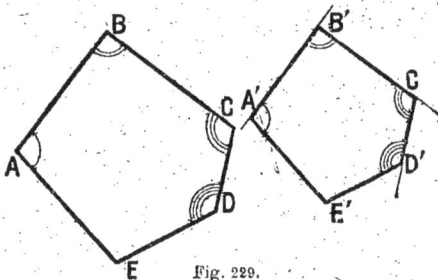

Fig. 229.

aux 3/4 de DE et tirons A'E'. Nous déterminons le polygone A'B'C'D'E' qui est semblable au polygone ABCDE.

En effet, ces deux polygones ont évidemment leurs angles égaux chacun à chacun et leurs côtés homologues proportionnels.

— On peut opérer autrement : par exemple, on décomposera le polygone donné en triangles, soit en menant les diagonales partant d'un sommet, soit en prenant un point à l'intérieur et en le joignant à tous les sommets ; puis on formera le second polygone en construisant des triangles respectivement semblables à ceux du polygone donné et semblablement placés, le rapport de similitude étant le rapport donné.

329. Remarque. Nous étudierons, dans le chapitre de l'Arpentage, l'application de la théorie des figures semblables au levé des plans.

Nous y étudierons aussi diverses applications des propriétés des triangles semblables, telles que : la manière de mesurer des distances inaccessibles, de déterminer la hauteur d'un édifice d'après son ombre, et la hauteur d'un arbre dont le pied est inaccessible.

— Les architectes, les dessinateurs ont souvent besoin de reproduire un dessin, soit en réduisant ses dimensions, soit en les augmentant.

Le rapport de similitude entre la longueur d'un segment pris dans le dessin réduit et la longueur du segment homologue réel est *l'échelle de réduction* (V. n° 522). Ainsi, on dit qu'un objet est représenté par un dessin à l'échelle de 0,1, si une longueur réelle de 1 m. est représentée par une longueur de 10 cm.

Lorsqu'il s'agit de réduire ou d'augmenter un dessin dont les contours sont réguliers, on trace les angles au rapporteur et on réduit ou agrandit les lignes à l'aide du *compas de réduction*. Si le dessin présente des lignes irrégulières, on le copie par la *méthode des carreaux*.

330. Compas de réduction. Le compas de réduction (*fig.* 230) se compose de deux branches dont chacune est terminée en pointes à chaque extrémité.

Ces branches sont évidées et tournent autour d'un bouton mobile O que l'on peut faire glisser dans une rainure et qu'on fixe au point voulu par une vis de pression. Ce bouton entraîne avec

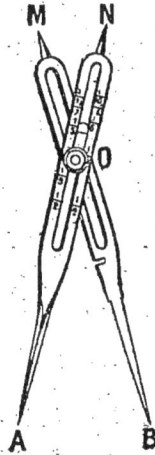
Fig. 230.

lui une courte glissière où se trouve marqué un point de repère. Une des branches porte des traits qui déterminent la position du point de repère pour que le rapport $\dfrac{OA}{ON}$ soit $\dfrac{1}{2}$ ou $\dfrac{1}{3}$ ou $\dfrac{1}{4}$, etc...

Soit à réduire une ligne au $\dfrac{1}{3}$. Nous faisons glisser le bouton O jusqu'à ce que le point de repère soit en regard du trait $\dfrac{1}{3}$ de la branche AN.

L'écartement MN est alors de 1/3 de AB.

En effet : les triangles OMN et AOB sont semblables, car ils ont un angle égal compris entre deux côtés homologues proportionnels.

Donc
$$\frac{MN}{AB} = \frac{ON}{OA} = \frac{1}{3}.$$

331. Remarque. Ce compas permet aussi d'agrandir une figure. L'écartement MN représente alors une ligne de la figure donnée et AB la ligne homologue dans la figure agrandie.

332. Méthode des carreaux. Soit à réduire aux $\frac{7}{11}$ les dimensions de la carte de la France.

Enveloppons cette carte par un rectangle (*fig.* 231). Divisons l'une des dimensions en onze parties égales, puis portons la longueur de la division obtenue sur l'autre dimension, autant de fois que cela est nécessaire, de façon qu'en menant par

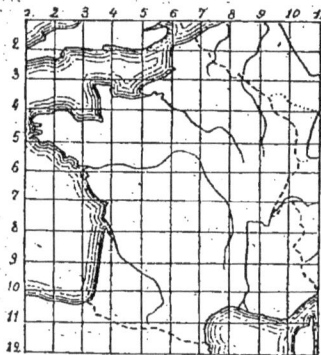

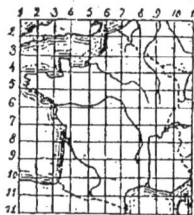

Fig. 231.   Fig. 232.

chaque division d'une des dimensions une parallèle à l'autre dimension, on obtienne un rectangle décomposé en carrés et recouvrant entièrement la partie à reproduire.

Traçons un autre rectangle (*fig.* 232) dont le rapport de similitude avec le premier soit $\frac{7}{11}$ et décomposons-le en autant de carrés qu'il y en a dans le premier.

Dans les carrés du petit rectangle, traçons les lignes de la carte qui traversent les carrés correspondants du modèle. Nous obtenons ainsi la figure réduite à l'échelle voulue.

Pour ne pas tracer de carreaux sur le modèle, on emploie un cadre garni de soies tendues ou une lame de mica quadrillée.

Rapport des aires de deux polygones semblables.

*333. Théorème. — *Les aires de deux triangles semblables sont proportionnelles aux carrés de deux côtés homologues.*

Soient les triangles semblables ABC et A′B′C′ (*fig.* 233).

Menons les hauteurs BH et B′H′. A et A′ étant les aires de deux triangles, nous avons :

$$A = \frac{AC \times BH}{2}, \quad A' = \frac{A'C' \times B'H'}{2}.$$

Le rapport des aires de ces deux triangles est :

$$\frac{A}{A'} = \frac{AC \times BH}{A'C' \times B'H'} = \frac{AC}{A'C'} \times \frac{BH}{B'H'}.$$

Mais les triangles rectangles ABH et A′B′H′ sont semblables comme ayant un angle aigu égal; par suite, leurs côtés homologues sont proportion-nels, et nous avons :

$$\frac{AB}{A'B'} = \frac{BH}{B'H'}.$$

Mais nous avons aussi

$$\frac{AB}{A'B'} = \frac{AC}{A'C'};$$

par suite

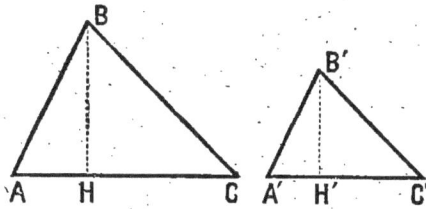

Fig. 233.

$$\frac{A}{A'} = \frac{AB \times AB}{A'B' \times A'B'} = \frac{\overline{AB}^2}{\overline{A'B'}^2}.$$

334. Remarque. *On peut encore dire que le rapport des aires de deux triangles sembla-bles est égal au carré du rapport de similitude.*

*335. Théorème. — *Les aires de deux po-lygones semblables sont proportionnelles aux carrés de deux côtés homologues.*

Soient les polygones semblables ABCDE et

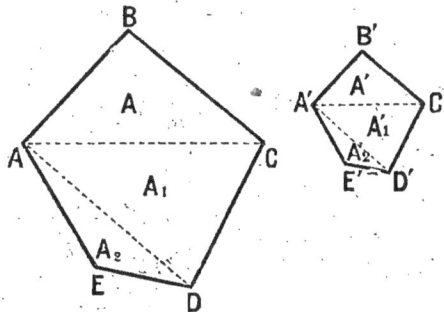

Fig. 234.

A'B'C'D'E' (*fig.* 234). Par les sommets homologues A et A' menons, dans chaque polygone, toutes les diagonales. Nous décomposons ainsi les deux polygones en un même nombre de triangles semblables.

Si nous appelons A, A_1, A_2 les aires des triangles du premier polygone, A', A'_1, A'_2 les aires des triangles du second, nous avons :

$$\frac{A}{A'} = \frac{\overline{AB}^2}{\overline{A'B'}^2}, \quad \frac{A_1}{A'_1} = \frac{\overline{DC}^2}{\overline{D'C'}^2}, \quad \frac{A_2}{A'_2} = \frac{\overline{AE}^2}{\overline{A'E'}^2};$$

mais

$$\frac{AB}{A'B'} = \frac{DC}{D'C'} = \frac{AE}{A'E'}, \quad \text{donc} \quad \frac{AB^2}{A'B'^2} = \frac{DC^2}{D'C'^2} = \frac{AE^2}{A'E'^2},$$

et

$$\frac{A}{A'} = \frac{A_1}{A'_1} = \frac{A_2}{A'_2} = \frac{\overline{AB}^2}{\overline{A'B'}^2}; \quad \text{d'où enfin} \quad \frac{A + A_1 + A_2}{A' + A'_1 + A'_2} = \frac{\overline{AB}^2}{\overline{A'B'}^2},$$

ou

$$\frac{\text{Aire polyg. ABCDE}}{\text{Aire polyg. A'B'C'D'E'}} = \frac{\overline{AB}^2}{\overline{A'B'}^2}.$$

Problèmes.

1re ANNÉE :

531. Dans un triangle ABC, on a AB $= 45^{mm}$, BC $= 50^{mm}$, AC $= 64^{mm}$. Déterminer la longueur des côtés d'un triangle semblable A'B'C', sachant que A'B' homologue de AB a pour longueur 18^{mm}.

532. On donne un triangle ABC dans lequel $\widehat{A} = 52°$, $\widehat{C} = 38°$. Sur une droite DF de 45^{mm} homologue de AC, construire un triangle semblable au triangle ABC.

533. Les trois côtés d'un triangle ont respectivement 24 cm., 28 cm. et 32 cm. Construire un triangle semblable, le rapport de similitude étant $\frac{3}{4}$.

534. Construire un triangle semblable au triangle donné dans le problème précédent et dont le périmètre soit réduit au $\frac{1}{4}$.

2e ANNÉE :

535. Que devient l'aire d'un triangle si l'on double, si l'on triple.... les dimensions de celui-ci? si l'on en prend la $\frac{1}{2}$, le $\frac{1}{3}$, etc.?

536. Étant donné un angle XOY, on coupe les deux côtés par une droite BC, telle que OB $= 34^{mm}$, OC $= 45^{mm}$. Par un point D de OX situé à 60ᵐᵐ du point O, on mène la parallèle DF à BC. Calculer le segment CF.

537. Deux triangles équilatéraux quelconques sont semblables.

538. Les bases d'un trapèze mesurent 16 cm. et 24 cm. Les côtés non parallèles mesurent 6 cm. et 10 cm. Calculer les côtés du triangle obtenu en prolongeant les côtés non parallèles du trapèze.

539. On coupe un triangle ABC par une droite DE parallèle au côté BC. Quel est le rapport des aires des triangles ADE et ABC quand DB est égal à la moitié de AD?

540. Construire un triangle semblable à un triangle donné et qui soit quadruple du triangle donné.

541. Construire un carré qui soit quadruple d'un carré donné.

542. Construire un carré qui soit le quart d'un carré donné.

543. Inscrire dans une circonférence un triangle semblable à un triangle donné.

544. Deux triangles sont semblables : le premier a pour aire 48ᵐ², le second 108ᵐ². Quel est le rapport de similitude?

CHAPITRE III

TRIANGLE RECTANGLE

Relations entre les côtés d'un triangle rectangle.

336. THÉORÈME. — *Si du sommet de l'angle droit d'un triangle rectangle on abaisse la perpendiculaire sur l'hypoténuse :*

1° Chaque côté de l'angle droit est moyen proportionnel entre l'hypoténuse entière et le segment adjacent;

2° La perpendiculaire est moyenne proportionnelle entre les deux segments qu'elle détermine sur l'hypoténuse.

Soit le triangle ABC (*fig.* 235), rectangle en A. Abaissons du sommet A sur l'hypoténuse BC la perpendiculaire AH; nous déterminons les triangles rectangles AHB et AHC.

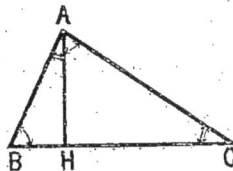

Fig. 235.

1° Considérons les triangles rectangles ABC et AHB; ils ont l'angle aigu B commun, donc ils sont semblables (V. n° 318).

Par suite, leurs côtés homologues sont proportionnels et nous avons :

$$\frac{AB}{BH} = \frac{BC}{AB} \quad \text{ou} \quad \overline{AB}^2 = BC \times BH.$$

De même les deux triangles rectangles ABC et AHC sont semblables, car ils ont l'angle aigu C commun ; donc

$$\frac{AC}{CH} = \frac{BC}{AC} \quad \text{ou} \quad \overline{AC}^2 = BC \times CH.$$

2° Les deux triangles AHB et AHC, étant semblables au triangle ABC, sont semblables entre eux ; par suite, leurs côtés homologues sont proportionnels et nous avons :

$$\frac{AH}{HC} = \frac{BH}{AH} \quad \text{ou} \quad \overline{AH}^2 = BH \times HC.$$

337. Théorème de Pythagore. — *Le carré de l'hypoténuse d'un triangle rectangle est égal à la somme des carrés des côtés de l'angle droit.*

Soit le triangle ABC (*fig.* 235) rectangle en A. Du sommet A, abaissons sur l'hypoténuse la perpendiculaire AH.

Nous savons que (V. n° 336) :

$$\overline{AB}^2 = BC \times BH$$
$$\overline{AC}^2 = BC \times CH.$$

Ajoutons membre à membre ces deux égalités, nous avons :

$$\overline{AB}^2 + \overline{AC}^2 = BC \times BH + BC \times CH$$
$$= BC\,(BH + CH) = BC \times BC = \overline{BC}^2.$$

— Si, au lieu de considérer le carré des nombres qui mesurent les côtés d'un triangle rectangle, nous considérons les carrés construits sur ces côtés, le théorème précédent peut s'énoncer de la façon suivante :

338. Théorème. — *Le carré construit sur l'hypoténuse d'un triangle rectangle est équivalent à la somme des carrés construits sur les deux côtés de l'angle droit.*

Soit le triangle rectangle ABC (*fig.* 236). Démontrons que le carré BCDE construit sur l'hypoténuse est équivalent à la somme des carrés ABFG et ACHK construits sur les deux côtés de l'angle droit.

Du sommet A abaissons sur BC la perpendiculaire AM. Prolongeons cette droite jusqu'à sa rencontre en N avec le côté ED du carré BCDE. Ce carré se trouve ainsi partagé en deux rectangles BMNE et MCDN.

Démontrons que ces rectangles sont respectivement équivalents aux carrés ABFG et ACHK.

Joignons FC et AE. Nous déterminons les deux triangles FBC et ABE qui sont égaux, car ils ont un angle égal compris entre deux côtés égaux chacun à chacun. En effet,

$$FB = AB, \quad BC = BE;$$
$$\widehat{FBC} = \widehat{ABE},$$

car chacun d'eux est formé d'un angle droit, plus l'angle ABC.

Or, le triangle FBC est équivalent au triangle FAB, puisque CA est parallèle à FB (n° 286); la surface de ce triangle est donc la moitié de celle du carré ABFG.

Surf. tr. FBC
$$= \frac{1}{2} \text{ surf. carré ABFG.}$$

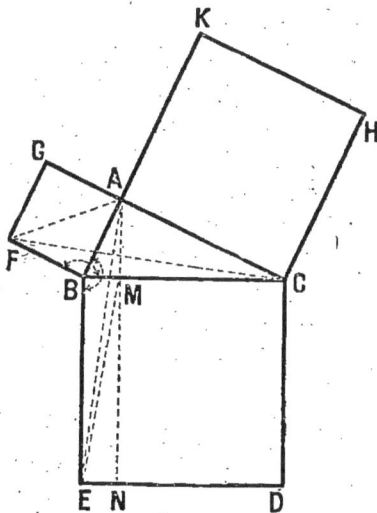

Fig. 236.

De même le triangle ABE est équivalent au triangle BME et, par suite, c'est la moitié du rectangle BMNE.

$$\text{Surf. tr. ABE} = \frac{1}{2} \text{ surf. rect. BMNE.}$$

Comme les deux triangles FBC et ABE sont égaux, le carré ABFG et le rectangle BMNE sont équivalents.

Nous démontrerions de même que le carré ACHK et le rectangle MCDN sont équivalents.

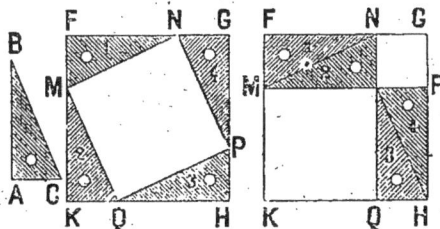

Fig. 237.   Fig. 238.   Fig. 239.

339. Vérification tachymétrique : Prenons quatre équerres égales à ABC (*fig.* 237). Traçons une ligne FG (*fig.* 238) égale à la somme de deux côtés AB et AC de l'angle droit et sur cette ligne, comme côté, construisons le carré FGHK. Appliquons l'équerre aux quatre angles du carré, comme l'indique la figure 238, il reste à l'intérieur le carré MNPQ qui est le carré construit sur l'hypoténuse.

D'autre part, si nous appliquons les quatre équerres, comme l'indique la figure 239, il reste deux carrés qui sont les carrés construits sur les côtés de l'angle droit.

Donc la somme de ces deux carrés est égale au carré construit sur l'hypoténuse.

Applications.

340. PROBLÈME. *Calculer l'hypoténuse d'un triangle rectangle, connaissant les deux côtés de l'angle droit.*

Soit le triangle rectangle ABC (*fig.* 240).

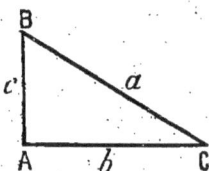

On a (n° 337) : $\overline{BC}^2 = \overline{AC}^2 + \overline{AB}^2$

ou $a^2 = b^2 + c^2$

et $a = \sqrt{b^2 + c^2}$.

Fig. 240.

— Remarquons que l'hypoténuse BC serait la diagonale du rectangle construit sur AC et AB, d'où le moyen de calculer la diagonale d'un rectangle dont on connaît les deux côtés.

341. PROBLÈME. *Connaissant l'hypoténuse et l'un des côtés de l'angle droit d'un triangle rectangle, calculer l'autre.*

Soit le triangle rectangle ABC (*fig.* 240). Nous avons (n° 337) :

$$\overline{BC}^2 = \overline{AB}^2 + \overline{AC}^2;$$

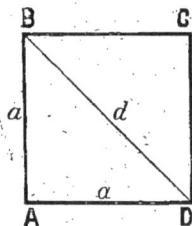

d'où $\overline{AB}^2 = \overline{BC}^2 - \overline{AC}^2$

ou $c^2 = a^2 - b^2$

et $c = \sqrt{a^2 - b^2}$.

Nous avons de même :

$$b = \sqrt{a^2 - c^2}.$$

Fig. 241.

— Remarquons que ce problème nous permet aussi de calculer l'un des côtés d'un rectangle, connaissant l'autre côté et la diagonale.

342. PROBLÈME. *Calculer la diagonale d'un carré en fonction du côté.*

Soit le carré ABCD (*fig.* 241), menons la diagonale BD.

Dans le triangle rectangle ABD, nous avons :

$$\overline{BD}^2 = \overline{AB}^2 + \overline{AD}^2$$

ou $d^2 = a^2 + a^2 = 2a^2$.

On en déduit : $d = a\sqrt{2}$.

343. PROBLÈME. *Calculer la hauteur d'un triangle isocèle, connaissant la base et l'un des côtés égaux.*

Soit le triangle isocèle ABC (*fig.* 242), de base b, de côté c; menons la hauteur BH $= h$.

Dans le triangle rectangle ABH, nous avons :

$$\overline{BH}^2 = \overline{AB}^2 - \overline{AH}^2 = \overline{AB}^2 - \frac{\overline{AC}^2}{4},$$

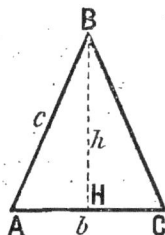

car AH $= \dfrac{AC}{2}$ et, par suite, $\overline{AH}^2 = \dfrac{\overline{AC}^2}{4}$.

On déduit de là :

$$BH = \sqrt{AB^2 - \frac{AC^2}{4}} = \sqrt{c^2 - \frac{b^2}{4}}.$$

Fig. 242.

344. PROBLÈME. *Calculer la hauteur et la surface d'un triangle équilatéral en fonction du côté.*

Soit le triangle équilatéral ABC (*fig.* 243) de côté a; menons la hauteur BH $= h$.

Dans le triangle rectangle ABH, nous avons :

$$\overline{BH}^2 = \overline{AB}^2 - \overline{AH}^2,$$

mais $\quad$ AH $= \dfrac{a}{2}$, $\quad$ donc $\quad$ $\overline{AH}^2 = \dfrac{a^2}{4}$,

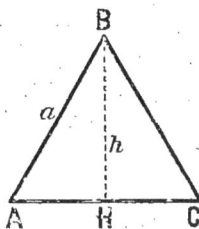

On a donc :

$$h^2 = a^2 - \frac{a^2}{4} = \frac{4a^2 - a^2}{4} = \frac{3a^2}{4},$$

d'où $$h = \frac{a\sqrt{3}}{2}.$$

Fig. 243.

— Calculons maintenant la surface S du triangle équilatéral ABC. Nous avons :

$$S = AC \times \frac{BH}{2} = a \times \frac{a\sqrt{3}}{4},$$

d'où $$S = \frac{a^2\sqrt{3}}{4}.$$

345. PROBLÈME. *Calculer le côté d'un losange, connaissant la longueur des diagonales.*

Soit le losange ABCD (*fig.* 244) dont les diagonales sont : BD $= D$ et AC $= d$.

Calculons la longueur a du côté AB en fonction des deux diagonales.

Les diagonales d'un losange sont perpendiculaires (n° 193); par suite, le triangle AOB est rectangle, et nous avons :

$$\overline{AB}^2 = \overline{BO}^2 + \overline{AO}^2.$$

Mais $\qquad BO = \dfrac{D}{2}$, et $AO = \dfrac{d}{2}$.

Par suite

$$a^2 = \frac{D^2}{4} + \frac{d^2}{4} = \frac{D^2 + d^2}{4},$$

d'où $\qquad a = \dfrac{\sqrt{D^2 + d^2}}{2}.$

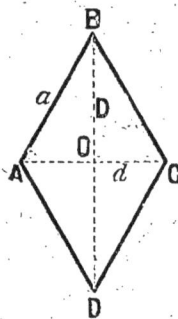

Fig. 241.

346. PROBLÈME. *Calculer la hauteur d'un trapèze isocèle, connaissant les bases et l'un des côtés non parallèles.*

Soit le trapèze isocèle ABCD (*fig.* 245), de base AB = B, DC = b et de hauteur DH = h.

Dans le triangle rectangle ADH, nous avons :

$$\overline{DH}^2 = \overline{AD}^2 - \overline{AH}^2.$$

Mais $\qquad AH = H'B,$

par suite, $\qquad 2AH = AB - DC = B - b$

et $\qquad AH = \dfrac{B - b}{2};$

on en déduit : $\qquad \overline{AH}^2 = \left(\dfrac{B - b}{2}\right)^2,$

d'où $\qquad h = \sqrt{c^2 - \left(\dfrac{B - b}{2}\right)^2}.$

On en déduira aisément l'aire du trapèze.

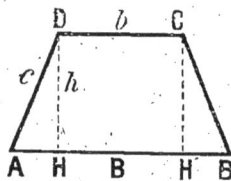

Fig. 245.

347. PROBLÈME. *Construire la moyenne proportionnelle entre deux longueurs données* a *et* b.

1re solution : Sur une droite xy (*fig.* 246), portons successivement AB = a, BC = b. Sur la droite AC comme diamètre, décrivons une demi-circonférence. Au point B, élevons la perpendiculaire BD; cette droite est la moyenne proportionnelle demandée.

En effet, joignons AD et DC; nous formons le triangle ADC qui est rectangle, car l'angle en D est droit comme inscrit dans un demi-cercle (n° 260).

Par suite, BD, hauteur du triangle, est moyenne proportionnelle

entre les deux segments a et b qu'elle détermine sur l'hypoténuse (V. n° 336).

2e solution : Sur une droite illimitée xy (*fig.* 247), portons une
longueur AB = a, et du point A portons AC = b.

Sur AB comme diamètre, décrivons une demi-circonférence.

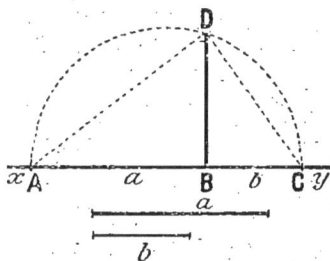
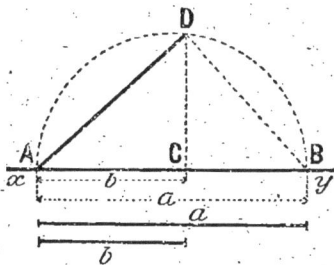

Fig. 246.   Fig. 247.

Au point C élevons la perpendiculaire CD. Joignons AD : c'est
la moyenne proportionnelle demandée.

En effet : si l'on joint DB, on obtient le triangle rectangle
ADB, dans lequel AD, côté de l'angle droit, est moyen proportionnel entre l'hypoténuse entière a et sa projection b sur l'hypoténuse (V. n° 336).

Problèmes.

Calcul des éléments d'un triangle rectangle :

1re ANNÉE :

545. Calculer l'hypoténuse d'un triangle rectangle dont les deux
côtés de l'angle droit mesurent respectivement 8m,25 et 12m,50.

546. L'hypoténuse d'un triangle rectangle mesure 65 cm. Le carré
de l'un des côtés de l'angle droit mesure 9 dm². Calculer l'autre côté.

547. Calculer la hauteur et l'aire d'un triangle rectangle, sachant
que l'hypoténuse mesure 20 m. et l'un des côtés de l'angle droit 15 m.

548. L'aire d'un triangle rectangle est 46 dm² 75. Sachant que l'un
des côtés de l'angle droit mesure 85 cm., calculer l'autre côté, l'hypoténuse et la hauteur relative à l'hypoténuse.

549. L'un des côtés de l'angle droit d'un triangle rectangle mesure
15 m. Sa projection sur l'hypoténuse est de 2 m. Calculer la hauteur,
l'autre côté de l'angle droit et l'hypoténuse.

550. Un triangle rectangle isocèle a pour hypoténuse 25 m.
Calculer son côté.

2ᵉ ANNÉE :

551. Les deux côtés de l'angle droit d'un triangle rectangle mesurent respectivement 12 m. et 16 m. Calculer l'hypoténuse, la hauteur et les segments déterminés sur l'hypoténuse.

552. Dans un triangle rectangle, l'hypoténuse mesure $1^m,20$, l'un des côtés de l'angle droit 56 cm. Calculer l'autre côté, la hauteur relative à l'hypoténuse et les deux segments de l'hypoténuse.

553. Calculer les côtés et la hauteur d'un triangle rectangle sachant que les segments déterminés par la hauteur sur l'hypoténuse mesurent 18 cm. et 32 cm.

554. Calculer les côtés d'un triangle rectangle sachant que la hauteur abaissée du sommet de l'angle droit sur l'hypoténuse mesure 84 cm. et l'un des segments de l'hypoténuse 21 cm.

555. Calculer l'aire d'un triangle rectangle dont un côté de l'angle droit a 15 cm. et la perpendiculaire relative à l'hypoténuse 11 cm.

556. L'hypoténuse d'un triangle rectangle mesure 24 m. La différence des carrés des côtés de l'angle droit égale 250^{m2}. Déterminer la longueur de chacun des côtés.

557. Connaissant les deux segments a et b, construire un segment x, tel que :

$$1° \quad x^2 = a^2 + b^2 ; \quad 2° \quad x^2 = a^3 - b^3.$$

Rectangle et carré :

1ʳᵉ ANNÉE :

558. On a une planchette rectangulaire de $0^m,90$ de long sur $0^m,42$ de large. Quelle est la longueur de la diagonale ?

559. Calculer le côté a d'un carré connaissant la diagonale d.

560. Un jardin carré a une superficie de 676^{m2}. Calculer la longueur d'une allée tracée selon la diagonale.

2ᵉ ANNÉE :

561. Calculer le côté d'un carré sachant que la diagonale et le côté ont ensemble $19^m,31$.

562. Calculer la valeur d'un jardin rectangulaire dont le petit côté mesure 25 m., la diagonale 48 m., à raison de 200 fr. l'are.

563. Dans un jardin carré, on trace des allées tout autour et selon les diagonales. Sachant que la somme des diagonales mesure 100^m, calculer la longueur totale des allées.

Triangle isocèle :

1ʳᵉ ANNÉE :

564. Calculer la hauteur et l'aire d'un triangle isocèle sachant que sa base mesure 38 m. et son côté 42 m.

565. Calculer la longueur des deux côtés égaux d'un triangle isocèle dont la hauteur mesure 3^m,60 et l'aire 10^{m2}.

566. Le périmètre d'un triangle isocèle est 187^m,50 ; la base a 52 m., on demande la hauteur et la surface du triangle. (*Ex. sortie C. compl.*)

2e ANNÉE :

567. Un champ de la forme d'un triangle isocèle a un périmètre de 384 m. Sachant que le côté inégal mesure les $\frac{3}{8}$ de ce périmètre, calculer la surface du terrain et sa valeur à raison de 4 250 fr. l'hectare. (*Éc. J.-B. Say, 1re série, 1909.*)

568. Un champ a la forme d'un triangle isocèle dont la hauteur est les $\frac{11}{13}$ de la base et la superficie 2 756^{m2}. Sur le pourtour, on établit une clôture qui revient, tous frais payés, à 0 fr. 98 le mètre courant. On demande de calculer la dépense.

Triangle équilatéral :

1re ANNÉE :

569. Calculer la hauteur et l'aire d'un triangle équilatéral de 54 m. de côté.

570. Calculer le côté et l'aire d'un triangle équilatéral dont la hauteur mesure 65 m.

2e ANNÉE :

571. Calculer l'aire d'un triangle équilatéral dont le périmètre mesure 15 m.

572. Calculer le côté et la hauteur d'un triangle équilatéral dont l'aire mesure 925 cm².

Losange :

1re ANNÉE :

573. Une place a la forme d'un losange dont les diagonales ont pour mesures 40 m. et 90 m. Déterminer : 1° la longueur de chaque côté ; 2° le périmètre de la place ; 3° sa superficie.

574. Calculer le périmètre d'un losange sachant que la grande diagonale mesure 15 m., et que l'autre en est les $\frac{3}{5}$.

575. Le côté d'un losange mesure 85^{mm}. Calculer les deux diagonales, sachant que l'une est les $\frac{3}{5}$ de l'autre.

2e ANNÉE :

576. Calculer l'aire d'un losange ayant 1^m,25 de côté, sachant que deux de ses côtés forment un angle de 120°.

577. Un parterre a la forme d'un losange dont le côté mesure

$8^m,25$. Le jardinier est payé à raison de 1 fr. 25 le mètre carré. Que recevra-t-il, sachant que les diagonales sont dans le rapport de 3 à 8?

578. Un jardin a une superficie de 384^{m2}. C'est un losange dont l'une des diagonales a 24 m. Quel sera le prix d'une clôture de fil de fer coûtant 2 fr. 50 le mètre? (*Cert. d'ét. prim. sup. aspirantes.*)

579. Une personne achète un champ qui a la forme d'un losange dont la superficie est 2 ha. 25^{m2}. Les diagonales sont dans le rapport de 3 à 7. Longueur de chacune des diagonales et du côté.

Trapèze isocèle ou rectangle :

1re ANNÉE :

580. Calculer l'aire d'un trapèze isocèle, sachant que la grande base mesure 50 m., la petite base 35 m., et l'un des côtés non parallèles 24 m.

581. Un trapèze isocèle a 15 m. de hauteur; la différence des bases est 8 m. Calculer l'aire, sachant que son périmètre mesure 100 m.

582. Calculer la diagonale d'un trapèze isocèle, sachant que les bases mesurent 18^m,20 et 12^m,60 et la hauteur 9^m,50.

583. Un champ a la forme d'un trapèze rectangle. La grande base mesure 65 m., la petite base 42 m., le côté oblique 51 m. On entoure ce champ d'une palissade coûtant 3 fr. 50 le mètre courant. Calculer : 1° le prix de cette palissade; 2° la valeur du champ à raison de 35 fr. l'are; 3° le prix de revient total.

2e ANNÉE :

584. Dans un trapèze isocèle, la grande base a 100 m., la petite 40 m., l'un des côtés non parallèles 50 m. Trouver l'aire.

585. Quelle est l'aire d'un trapèze isocèle ayant deux angles égaux de 60° et une base de 100 m., sachant que le côté oblique mesure 20 m.?

586. Un terrain a la forme d'un trapèze isocèle dont la grande base AB a une longueur de 128 m. et dont le côté AD, qui fait un angle de 60° avec cette base, a une longueur de 24 m. On demande :

1° La valeur de ce terrain à raison de 45 fr. l'are;

2° Le prix d'un terrain carré dont le côté serait égal aux $\frac{7}{20}$ de la diagonale AC, sachant que le prix de l'are de ce nouveau terrain est au prix de l'are du premier dans le rapport de $\frac{3}{4}$ à $\frac{5}{7}$.

587. On achète, à raison de 1 200 fr. l'hectare, un terrain qui a la forme d'un trapèze isocèle dont les bases ont 110 m. et 50 m. La hauteur est moyenne arithmétique entre les deux bases. On entoure ce terrain d'un fil de fer pesant 10 kg. Le rouleau de 50 m., valant 42 fr. 50

le quintal, est supporté par des poteaux à 0 fr. 75 la pièce tout posés et placés de telle sorte qu'il y en ait un à chaque angle du terrain et que les poteaux intermédiaires soient distants de 5 m. Prix de revient total. (*C. É. P. S. aspirants, Alger*, 1901.)

588. Calculer l'aire et le périmètre d'un champ ayant la forme d'un trapèze rectangle, sachant que le côté oblique mesure 24 m., qu'il est égal à la grande base et fait avec elle un angle de 60°.

CHAPITRE IV

POLYGONES RÉGULIERS

348. POLYGONE RÉGULIER. *Un polygone est* régulier *quand ses côtés sont égaux ainsi que ses angles.*

Ainsi l'hexagone ABCDEF (*fig.* 248) est régulier si l'on a :

$$AB = BC = CD = DE = EF = FA \text{ et } \widehat{A} = \widehat{B} = \widehat{C} = \widehat{D} = \widehat{E} = \widehat{F}.$$

Le triangle équilatéral et le carré sont des polygones réguliers.

349. POLYGONE INSCRIT ET POLYGONE CIRCONSCRIT. Un polygone est *inscrit* dans un cercle quand tous ses sommets sont sur la circonférence.

Ainsi, le polygone ABCDEF (*fig.* 249) est inscrit dans un cercle. Ce cercle est dit *circonscrit* au polygone.

—Si l'on partage une circonférence en

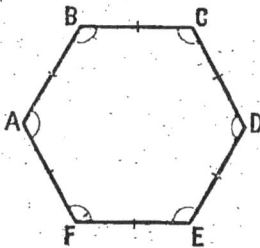 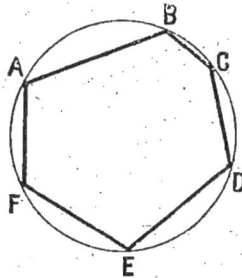

Fig. 248   Fig. 249

un certain nombre de parties égales (*fig.* 250) et que l'on joigne consécutivement les points de division, on obtient évidemment un polygone régulier; en effet, tous ses côtés sont égaux : ce sont des cordes qui sous-tendent des arcs égaux et, d'autre part, tous ses angles sont égaux, ils ont même mesure.

Un polygone est *circonscrit* à un cercle quand ses côtés sont tangents à la circonférence.

Ainsi, le polygone ABCDEF (*fig.* 251) est circonscrit à un cercle. Ce cercle est dit *inscrit* dans le polygone.

350. POLYGONE RÉGULIER INSCRIT DANS UN CERCLE ET CIRCONSCRIT A UN AUTRE DE MÊME CENTRE. Considérons un polygone régulier quelconque ABCDE (*fig.* 252); on peut faire passer un cercle par tous ses sommets : il suffira de tracer le cercle passant par trois sommets consécutifs A, B, C par exemple; pour cela, déterminons le centre

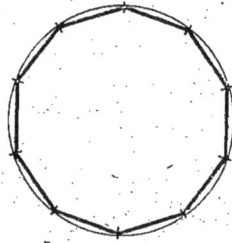

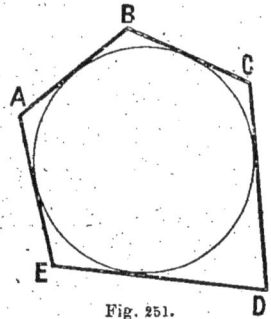

Fig. 250.   Fig. 251.

O de ce cercle (n° 231). Si l'on fait tourner le quadrilatère OABI autour de la perpendiculaire OI sur BC, BI s'appliquera sur IC et, comme les angles B et C sont égaux, BA s'appliquera sur CD; il en résulte que OA = OD et le cercle tracé passera aussi par D. Ce sera bien le cercle circonscrit.

D'autre part, si l'on considère un polygone régulier et le cercle circonscrit (*fig.* 253), tous les côtés du

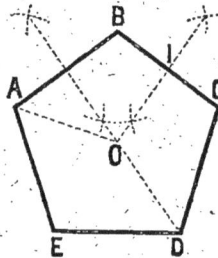

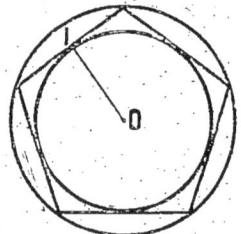

Fig. 252.   Fig. 253.

polygone sont des cordes égales : elles sont donc équidistantes du centre; abaissons OI perpendiculaire sur un des côtés, le cercle ayant le point O comme centre et OI comme rayon est le cercle inscrit dans le polygone.

En résumé, *étant donné un polygone régulier, on peut lui circonscrire un cercle; on peut aussi en inscrire un dans le polygone; ces deux cercles sont concentriques.*

351. DÉFINITIONS. Le centre commun des cercles inscrit et circonscrit à un polygone régulier est appelé *centre du polygone.*

Le rayon du cercle circonscrit est appelé *rayon du polygone régulier*.

Le rayon du cercle inscrit est appelé *apothème du polygone régulier*.

Tout angle ayant son sommet au centre du polygone et dont les côtés passent par deux sommets consécutifs est appelé *angle au centre du polygone*.

Tous les angles au centre d'un polygone régulier sont évidemment égaux.

352. REMARQUE. Si l'on considère un polygone de n côtés, on peut tracer n angles au centre égaux et, par suite, chaque angle a pour mesure :

$$\frac{360°}{n} \text{ ou } \frac{4 \text{ droits}}{n} \text{ ou } \frac{400^G}{n}.$$

Fig. 254.

Quant à l'angle du polygone, si nous remarquons que la somme des angles d'un polygone convexe de n côtés (V. n° 174) est $2.\text{dr.}(n-2)$, nous avons :

$$Angle\ du\ polygone\ régulier = \frac{2\ \text{dr.}\ (n-2)}{n}.$$

Remarquons encore que, quel que soit le nombre des côtés du polygone régulier (*fig.* 254),

$$\widehat{OAB} = \widehat{OBA} \text{ et } \widehat{OAB} + \widehat{OBA} = \widehat{ABC},$$

d'où $$\widehat{AOB} + \widehat{ABC} = 2 \text{ droits}.$$

L'angle d'un polygone régulier convexe et son angle au centre sont supplémentaires.

On peut d'ailleurs le vérifier ; on a pour la somme des deux angles :

$$\frac{4}{n} + \frac{2(n-2)}{n} = \frac{4+2n-4}{n} = \frac{2n}{n} = 2 \text{ droits}.$$

353. PROBLÈME I. *Étant donné un polygone régulier inscrit, construire un polygone régulier circonscrit au même cercle et ayant un nombre égal de côtés.*

Il suffira, par exemple, de mener les tangentes au cercle par les sommets du polygone. Ainsi, ABCDE (*fig.* 255) étant un pen-
tagone régulier inscrit, en traçant les tangentes aux sommets, on obtient le pentagone FGHKM circonscrit ; il est régulier, car ses angles sont égaux comme ayant même mesure, et ses côtés

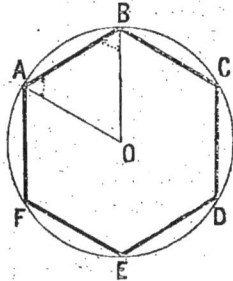

sont égaux; car si nous considérons les deux triangles AFB, BGC par exemple, ils ont un côté égal adjacent à deux angles égaux chacun à chacun; en effet, AB = BC comme côtés d'un polygone régulier et les quatre angles adjacents sont égaux comme ayant même mesure; ces triangles sont d'ailleurs isocèles; on a :

$$FB = BG = GC = CH = \ldots$$

Donc $MF = FG = \ldots$

354. Problème II. *Étant donné un polygone régulier inscrit, construire un polygone régulier inscrit dans le même cercle et ayant un nombre double de côtés.*

On partagera en deux parties égales chacun des arcs sous-tendus

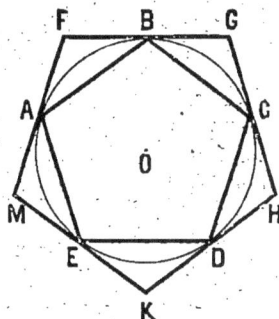

Fig. 255.

par les côtés du polygone donné; pour cela, il suffira d'abaisser du centre des perpendiculaires sur chacun de ses côtés.

Considérons un polygone régulier quelconque ABCDEF (*fig.* 256) inscrit dans un cercle de centre O. Abaissons du point O la perpendiculaire OH sur l'un des côtés et prolongeons-la jusqu'à son intersection G avec le cercle. B G est évidemment le côté du polygone cherché.

355. Polygones réguliers étoilés. Supposons que l'on ait partagé la circonférence en 10 parties égales.

En joignant les points de division consécutivement, on obtient le *décagone régulier.*

En joignant les points de division de deux en deux, on obtient le *pentagone régulier.*

En joignant les points de division de trois en trois (*fig.* 257), on ne retrouve pas le

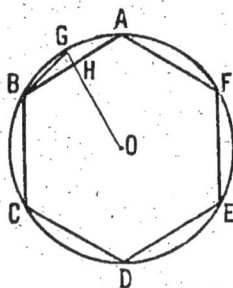

Fig. 256.

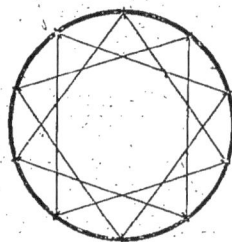

Fig. 257.

point de départ après avoir fait le tour de la circonférence; ce n'est qu'au troisième tour que le polygone se ferme; on obtient ainsi un polygone concave qui répond à la définition des

polygones réguliers : c'est un *polygone régulier étoilé.* Comme
il a 10 côtés, c'est le *décagone régulier étoilé.*

En joignant les points de division de quatre en quatre (*fig.* 258),
on obtient le *pentagone régulier étoilé.*

356. *Aire d'un polygone régulier.* Théorème. *L'aire d'un polygone régulier a
pour mesure le
demi-produit des
nombres qui ex-
priment les me-
sures de son pé-
rimètre et de son
apothème.*

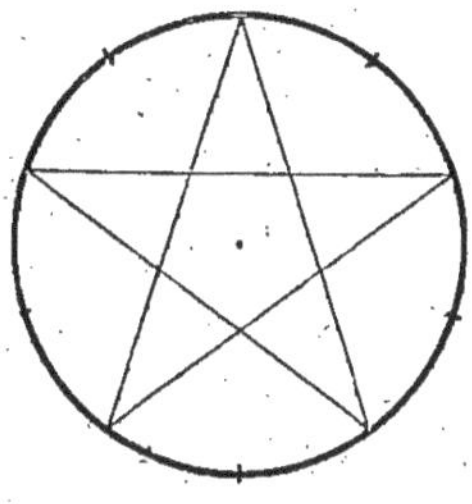

Considérons le
polygone régulier
ABCDEF (*fig.* 259)
et son centre O.

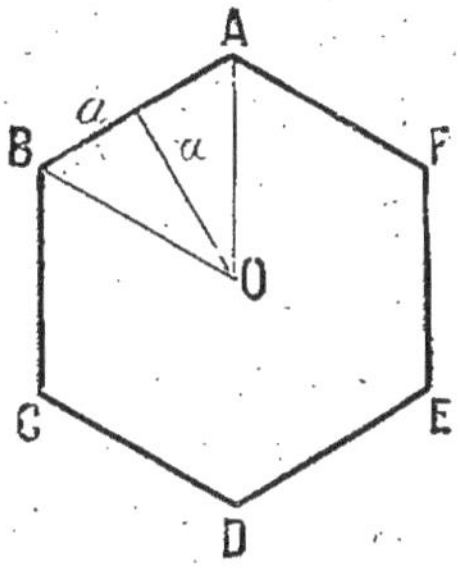

Fig. 258.   Fig. 259.

Soient a son côté, α son apothème; en joignant le point O à tous
les sommets, on décompose le polygone en triangles égaux ; l'aire
de chacun d'eux est égale à $\dfrac{a\alpha}{2}$ et, si le polygone a n côtés, il
est décomposé en n triangles égaux, et l'on a :

$$\text{Surf. ABCDEF} = \frac{na\alpha}{2}.$$

Or, $n\,a$ est le périmètre : le théorème est démontré.

— Formule. Si P est le périmètre d'un polygone régulier,
α son apothème et S sa surface, on a :

$$S = \frac{P\alpha}{2}.$$

Carré.

357. *Inscrire un carré dans un cercle.*

Considérons un cercle de centre O (*fig.* 260); nous allons partager sa circonférence en 4 parties égales.

1° Nous pouvons opérer avec le rapporteur; la valeur de
chaque arc est $\dfrac{360°}{4} = 90°$.

2° Nous pouvons aussi opérer avec la règle et le compas. Pour
cela, traçons dans ce cercle deux diamètres perpendiculaires AC
et BD. La circonférence se trouve évidemment partagée en

4 parties égales. Joignons les extrémités de ces diamètres. Nous formons le quadrilatère ABCD, qui est un carré, car les côtés sont égaux comme cordes sous-tendant des arcs égaux, et les angles A, B, C et D sont droits, puisque chacun d'eux est inscrit dans une demi-circonfé-rence.

358. *Calcul du côté et de l'apothème en fonction du rayon.* Le triangle rectangle AOB nous donne :

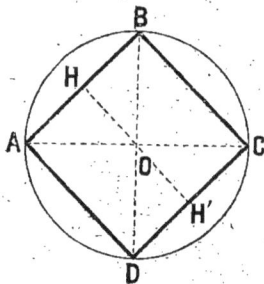

$$\overline{AB}^2 = \overline{OA}^2 + \overline{OB}^2.$$

Si nous désignons le côté du carré par C_4, le rayon du cercle par R, nous avons :

$$C_4^2 = R^2 + R^2 = 2R^2,$$

d'où $\quad C_4 = R\sqrt{2}.$

Fig. 260.

Le côté du carré inscrit est donc incommensurable avec le rayon.

L'apothème OH est la moitié du côté, car OH = OH' et HH' = BC.

Si nous représentons par a_4 l'apothème du carré, nous avons

$$a_4 = \frac{R\sqrt{2}}{2}.$$

359. *Aire des carrés inscrit et circonscrit en fonction du rayon.*

Le côté du carré inscrit a pour valeur $R\sqrt{2}$; on a donc pour son aire :

$$S = \left(R\sqrt{2}\right)^2 = 2R^2.$$

Par chacun des sommets du carré inscrit ABCD (*fig.* 261), menons des tangentes à la circonférence O. Nous déterminons le carré FGHK qui est circonscrit au cercle O. Le côté de ce carré est égal au diamètre du cercle O.

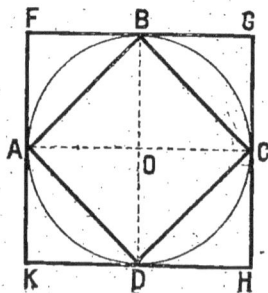

$$FG = AC = 2R.$$

L'aire du carré est exprimée par $4R^2$, et son apothème est OB = R.

On peut d'ailleurs voir directement que l'aire du carré circonscrit est double de celle du carré inscrit.

360. *Inscrire un octogone régulier dans un cercle.* Traçons d'abord deux

Fig. 261.

diamètres perpendiculaires AE et CG (*fig.* 262). Ils partagent la circonférence en quatre parties égales.

Divisons chaque quadrant en deux parties égales : la circonférence est ainsi partagée en huit parties égales. Joignons deux à deux les points de division consécutifs, nous obtenons l'*octogone* régulier inscrit.

361. REMARQUE. Si nous continuons à subdiviser en deux parties égales chacun des arcs obtenus, nous diviserons la circonférence en 16, 32... parties égales, et en joignant les points de

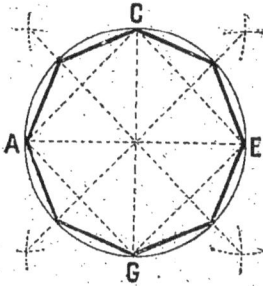 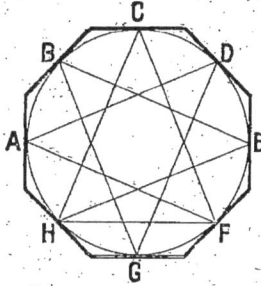

Fig. 262.   Fig. 263.

division consécutifs nous aurons les polygones réguliers inscrits de 16, 32... côtés.

362. OCTOGONE CIRCONSCRIT. OCTOGONE ÉTOILÉ. Si, par les sommets de l'octogone inscrit, nous menons des tangentes à la circonférence, nous déterminons l'*octogone régulier* circonscrit (*fig.* 263).

Si nous joignons les points de division de la circonférence de 3 en 3 ou de 5 en 5, nous formons un *octogone régulier étoilé* (*fig.* 263). Les côtés de cet octogone forment par leurs intersections un octogone convexe; on démontrerait aisément qu'il est régulier.

Problèmes.

1re ANNÉE :

589. Inscrire un carré dans un cercle de 75^{mm} de rayon (faire la figure). Calculer : 1° l'aire de ce carré; 2° son périmètre; 3° sa diagonale.

590. Calculer l'aire d'un carré circonscrit à un cercle de 0^m,80 de rayon.

591. Calculer le côté d'un carré inscrit dans un cercle, sachant que l'aire du carré circonscrit à ce même cercle mesure 30 dm².

592. Calculer l'angle de l'octogone régulier : 1° en degrés; 2° en grades.

593. Calculer l'angle du dodécagone régulier : 1° en degrés; 2° en grades.

594. Calculer l'angle au centre du décagone régulier : 1° en degrés; 2° en grades.

2ᵉ ANNÉE :

595. Étant donné un carré de 8 m. de côté, détacher quatre triangles rectangles isocèles, de manière que la figure restante soit un octogone régulier.

596. Prolonger les quatre côtés d'un carré dans les deux sens, d'une longueur telle qu'en joignant les extrémités on forme un octogone régulier. Rapport des aires de cet octogone et du carré.

597. Calculer l'angle de l'octogone étoilé.

Hexagone régulier.

363. *Inscrire un hexagone régulier dans un cercle.*

Pour inscrire un hexagone régulier dans un cercle, il faut partager la circonférence de ce cercle en six parties égales et joindre deux à deux les points consécutifs obtenus.

1° Nous pouvons faire cette division à l'aide du rapporteur. Chacun des arcs doit avoir 360° : 6 = 60°.

2° Mais nous pouvons établir une construction plus simple. Supposons le problème résolu et soit AB (*fig. 264*) le côté de l'hexagone régulier inscrit dans le cercle O. Joignons OA et OB. Nous formons le triangle OAB qui est isocèle, car OA = OB comme rayon, par suite $\widehat{A_1} = \widehat{B_1}$.

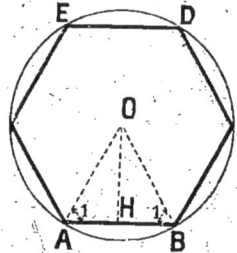

Fig. 264.

D'autre part, l'angle au centre O vaut $\dfrac{360°}{6} = 60°$.

Donc $\qquad \widehat{A_1} + \widehat{B_1} = 180° - 60°$

ou $\qquad 2\widehat{A_1} = 120°$ et $\widehat{A_1} = \widehat{B_1} = 60°$.

Le triangle OAB est équiangle et, par suite, équilatéral,

$$AB = OA = R.$$

Donc, *pour inscrire un hexagone régulier dans un cercle, il suffit de porter en cordes sur la circonférence, à la suite l'une de l'autre, six longueurs égales au rayon*, et de joindre consécutive-ment les points obtenus.

364. *Calcul du côté en fonction du rayon.* Si nous désignons par C_6 le côté de l'hexagone régulier inscrit dans un cercle de rayon R, nous avons $C_6 = R$.

365. *Calcul de l'apothème en fonction du rayon.* Dans le triangle rectangle OAH (*fig.* 264), nous avons :

$$\overline{OH}^2 = \overline{OA}^2 - \overline{AH}^2$$

ou
$$a_6^2 = R^2 - \frac{R^2}{4} = \frac{4R^2 - R^2}{4} = \frac{3R^2}{4},$$

d'où
$$a_n = \sqrt{\frac{3R^2}{4}} = \frac{R\sqrt{3}}{2}.$$

366. *Calcul de la surface en fonction du rayon.* Nous savons que l'aire d'un polygone régulier a pour mesure le demi-produit du périmètre par l'apothème (n° 356). Par suite :

$$\text{Surf. hexagone} = \frac{6R \times R\sqrt{3}}{2} = \frac{3R^2\sqrt{3}}{2}.$$

367. *Hexagone circonscrit.* Si, par les sommets de l'hexagone régulier inscrit, nous menons des tangentes à la circonférence, nous déterminons l'hexagone régulier circonscrit.

Problèmes.

1re ANNÉE .

598. Pour carreler une cuisine on a employé 150 carreaux de forme hexagonale ayant 18 cm. de côté. Quelle est la surface carrelée ?

599. Quelle est la surface de l'hexagone régulier inscrit dans un cercle de $2^m,50$ de rayon ?

600. L'aire d'une pelouse hexagonale régulière mesure 12 a. 25. Quelle est la longueur de chaque côté ?

601. Calculer l'aire d'un hexagone régulier, l'apothème mesurant $3^m,50$.

602. Calculer l'angle de l'hexagone régulier : 1° en degrés; 2° en grades.

2e ANNÉE :

603. Une place a la forme d'un hexagone régulier de 24 m. de côté. Elle est entourée d'un trottoir qui a 2 m. de large. Calculer l'aire du trottoir et celle de l'espace qu'il entoure. (*Brev. élém. aspirants.*)

604. On veut carreler une salle, qui a $10^m,60$ de long sur $7^m,80$ de large, avec des carreaux de forme hexagonale dont le périmètre est

$0^m,56$. On demande : 1° combien il faudra de carreaux ; 2° quelle sera la dépense totale si les carreaux coûtent 60 fr. le mille et si l'on paye au carreleur 3 fr. 40 par mètre carré ? (*C. E. p. sup. aspirants, Paris.*)

605. Calculer le côté d'un hexagone régulier circonscrit à un cercle de 8 m. de rayon.

606. Déterminer le rapport entre l'aire de l'hexagone régulier inscrit et l'aire de l'hexagone régulier circonscrit au même cercle.

607. On donne un hexagone régulier et l'on joint les sommets de 2 en 2 ; démontrer que le polygone ainsi formé est régulier et trouver le rapport de sa surface à celle de l'hexagone donné. Calculer cette dernière, sachant que le côté est de 6 m. (*C. E. p. sup., Lille, 1908.*)

Triangle équilatéral.

368. *Inscrire un triangle équilatéral dans un cercle.* Pour inscrire un triangle équilatéral dans un cercle, il faut diviser la circonférence de ce cercle en trois parties égales, et joindre les points de division consécutifs.

1° Nous pouvons faire cette division à l'aide du rapporteur ; chacun des arcs doit avoir $\dfrac{360°}{3} = 120°$.

2° Nous pouvons aussi nous reporter à la construction de l'hexagone régulier, partager la circonférence en six parties égales et joindre de 2 en 2 les points de division.

Le triangle obtenu ABC (*fig.* 265) est équilatéral, car ses côtés sont égaux comme cordes sous-tendant des arcs égaux ; d'ailleurs ses angles sont égaux comme ayant la même mesure.

369. *Calcul du côté en fonction du rayon.* Le diamètre passant par B (*fig.* 265) passe par le point D de division ; le triangle ABD rectangle nous donne :

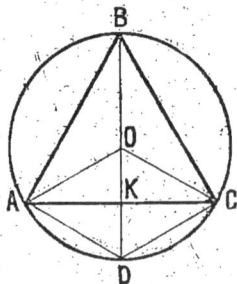

Fig. 265.

$$\overline{AB}^2 = \overline{BD}^2 - \overline{AD}^2 = 4R^2 - R^2 = 3R^2.$$

On en déduit, AB ou $C_3 = R\sqrt{3}$.

370. *Calcul de l'apothème en fonction du rayon.* L'apothème OK est la moitié du rayon OD, car AOCD est un losange ; a_3 étant la mesure de l'apothème, on a :

$$a_3 = \frac{R}{2}.$$

371. *Calcul de la surface en fonction du rayon.* Nous avons (n° 356) :

$$\text{surf. tr. ABC} = \frac{\text{Périmètre} \times \text{apothème}}{2} = \frac{3R\sqrt{3} \times \frac{R}{2}}{2} = \frac{3R^2\sqrt{3}}{4},$$

Rappelons que la surface du triangle équilatéral en fonction du côté a est donnée par la formule $S = \frac{a^2\sqrt{3}}{4}$ (V. n° 344). On peut d'ailleurs passer de cette formule à l'autre en remplaçant a par $R\sqrt{3}$.

372. *Triangle équilatéral circonscrit.* On l'obtiendra en traçant les tangentes aux sommets du triangle équilatéral inscrit. Il est composé de 4 triangles égaux au triangle considéré.

Problèmes.

1re ANNÉE :

608. Calculer le côté, l'apothème, la hauteur et l'aire d'un triangle équilatéral inscrit dans un cercle de 5 cm. de rayon (faire la figure).

609. Calculer l'angle du triangle équilatéral : 1° en degrés; 2° en grades.

2e ANNÉE :

610. Le périmètre d'un triangle équilatéral circonscrit est double de celui du triangle équilatéral inscrit dans le même cercle.

611. Un triangle équilatéral de 7m,50 de côté doit être transformé en un hexagone régulier équivalent. Quel sera le côté de cet hexagone ?

612. Trouver la relation qui existe entre l'aire du triangle équilatéral et l'aire de l'hexagone régulier inscrits dans le même cercle.

Autres polygones réguliers.

373. *Inscrire un dodécagone régulier dans un cercle.* Pour construire le dodécagone régulier, il suffit de diviser la circonférence en 6 parties égales, ce que nous savons faire, de subdiviser ensuite en deux parties égales chacun des arcs obtenus et de joindre les points de division consécutifs.

On peut procéder d'une façon plus rapide : on trace deux diamètres perpendiculaires AC et BD (*fig.* 266). De leurs extrémités comme centres avec OA pour rayon on décrit des arcs qui partagent la circonférence en douze parties égales; en effet $\widehat{CE} = 60°$ (V. n° 363), car le triangle OCE est équilatéral; il en résulte que

$\widehat{BE} = 90° - 60° = 30°$; il en est de même des autres arcs et, si l'on joint les points de division consécutifs, on obtient un dodécagone régulier inscrit.

Par des subdivisions successives, nous pourrions obtenir les polygones de 24, 48 ... côtés.

374. Remarque. Une circonférence étant divisée en 12 parties égales, si on joint les points de division consécutifs, on obtient un dodécagone régulier; si l'on joint les points de division de 2 en 2, on forme un hexagone régulier; si on les joint de 3 en 3 on obtient un carré; si on les joint de 4 en 4, on obtient un triangle équilatéral. Enfin, si on les joint de 5 en 5 ou de 7 en 7, on obtient un dodécagone *étoilé*.

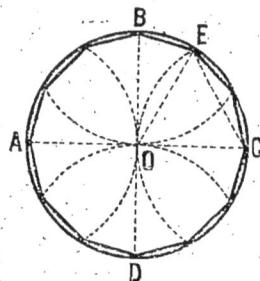

Fig. 266.

375. *Inscrire un pentagone régulier dans un cercle.* Pour inscrire un pentagone régulier dans un cercle, il faut diviser la circonférence de ce cercle en cinq parties égales et joindre les points de division consécutifs.

1° Nous pouvons faire cette division à l'aide du rapporteur; chacun des arcs doit mesurer :

$$360 : 5 = 72°.$$

2° On emploie encore la méthode suivante que nous ne justifierons pas : On mène deux diamètres perpendiculaires, AB et CD (*fig.* 267). On prend le milieu F de OB. Du point F comme centre avec FC comme rayon, on trace l'arc CG. La corde CG est le côté du pentagone inscrit. On porte sur la circonférence, à la suite l'une de l'autre, cinq longueurs égales à cette corde et on joint les points consécutifs obtenus.

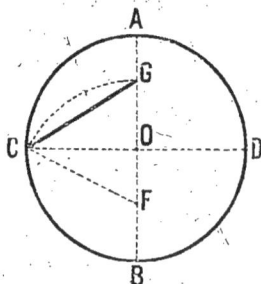

Fig. 267.

376. Remarque. Si par les sommets du pentagone inscrit on mène des tangentes à la circonférence, on détermine le *pentagone circonscrit*. Si on joint les points de division de 2 en 2, on forme un *pentagone étoilé*.

377. *Inscrire un décagone régulier dans un cercle.* Il faut diviser la circonférence en 10 parties égales, ce que l'on peut faire

1° A l'aide du rapporteur;

2° En divisant d'abord la circonférence en 5 parties égales par le procédé ci-dessus, et en partageant en 2 parties égales chacun des arcs obtenus ;

3° En reprenant la construction du pentagone régulier inscrit (*fig.* 267) ; OG est la longueur du côté du décagone régulier inscrit (nous ne le démontrerons pas).

378. REMARQUE. Si, par les sommets du décagone inscrit, on mène des tangentes à la circonférence, on détermine le *décagone régulier circonscrit* (*fig.* 268).

— Rappelons que si l'on partage une circonférence en 10 parties égales :

En joignant consécutivement les points de division, on obtient le décagone régulier.

En les joignant de 2 en 2, on obtient le pentagone régulier.

En les joignant de 3 en 3, on obtient le décagone régulier étoilé (*fig.* 257).

En les joignant de 4 en 4, on obtient le pentagone régulier étoilé (*fig.* 258).

— En somme, il existe deux pentagones réguliers : l'un convexe, l'autre étoilé ;

Un seul hexagone régulier ;

Deux octogones réguliers : l'un convexe, l'autre étoilé ;

Deux décagones réguliers : l'un convexe, l'autre étoilé.

379. *Application des polygones réguliers.* On trouve des polygones réguliers dans la décoration des meubles, des grilles et balcons,... dans l'ornementation de différents objets d'art (tracé de rosaces, travaux de marqueterie). Les rosaces de nos églises, la rose des vents sont des applications des polygones étoilés.

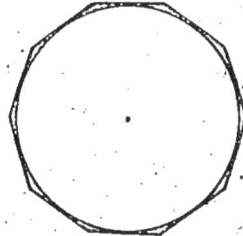

Fig. 268.

— On utilise aussi, pour le carrelage, des carreaux ayant la forme de polygones réguliers :

Si l'on emploie des carreaux de même espèce, on ne pourra pas employer des carreaux quelconques ; il sera nécessaire que le quotient de 360° par l'angle du polygone exprimé en degrés soit un nombre entier exact.

Ex. : On pourra carreler avec des carreaux hexagonaux, car l'angle de l'hexagone régulier est 120°, et il faudra assembler les carreaux par groupes de trois $\left(\dfrac{360}{120}=3\right)$ pour constituer le carrelage.

— D'une façon générale, si on utilise des carreaux de différentes espèces, il faudra les choisir de façon que la somme des angles des différents polygones choisis soit 360°.

Nous donnons à la fin de l'ouvrage quelques dessins où l'on trouvera des applications des polygones réguliers.

Problèmes.

1re ANNÉE :

613. Dans un cercle de 64^{mm} de rayon, inscrire un dodécagone régulier. Tracer le dodécagone étoilé. (Faire deux figures.)

614. Dans un cercle de 8 cm. de rayon, inscrire un pentagone régulier; tracer le pentagone étoilé; circonscrire à ce cercle un pentagone régulier.

615. Dans un cercle de 9 cm. de rayon, inscrire un décagone régulier. Tracer le décagone étoilé.

616. Dans un cercle de 8 cm. de rayon, inscrire, en utilisant le rapporteur, un polygone régulier de 15 côtés. Tracer un polygone étoilé.

617. Dans un cercle de 9 cm. de rayon, tracer une rose des vents.

2e ANNÉE :

618. Déterminer le polygone régulier dont l'angle vaut : 90°, 135°, 150°, 120°, 108°, 144°; 160^G, 100^G, 120^G, 166^G,2/3, 133^G,1/3, 150^G.

619. On veut carreler avec des carreaux ayant la forme de polygones réguliers de même espèce. Quels sont ceux que l'on peut employer? Montrer qu'on peut aussi carreler avec un assemblage : 1º de carrés et triangles équilatéraux; 2º de carrés et d'octogones réguliers; 3º de triangles équilatéraux et de dodécagones.

620. Dans un cadre de 18 × 24, dessiner un carrelage composé de carrés. Imaginer un lavis.

621. Dans un cadre de 18 × 24, dessiner un carrelage composé de carrés et de triangles équilatéraux. (*Lavis.*)

622. Dans un cadre de 18 × 24, dessiner un carrelage composé d'hexagones réguliers. (*Lavis.*)

623. Dans un cadre de 18 × 24, dessiner un carrelage composé de carrés et d'octogones réguliers. (*Lavis.*)

624. Dans un cadre de 18 × 24, dessiner un carrelage composé de dodécagones réguliers et de triangles équilatéraux. (*Lavis.*)

CHAPITRE VI

LONGUEUR DE LA CIRCONFÉRENCE ET SURFACE DU CERCLE

Longueur de la circonférence.

380. Définition. Il importe de définir ce que nous entendons par *longueur de la circonférence*, car l'unité de longueur dont nous nous servons est rectiligne et on ne conçoit pas, à priori, comment nous pourrions, avec une unité rectiligne, mesurer un arc.

Considérons un cercle de centre O (*fig.* 269) et inscrivons dans ce cercle un polygone régulier d'un nombre quelconque de côtés, un hexagone par exemple. Doublons le nombre des côtés; pour cela, traçons le rayon OC perpendiculaire sur le côté AB; AC est le côté d'un polygone régulier inscrit ayant un nombre de côtés double de celui qui a pour côté AB. Le périmètre du nouveau polygone est plus grand que le périmètre du premier. Si nous continuons à doubler ainsi le nombre des côtés des polygones réguliers successivement obtenus, nous avons une suite de poly-

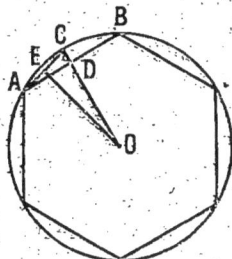

Fig. 269.

gones réguliers dont les périmètres vont en croissant; cependant ces périmètres restent tous inférieurs au périmètre d'un polygone circonscrit quelconque; dans ces conditions, nous admettrons que *cette suite de périmètres a une limite dont ils se rapprochent d'autant plus que le nombre des côtés du polygone est plus grand.*

D'autre part, l'apothème du premier polygone est OD, celui du second est OE et l'on a évidemment OE > OD. Les polygones réguliers successivement obtenus ont donc des apothèmes qui vont en croissant; tous ces apothèmes sont inférieurs au rayon; nous admettrons *qu'ils ont pour limite le rayon dont ils se rapprochent d'autant plus que le nombre des côtés du polygone est plus grand.*

Enfin, nous admettrons que la limite des périmètres et la limite des apothèmes restent les mêmes quel que soit le polygone régulier primitivement inscrit dans le cercle. Cela posé :

On appelle longueur de la circonférence, la limite vers laquelle tend le périmètre d'un polygone régulier inscrit lorsqu'on double indéfiniment le nombre de ses côtés.

381. Rapport des périmètres de deux polygones réguliers. — Théorème. — *Deux polygones réguliers d'un même nombre de côtés sont semblables et le rapport de leurs périmètres est égal au rapport de leurs rayons.*

Deux polygones réguliers d'un même nombre de côtés sont semblables ; en effet, tous leurs angles sont égaux, puisque l'angle d'un polygone régulier de n côtés est $\dfrac{2\,(n-2)}{n}$ (V. n° 352). D'autre part, comme dans chaque polygone les côtés sont égaux, le rapport d'un côté de l'un à un côté de l'autre est un nombre fixe.

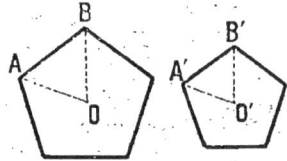

Fig. 270.

Les deux polygones étant semblables, le rapport de leurs périmètres est égal au rapport de similitude (V. n° 326) ; or, si nous considérons les côtés AB et A'B' (*fig.* 270), O et O' étant les centres des deux polygones, les deux triangles AOB et A'O'B' sont semblables, car ils sont isocèles, et $\widehat{O} = \widehat{O'}$, chacun d'eux ayant pour mesure une même fraction de 360°.

Dans ces conditions, $\dfrac{AB}{A'B'} = \dfrac{OA}{O'A'}$ et le rapport des périmètres est bien égal au rapport des rayons. Si P et P' sont les périmètres des polygones, on a :

$$\frac{P}{P'} = \frac{R}{R'}.$$

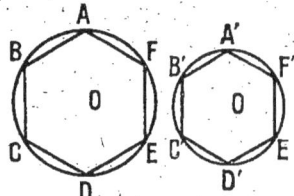

Fig. 271.

382. Rapport des longueurs de deux circonférences. — *Définition du nombre* π. — Théorème. — *Le rapport des longueurs de deux circonférences est égal au rapport de leurs rayons.*

Soient les deux cercles de centre O et O' (*fig.* 271). Inscrivons dans les deux cercles des polygones réguliers d'un même nombre de côtés, des hexagones, par exemple ; nous avons (V. n° 381), en désignant leurs périmètres respectifs par P et P', leurs rayons par R et R' :

$$\frac{P}{P'} = \frac{R}{R'}.$$

Si nous doublons le nombre des côtés, les périmètres deviennent P_1 et P_1' et nous avons encore :

$$\frac{P_1}{P_1'} = \frac{R}{R'}.$$

Si nous continuons à doubler le nombre des côtés, à la $n^{ième}$ opération, les périmètres deviennent P_n, P_n' et nous avons toujours :

$$\frac{P_n}{P_n'} = \frac{R}{R'}.$$

Or, nous avons vu (n° 380) que si on double indéfiniment le nombre des côtés d'un polygone régulier inscrit, la limite des périmètres des polygones successivement obtenus est, par définition, la longueur de la circonférence.

Si C et C' sont les longueurs de ces circonférences, nous aurons à la limite :

$$\frac{C}{C'} = \frac{R}{R'}.$$

383. COROLLAIRE. — *Le rapport d'une circonférence à son diamètre est un nombre constant.*

Si C et C' sont les longueurs de deux circonférences de rayons R et R', nous avons établi que :

$$\frac{C}{C'} = \frac{R}{R'},\text{ on en déduit : } \frac{C}{C'} = \frac{2R}{2R'};$$

Ou encore :

$$\frac{C}{2R} = \frac{C'}{2R'}.$$ C. Q. F. D.

Ce rapport constant se désigne par la lettre grecque π.

384. THÉORÈME. — *Le nombre qui exprime la mesure de la longueur d'une circonférence s'obtient en faisant le produit par π du nombre qui exprime la mesure de son diamètre.*

En effet, C étant la longueur d'une circonférence de rayon R, on a :

$$\frac{C}{2R} = \pi,$$

On en déduit : $C = 2\pi R$.

385. REMARQUE. La formule $C = 2\pi R$ contient deux grandeurs variables C et R, elle permettra de calculer C lorsque R sera donné ou encore de calculer R quand C sera connu; elle donne en effet :

$$R = \frac{C}{2\pi}.$$

386. *Longueur d'un arc de n degrés ou p grades.* — La longueur d'une circonférence de rayon R est $2\pi R$, or elle comprend 360° ou 400^G.

360° ont pour longueur $2\pi R$.

$$1° \text{ a} \quad — \quad \frac{2\pi R}{360} = \frac{\pi R}{180},$$

$$n° \text{ ont} \quad — \quad \frac{\pi R n}{180}.$$

Si nous appelons l la longueur cherchée, nous avons :

$$l = \frac{\pi R n}{180}.$$

Un raisonnement analogue, avec les grades, nous donnera :

$$l = \frac{\pi R p}{200}. \text{ On a, en définitive :}$$

$$l = \frac{\pi R n}{180} = \frac{\pi R p}{200}.$$

387. Remarque. Si nous prenons l'une des formules établies, par exemple :

$$l = \frac{\pi R n}{180},$$

elle constitue une relation entre les trois grandeurs l, R, n; elle nous permettra donc de calculer l'une de ces trois grandeurs quand on connaîtra les deux autres.

1° Si l est inconnue, on a : $l = \dfrac{\pi R n}{180}$;

2° Si R est inconnue, on a : $R = \dfrac{180\, l}{\pi n}$;

3° Si n est inconnue, on a : $n = \dfrac{180\, l}{\pi R}$.

388. *Calcul de π.* — Le nombre π est défini par la formule

$$\pi = \frac{C}{2R}.$$

Cette définition nous donne immédiatement deux méthodes pour calculer π : ou bien on peut se donner R et calculer la longueur C de la circonférence, on en déduira le rapport $\dfrac{C}{2R}$: c'est la *méthode des périmètres;* ou bien on peut se donner la longueur C de la circonférence et calculer son rayon R : c'est la *méthode des isopérimètres.* Nous allons indiquer brièvement la première.

389. Méthode des périmètres. Nous pouvons prendre pour R un nombre quelconque; pour plus de simplicité, supposons R = 1 m. et voyons comment nous pourrons évaluer C.

Inscrivons dans le cercle un polygone régulier, un hexagone par exemple.

Le périmètre de cet hexagone est 6 R ou 6 m., et le rapport du périmètre au diamètre est $\dfrac{6}{2} = 3$.

Ce nombre est évidemment plus petit que π.

D'autre part, on circonscrit un hexagone régulier à ce cercle; on en calcule le périmètre par une méthode que nous n'exposerons pas, et l'on trouve P = 6,92820.

$$\text{Par suite,} \quad \frac{P}{2\,R} = \frac{6,92820}{2} = 3,46410.$$

Ce nombre est évidemment plus grand que π.

Donc la valeur de π est comprise entre 3 et 3,46410.

Doublons le nombre des côtés de chacun des polygones. On peut calculer les côtés des deux dodécagones obtenus; on trouve que le périmètre du polygone inscrit devient 6,21166 et celui du polygone circonscrit 6,43078.

Donc π est compris entre 3,10583 et 3,21539; sa valeur exacte est déjà contenue entre des limites moins éloignées.

Si on double successivement le nombre des côtés des polygones inscrits et circonscrits, on trouve les résultats suivants :

NOMBRE DE CÔTÉS DES POLYGONES.	PÉRIMÈTRE DES POLYGONES INSCRITS.	PÉRIMÈTRE DES POLYGONES CIRCONSCRITS.
24	6,26254	6,31832
48	6,27870	6,29216
96	6,28206	6,28542
192	6,28290	6,28374
384	6,28310	6,28332

Donc la valeur de π est comprise entre 3,14155 et 3,14166. On prend, dans la pratique, la valeur approchée 3,1416.

390. Remarque. En continuant les calculs commencés plus haut, on peut calculer π avec une approximation aussi grande que l'on veut sans jamais obtenir toutefois une valeur exacte; c'est pourquoi on dit que π est un nombre incommensurable.

391. Archimède, géomètre grec, donna pour valeur approchée de π le nombre $\dfrac{22}{7}$. Le Hollandais Adrien Métius donna $\dfrac{355}{113}$.

Sa valeur est : $\pi = 3,1415926535\ldots\ldots$ [1].

— Dans les calculs, on peut avoir à diviser une expression par le nombre π; il est préférable de la multiplier par le nombre $\dfrac{1}{\pi}$ dont la valeur a été calculée à l'avance et qu'on doit connaître;

$$\frac{1}{\pi} = 0,3183098 \text{ [2]}.$$

Aire du cercle.

392. DÉFINITION. Comme on a fait pour la longueur de la circonférence, il nous faut ici définir l'aire du cercle, car l'unité d'aire étant un carré, nous ne concevons pas, à priori, qu'on puisse mesurer, avec cette unité, une aire limitée par une surface courbe.

On appelle **aire d'un cercle** *la limite vers laquelle tend l'aire d'un polygone régulier inscrit dans le cercle lorsqu'on double indéfiniment le nombre des côtés.*

Nous admettons donc que les aires des polygones successivement obtenus en doublant le nombre de leurs côtés ont une limite et que cette limite est la même, quel que soit le polygone régulier d'où l'on est parti.

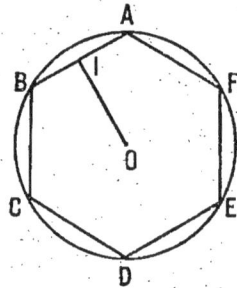

Fig. 272.

393. THÉORÈME. — *Le nombre qui mesure l'aire d'un cercle s'obtient en formant le demi-produit des nombres qui mesurent la circonférence et le rayon.*

Considérons un cercle de centre O (*fig.* 272) et un polygone régulier inscrit ABCDEF, d'un nombre quelconque de côtés;

---

(1) On peut retenir ce rapport en se rappelant la phrase suivante dans laquelle le nombre des lettres de chaque mot donne la valeur absolue de chacun des chiffres :

Que j'aime à faire connaître un nombre utile aux sages.
3, 1 4 1 5 9 2 6 5 3 5

(2) On la retiendra facilement en se rappelant la phrase suivante :

. *Les trois journées de 1830 sont un 89 renversé.*

nous savons que le nombre qui mesure l'aire d'un polygone régulier s'obtient en formant le demi-produit de son périmètre par son apothème (n° 386). Si A_1 désigne l'aire, P_1 le périmètre et a_1 l'apothème du polygone :

$$A_1 = \frac{P_1 \times a_1}{2}.$$

Si l'on double le nombre des côtés, le nouveau polygone a une aire A_2, un périmètre P_2 et une apothème a_2, et

$$A_2 = \frac{P_2 \times a_2}{2}.$$

Si l'on continue à doubler indéfiniment, les périmètres des polygones successifs ont pour limite la longueur C de la circonférence, les apothèmes ont pour limite le rayon R et, si S est la surface cherchée, on a :

$$S = \frac{C \times R}{2}.$$

394. *Formule.* — Nous savons que $C = 2 \pi R$,

donc
$$S = 2\pi R \times \frac{R}{2}$$

ou
$$S = \pi R^2;$$

formule qui permettra de calculer S connaissant R, et R lorsque S sera connu.

395. *Aire d'un secteur de n^o ou p^G.* — Remarquons qu'une circonférence est un secteur de 360° ou 400ᴳ. Nous avons donc :

$$\text{Aire secteur } 360° = \pi R^2$$

$$\text{Aire secteur } 1° = \frac{\pi R^2}{360}$$

$$\text{Aire secteur } n° = \frac{\pi R^2 n}{360}.$$

Le même raisonnement pour un secteur de p grades nous conduit à $\dfrac{\pi R^2 p}{400}$.

Si S est la surface cherchée, on a donc :

$$S = \frac{\pi R^2 n}{360} = \frac{\pi R^2 p}{400}.$$

396. Remarque. Si nous considérons l'une de ces formules; par exemple $S = \dfrac{\pi R^2 n}{360}$, elle nous permettra de calculer l'une des trois grandeurs S, R, n, quand les deux autres sont connues.

397. *Aire d'un segment.* — Nous considérerons le segment comme la différence entre un secteur et un triangle (*fig.* 273) :

Aire segment AMB = Aire secteur OAMB — Aire triangle OAB.

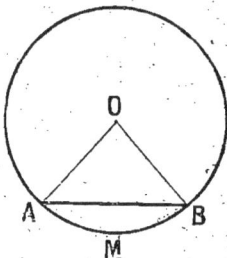
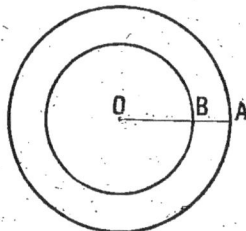

Fig. 273.   Fig. 274.

398. *Aire d'une couronne circulaire.* — L'aire d'une couronne circulaire (*fig.* 274) est égale à la différence des aires des deux cercles qui la constituent.

$$\text{Aire couronne} = \pi\ \text{OA}^2 - \pi\ \text{OB}^2 = \pi\ R^2 - \pi\ r^2 = \pi\ (R^2 - r^2).$$

Problèmes.

1re ANNÉE :

Calculer la longueur d'une circonférence ou d'un arc.

625. Un cycliste compte qu'entre deux points, sa roue de devant, dont le rayon est de 0m,78, a fait 2 000 tours. Quelle est la distance de ces deux points?

626. La roue d'une voiture a 1m,30 de diamètre. Combien fera-t-elle de tours pour parcourir une distance de 15 kilomètres?

627. Dans une circonférence de 68mm de rayon, quelle est la longueur d'un arc de 125°; de 125G; de 64°40'; de 64G,40; de 42°25'50"; de 42G,25 50?

628. L'arc du méridien compris entre Dunkerque et Barcelone a pour mesure 9°40'12". Calculer, en lieues de 4 kilom., la distance entre les deux villes.

2e ANNÉE :

629. Les roues d'une locomotive ont 0m,85 de rayon; celles des wagons n'ont que 0m,35. Combien les premières font-elles de tours de moins que les secondes sur un parcours de 324 kilomètres?

630. Un voyageur en voiture sait que la roue qui a 1m,40 de diamètre a fait 2 500 tours en 2 h. 35. Combien a-t-il fait de kilomètres à l'heure? (*École nationale de céramique.*)

631. La roue de devant d'une bicyclette à un diamètre de 0m,72 et

celle de derrière de 0ᵐ,68. Calculer : 1° l'espace minimum à parcourir
pour que chacune des deux roues ait fait un nombre entier de tours;
2° le chemin parcouru, lorsque la petite roue fait 1 000 tours de plus
que la grande. (*E. N. aspirants, Nancy,* 1901.)

Inversement, calculer le rayon d'une circonférence ou d'un arc.

1ʳᵉ ANNÉE :

632. Trouver le rayon d'un cercle ayant 4ᵐ,40 de circonférence.

633. Déterminer la longueur du rayon terrestre.

634. La roue d'un chariot a fait 2 400 tours pour parcourir 5 kilomètres 026. Quel est le rayon de cette roue?

635. Calculer le rayon d'un arc de 50 cm., s'il vaut 45°; 45ᴳ; 15°36′;
15ᴳ,36; 111°36′28″; 111ᴳ,3628.

2ᵉ ANNÉE :

636. Calculer le rayon d'une piste circulaire sachant que pour en
faire le tour on a fait 845 pas à raison de 130 pas aux 100 mètres.

637. Sur un parcours donné, les grandes roues ont fait en moyenne
7 tours en 8 secondes et les petites 5 tours en 4 secondes. Sachant
que les petites roues ont fait 10 800 tours de plus que les grandes,
quelle a été la durée du trajet et combien de tours a fait chaque roue?
Si le chemin parcouru est de 114 kilomètres, quel est le diamètre de
chaque roue? (*E. N. aspirantes, Paris,* 1902.)

638. Dans une circonférence de 85ᵐᵐ de rayon, un arc mesure
10 cm. Quelle est sa valeur : 1° en degrés? 2° en grades?

Calculer l'aire d'un cercle ou d'un secteur.

1ʳᵉ ANNÉE :

639. Calculer l'aire d'une plaque tournante servant à changer la
direction des wagons, le diamètre de cette plaque mesurant 4ᵐ,50.

640. On a acheté 1ᵐ,10 de toile cirée ayant 1ᵐ,25 de large pour recouvrir une table circulaire de 1ᵐ,10 de diamètre. Quelle est la perte
éprouvée par suite de la partie non utilisée, si la toile cirée coûte
6 fr. 50 le mètre carré?

641. Dans un cercle de 2ᵐ,10 de rayon, calculer l'aire d'un secteur
dont l'arc a 60°; 60ᴳ; 32°48′; 32ᴳ,48; 125°50′25″; 125ᴳ,5025.

2ᵉ ANNÉE :

642. On a creusé un bassin circulaire de 83 m. de diamètre, au milieu d'un pré. Quelle diminution éprouvera la récolte si le pré rapporte 1 000 bottes de foin par hectare et si les 100 bottes sont vendues
35 fr. 50? (*Brev. élém. aspirants, Montauban.*)

643. Le dessus d'une table est formé d'un rectangle prolongé par
un demi-cercle à chacune de ses extrémités. Les diamètres des deux
demi-cercles sont égaux à la largeur de la table, qui est de 1ᵐ,10. La

plus grande longueur de cette table se trouve ainsi de $2^m,60$: 1° Combien de personnes pourraient prendre place à cette table, si pour chacune il faut $0^m,50$? 2° Combien coûterait un tapis recouvrant la table si le tapissier prend 6 fr. 20 par mètre carré pour le tapis et 1 fr. 20 par mètre linéaire de frange qu'il met en bordure? (*Brev. élém. aspirants, Nancy,* 1906.)

Inversement : *Calculer le rayon d'un cercle ou d'un secteur.*

1re ANNÉE :

644. Calculer le rayon d'un cercle de 15^{m2}.

645. La surface d'un secteur est de 48^{m2} et son arc mesure 70°. Quelle est la longueur de cet arc ?

646. Sur chacun des plus grands côtés d'un rectangle, pris comme diamètre, on décrit extérieurement une demi-circonférence. La figure ainsi obtenue a une surface totale de 249 cm² 7326 et dépasse de 132 cm² 7326 celle du rectangle. Calculer les dimensions de ce rectangle. (*Concours d'admission aux C. C.;* 1908.)

2e ANNÉE :

647. Calculer le rayon d'un cercle équivalent à deux autres dont les rayons mesurent respectivement $3^m,40$ et $5^m,60$.

648. Un cercle a 4 m. de rayon. Quel sera le rayon d'un cercle ayant une surface quadruple de celle du premier?

649. Construire avec la règle et le compas un cercle équivalent à la somme de deux cercles de rayon donnés.

Connaissant la longueur d'une circonférence, calculer l'aire du cercle, et inversement.

1re ANNÉE :

650. Une statue est entourée d'une grille circulaire qui mesure 25 m. Quelle est la surface du terrain ainsi entouré ?

651. Aire d'un cercle, sachant qu'un arc de 60° mesure $15^m,70$.

652. Une pelouse circulaire a une étendue de $62^{m2},83$. Quelle est la longueur de son pourtour ?

2e ANNÉE :

653. Quel est le diamètre et la superficie totale d'un bassin circulaire dont la circonférence égale $75^m,82$? (*Ex. de sortie des C. C., Seine.*)

654. Un bassin circulaire est entouré d'une pelouse dont la largeur est uniformément de $7^m,50$. Le bord extérieur de cette pelouse mesure $73^m,83$, calculer la superficie du bassin. (*Ex. de sortie des C. C., Seine.*)

Couronne circulaire.
1re ANNÉE :

655. Calculer l'aire d'une couronne circulaire dont les circonférences ont l'une $3^m,20$ de rayon, l'autre $2^m,60$.

656. Un parterre de fleurs a la forme d'un cercle dont le diamètre est de 4 m. Ce parterre est entouré d'un sentier large de 1 m. On demande : 1° la longueur du contour du parterre ; 2° la longueur de la bordure extérieure du sentier ; 3° la surface du sentier.

2e ANNÉE

657. Calculer l'aire d'une couronne circulaire comprise entre deux circonférences mesurant, l'une 62^m,80, l'autre 31^m,40.

658. La surface d'une couronne est de 0^{m2},2430 ; la différence des rayons des cercles concentriques est 0^m,124. Calculer le périmètre extérieur de la couronne. (*C. E. P. S. aspirants, Paris.*)

659. Sur le terrain ont été tracées deux circonférences ; l'une a un rayon de 15^m,08, l'autre de 6^m,06. Deux rayons interceptent sur la grande circonférence un arc de 26 m. Trouver en mètres carrés et en décamètres carrés la surface du terrain compris entre les deux rayons et les deux circonférences. (*Bourses, collège Chaptal.*)

660. Une couronne est formée par deux circonférences dont les rayons sont 32 cm. et 21 cm. On mène dans le grand cercle une corde tangente au petit cercle. Déterminer la longueur de cette tangente.

Cercle et carré inscrit ou circonscrit.

1re ANNÉE :

661. Calculer l'aire du carré inscrit dans un cercle de 3^m,20 de rayon, et celle de chacun des quatre segments situés hors du carré.

662. Aire d'un cercle circonscrit à un carré de 48 cm. de côté.

663. Calculer l'aire d'un cercle inscrit dans un carré de 50 cm^2.

664. Longueur d'une circonférence circonscrite à un carré de 62 cm^2 80.

665. Calculer l'aire du cercle, sachant que la différence entre l'aire du carré inscrit et l'aire du carré circonscrit est 2^{m2},82.

2e ANNÉE :

666. Pour couvrir une table circulaire, on dispose d'un carré d'étoffe dont le côté est égal au diamètre de la table. La surface d'étoffe à enlever étant de 0^{m2},949386, on demande le prix de l'étoffe, sachant qu'un mètre seul coûte 2 fr. 10. (*Ex. de sortie des C. C., Seine.*)

667. On veut recouvrir d'un tapis carré une table de 0^m,75 de rayon, à cette condition que les pointes du tapis tomberont chacune à 0^m,32 du bord de la table. Calculer : 1° la surface de la table ; 2° le prix du tapis à raison de 12 fr. 25 le mètre carré. (*Ex. de sortie des C. C., Seine.*)

668. Une circonférence est tangente aux deux côtés d'un angle droit. L'aire de la surface comprise entre la circonférence et les côtés de l'angle droit est 2 384^{m2}. Rayon de cette circonférence.

669. Étant donné un carré : 1° On inscrit un cercle dans ce carré ;

2° On décrit extérieurement sur les côtés comme diamètres des demi-cercles. Démontrer que l'aire comprise entre les demi-circonférences et le cercle inscrit est égale à l'aire du carré augmentée de l'aire du cercle inscrit.

Cercle et hexagone régulier inscrit.

1re ANNÉE :

670. On inscrit un hexagone régulier dans un cercle de 0m,45 de rayon. Calculer la différence entre son aire et celle du cercle.

671. Quel est le rayon d'un cercle équivalent à un hexagone régulier de 10 dm²?

672. On inscrit un hexagone régulier dans un cercle. Calculer le rayon de ce cercle, sachant que la différence entre la longueur de la circonférence et le périmètre de l'hexagone est 1m,141.

2e ANNÉE :

673. Calculer l'aire d'un cercle, sachant que l'aire de l'hexagone régulier inscrit dans ce cercle en diffère de 0m²,625.

674. Calculer la surface d'un hexagone régulier circonscrit à une circonférence dont la longueur égale 7m,854. (*Cert. d'ét. prim. sup.*)

675. Calculer le rayon d'un cercle, sachant que la différence entre les aires des hexagones réguliers inscrits et circonscrits est 69 cm² 28.

676. Dans un cercle de 2 m. de rayon, on trace deux cordes parallèles : l'une est égale au côté de l'hexagone régulier inscrit, l'autre au côté du carré inscrit. Calculer l'aire de la portion de cercle comprise entre ces deux cordes : 1° si elles sont du même côté du centre; 2° si elles sont de part et d'autre.

Cercle et triangle équilatéral inscrit.

1re ANNÉE :

677. Dans un cercle de 85 cm. de rayon, on inscrit un triangle équilatéral. Différence entre l'aire du cercle et celle du triangle.

678. Quel est le rayon d'un cercle équivalent à un triangle équilatéral de 3 cm. 5 de côté?

679. Le périmètre d'un triangle équilatéral inscrit dans un cercle est de 22 cm. 50. Calculer le rayon de ce cercle.

2e ANNÉE :

680. Calculer l'aire d'un cercle, sachant que l'aire du triangle équilatéral inscrit dans ce cercle en diffère de 12 dm² 40.

681. Quel est le rayon d'une circonférence ayant même longueur que le triangle équilatéral inscrit dans un cercle de 3m,10 de rayon?

682. Dans un cercle, on trace deux cordes parallèles; l'une égale au rayon, l'autre égale au côté du triangle équilatéral inscrit. On joint les extrémités et l'on obtient ainsi un trapèze de 25m². Calculer le rayon du cercle.

Segments.

2e ANNÉE :

683. Dans un cercle de 4 m. de rayon, quelle est la surface du segment dont l'arc a pour mesure 90° ?

684. Calculer l'aire d'un segment compris entre l'arc de 120° et sa corde, dans un cercle de 0m,50 de rayon.

685. Dans un cercle de 1 dm. de rayon, calculer le segment déterminé par le côté du carré inscrit, par le côté de l'hexagone régulier, par le côté du triangle équilatéral.

686. On inscrit un triangle équilatéral dans un cercle de 5 cm. de rayon. Sur les côtés de ce triangle pris comme diamètres, on trace extérieurement des demi-cercles. Calculer l'aire des lunules comprises entre les demi-cercles et le cercle circonscrit.

687. Même question avec l'hexagone régulier.

Problèmes de récapitulation sur les aires, les figures semblables, les polygones réguliers et le cercle.

688. On répare un tapis rectangulaire qui mesure 2m,40 sur 3m,10. On a enlevé tout autour une bande de 15 cm. de large; puis on a doublé le reste du tapis avec une étoffe de 75 cm. de large, coûtant 58 fr. 50 la pièce de 78 m. Enfin, on le borde avec un galon qui coûte 4 fr. 50 les 30 m. A combien reviennent les fournitures pour la réparation du tapis? De combien de décamètres carrés a-t-on réduit la surface? (*Brev. élém. aspirantes, Loiret*, 1907.)

689. Une personne veut doubler et border un tapis ayant 18m² et dont la longueur est double de la largeur. A cet effet, elle a acheté de la bordure valant 0 fr. 75 le mètre, et de l'étoffe coûtant 1 fr. 25 le mètre. Elle a payé 34 fr. 20, déduction faite d'une remise de 5 p. 100. Dire : 1° combien elle a acheté de mètres de bordure; 2° combien de mètres d'étoffe; 3° la largeur de cette étoffe? (*C. E. P. S., aspirantes, Rouen*, 1899.)

690. On a tapissé deux pièces de 3m,30 de haut avec des rouleaux de papier de 0m,50 de large et de 6m,80 de long. La deuxième pièce a même longueur et même hauteur que la première, mais elle est plus large et a deux fenêtres au lieu d'une; ces fenêtres ont 1m,15 de large et 2m,85 de haut. On demande de combien la deuxième pièce est plus large que la première, sachant qu'il a fallu pour la tapisser 3 rouleaux $\frac{4}{5}$ de plus. (*E. N. d'instituteurs, Auxerre*, 1902.)

691. Un jardin rectangulaire a 61m,50 de long et 21m,50 de large. A 2 m. du bord, on plante une ligne de rosiers sur le pourtour et, à l'intérieur de cette bordure, deux lignes en croix se coupant au centre

du jardin. Les rosiers sont espacés de 1ᵐ,50. Combien coûteront-ils en tout au prix de 9 fr. la douzaine? (*Brev. élém. aspirants, Ardèche.*)

692. On a planté 324 arbustes sur un terrain rectangulaire ABCD. Ces arbustes forment des rangées équidistantes parallèles à AB (la première étant sur AB et la dernière sur DC) et des rangées équidistantes parallèles à BC (la première sur BC et la dernière sur DA). La distance de deux rangées parallèles consécutives est de 4 m. et l'un des côtés du rectangle est de 32 m. Trouver l'autre côté et la surface de ce rectangle. Peut-il se faire que la distance de deux arbustes consécutifs soit de 0ᵐ,80 et, alors, combien le terrain contiendra-t-il d'arbustes? (*Brev. élém. aspirants, Paris, 1902.*)

693. On achète deux tableaux ardoisés ABCD et CEFG. Les hauteurs des deux rectangles sont respectivement 0ᵐ,60 et 1 m. AB = 0ᵐ,60, CG = 1 m. La somme des bases est égale à 2ᵐ,80. Les deux tableaux ont été payés à raison de 0 fr. 125 le dm², et la somme de leur prix d'achat est 31 fr. Trouver les longueurs BC et CE des bases des deux tableaux. Vérifier les résultats. (*Brev. élém. aspirantes, Paris, 1906.*)

694. Calculer les dimensions d'un rectangle, sachant que si l'on augmente la base de 4 m. et si l'on diminue la hauteur de 3 m., la surface augmente de 4ᵐ²,40, tandis que si la base diminue de 3 m., et si la hauteur augmente de 4 m., la surface diminue de 12ᵐ²,40. (*B. S. aspirants, Basses-Pyrénées.*)

695. La longueur d'un rectangle est augmentée de son cinquième et sa largeur diminuée de son cinquième. Quelle variation subit la surface? Si la longueur était augmentée de son tiers, quelle modification faudrait-il faire subir à la largeur pour que la surface ne change pas? Si la longueur est diminuée de son quart, que devra devenir la largeur pour que la surface soit double de ce qu'elle était? Dans les trois cas, exprimer la surface du rectangle, sachant que les dimensions du premier rectangle sont 150 m. $\frac{2}{3}$ et 33 m. $\frac{4}{5}$. Enfin, si la longueur d'un rectangle est quatre fois la largeur, quelles modifications faut-il faire subir aux deux dimensions pour le transformer en carré de même surface? (*E. N. aspirants, Chambéry, 1901.*)

696. Au milieu d'un terrain carré on a construit un pavillon carré. La distance entre la construction et le côté de la propriété est 4 m. Sachant que l'espace qui n'est pas occupé est de 200ᵐ², on demande l'étendue totale de la propriété. (*C. E. P. S. aspirants.*)

697. Trouver sur la diagonale d'un carré un point tel qu'en le joignant à trois sommets, on partage le carré en trois parties équivalentes.

698. Une cour de forme carrée doit être bordée d'un trottoir sur chacun de ses côtés. Ce trottoir doit avoir une largeur uniforme égale aux $\frac{18}{461}$ du côté du carré sur lequel on veut l'établir. On doit

employer à cet effet 31 896 dalles de forme carrée ayant 12 cm. de côté et coûtant 24 fr. 75 le mille. Les frais de pose sont estimés à 0 fr. 75 le mètre carré. Calculer :

1º La dépense totale; 2º La largeur du côté de la cour. (*C. E. P. S. aspirants, Nancy*, 1899.)

699. Un terrain, ayant la forme d'un trapèze dont la petite base est les $\frac{3}{5}$ de la grande et la hauteur 20 m., a coûté 400 fr. L'are vaut 50 fr., trouver les deux bases du trapèze. (*C. E. P. S. aspirants*, 1899.)

700. Prouver que si l'on coupe un triangle ABC par une droite DE parallèle au côté BC, les côtés AB et AC sont partagés en segments proportionnels. Quel est le rapport des aires des triangles ADE et ABC quand DB est égal à la moitié de AD ?

701. Deux côtés d'un triangle ont respectivement 50 m. et 32 m. A partir du sommet commun à ces deux côtés, on porte 38 m. sur le premier. Quelle longueur faut-il porter sur le second pour que la ligne menée par les deux points soit parallèle au troisième côté ? (*Surn. des P. T. T.*, 1909.)

702. On veut couper des serviettes dans une pièce de toile ayant 0m,60 de largeur. Si l'on donne à ces serviettes 0m,72 de long, il reste un morceau de toile de 0m²,096, tandis que, si on leur donne 0m,04 de plus de longueur, il ne reste rien, mais on obtient trois serviettes de moins. Trouver : 1º le nombre de serviettes dans chaque cas; 2º la longueur de la pièce. (*E. N. aspirantes, Agen*, 1900.)

703. Un terrain rectangulaire dont la largeur est les $\frac{3}{8}$ de la longueur a été acheté 18 fr. l'are. Ses dimensions ayant été mesurées avec un décamètre trop court de 1 dm., on a trouvé que la somme de la longueur et de la largeur était de 125 m. Calculer : 1º la longueur réelle de chacune de ses dimensions; 2º son prix d'achat. (*Brev. élém., Paris*.)

704. Un champ de forme rectangulaire a un périmètre égal à 820 m. La différence entre les deux dimensions vaut 168 m. Calculer : 1º la surface d'un losange qui aurait pour diagonales les deux dimensions du champ; 2º la surface du trapèze qui aurait pour bases ces mêmes dimensions et pour hauteur la moyenne proportionnelle entre ces bases. (*B. E. aspirants, Montpellier*, 1906.)

705. Un propriétaire possède un jardin qui a 124 m. de long sur 76 m. de large. Il l'agrandit et ajoute 5 m. à la longueur et 2 m. à la largeur. Vous exprimerez, en ares et centiares, l'accroissement de superficie. (*B. E. aspirants, Dordogne*.)

706. Un champ de forme triangulaire a une superficie de 1 ha. Sa hauteur étant égale aux $\frac{4}{5}$ de la base, on demande de trouver cette base à 1 cm. près. (*Ec. prim. sup., Paris*, 1901.)

707. Un jardin carré a été entouré d'un mur de $0^m,40$ d'épaisseur; l'aire a été diminuée ainsi de 84^{m3}. Quel était le côté et quelle était l'aire du jardin? (*C. E. P. S. aspirants, Seine.*)

708. L'aire d'un losange est égale à 26^{m2} et l'une des diagonales a $4^m,90$. Trouver l'autre à 1 cm. près. (*Bourses d'ens. prim. sup.*)

709. Un trapèze dont l'un des côtés parallèles est double de l'autre et dont la hauteur mesure $24^m,50$ a une surface de $962^{m2},85$. Calculer la longueur de chacun des côtés parallèles. (*Bourses d'ens. prim. sup.*)

710. On considère un parallélogramme ABCD et l'on joint un point O pris dans l'intérieur aux quatre sommets. Démontrer que la somme des aires de deux triangles n'ayant pas de côté commun est égale à la somme des aires des deux autres.

711. Les dimensions d'un rectangle mesurent 60 m. et 45 m. On augmente la longueur de 12 m. De combien doit-on diminuer la largeur pour que l'aire du nouveau rectangle soit égale à celle du premier?

712. Un terrain rectangulaire peut être divisé exactement : 1° en parcelles de 48^{m2}; 2° en parcelles de 64^{m2}; 3° en parcelles de 84^{m2}. Sa superficie est inférieure à 14 ares. Trouver ses dimensions sachant que l'une surpasse de 1 m. le triple de l'autre? (L'aire est un multiple de 48, 64 et 84, inférieur à 1 400.)

713. Un losange a pour aire S. Un autre a l'une de ses diagonales qui est les $\frac{2}{3}$ d'une diagonale du premier et l'autre qui est les $\frac{5}{6}$ de l'autre diagonale du premier. Quelle est son aire?

714. Dans un quadrilatère convexe, les diagonales sont D et d et, de plus, elles sont perpendiculaires l'une sur l'autre. Calculer l'aire du quadrilatère. $\left(\text{On trouvera } \dfrac{D\,d}{2}.\right)$ En conclure que toute une série de quadrilatères convexes sont équivalents.

715. On considère un triangle isocèle ABC; par un point D quelconque pris sur la base BC, on mène des parallèles aux côtés égaux : on forme ainsi le parallélogramme AEDF; on abaisse de E et de F les perpendiculaires EE', FF' sur BC. Démontrer que le trapèze rectangle $EFF'E'$ est équivalent à la moitié du triangle ABC.

716. Étant donné un triangle quelconque ABC, on trace les médianes AD, BE, CF, qui se coupent en G. On forme ainsi six triangles; démontrer qu'ils sont équivalents.

717. Dans un trapèze ABCD, on a $\widehat{A}=45°$; de plus on connaît la petite base b et on sait que la hauteur abaissée de B sur la grande base a une longueur h. Calculer l'aire.

718. Dans un parallélogramme ABCD, on mène la diagonale AC et on joint un point O de cette diagonale aux sommets B et D. Démontrer que les quatre triangles sont deux à deux équivalents.

719. On considère un triangle ABC rectangle en A et dans lequel $\widehat{C} = 30°$; on connaît l'hypoténuse $a = 5$ m. et le côté $b = 4$ m. Sur chacun des côtés et extérieurement au triangle on construit des carrés et on joint les sommets de façon à former l'hexagone DEFGHI; on demande de trouver l'expression de son aire. (Cette aire se compose de trois carrés et de quatre triangles équivalents au triangle ABC.)

720. Deux triangles ABC, DEF, disposés d'une façon quelconque dans le plan, sont semblables, parce que : $\widehat{A} = \widehat{D}$, $\widehat{B} = \widehat{E}$. Écrire que leurs côtés sont proportionnels.

721. Deux triangles ont leurs côtés respectivement parallèles ou respectivement perpendiculaires, démontrer qu'ils sont semblables. (On démontrera que leurs angles sont forcément égaux deux à deux.)

722. Deux triangles ABC, DEF sont semblables. Démontrer :

Que le rapport de deux hauteurs homologues, de deux bissectrices homologues, de deux médianes homologues égale le rapport de similitude.

723. Des sécantes issues d'un même point interceptent sur deux droites parallèles des segments proportionnels.

724. Construire un polygone semblable à un polygone donné et ayant un périmètre donné (V. nᵒˢ 326 et 328).

725. Étant donné un rectangle ABCD, construire un rectangle A'B'C'D' semblable et tel que leur rapport de similitude soit $\dfrac{3}{5}$.

726. Étant donnés un triangle ABC et un point O dans son plan, on joint AO, BO, CO, et on prolonge ces droites au delà de O de longueurs OA', OB', OC', telles que :

$$\frac{OA}{OA'} = \frac{OB}{OB'} = \frac{OC}{OC'}.$$

Démontrer que le triangle A'B'C' est semblable au triangle ABC. (On montrera que leurs côtés sont proportionnels.)

727. On considère deux cordes AB et CD d'un cercle, qui se coupent en O; démontrer que :

$$OA \times OB = OD \times OC.$$

(On démontrera que les triangles OAD, OBC sont semblables.)

728. Deux circonférences extérieures ont pour rayon 4 cm. et 3 cm.; la distance de leurs centres est 10 cm. On leur mène une tangente commune extérieure qui coupe la ligne des centres en I. Calculer la distance du point I au centre de l'une des circonférences.

729. On considère les deux circonférences définies dans le problème précédent, on leur mène une tangente commune intérieure qui coupe la ligne des centres en H. Calculer la distance du point H au centre de l'une des circonférences.

730. Par un point A pris dans l'intérieur d'un angle xOy, mener une sécante BAC, telle que le rapport des segments BA et AC soit égal au rapport de deux segments donnés m et n. (Par le point A on mènera AI parallèle à Oy et on déterminera sur Ox le point B, tel que $\dfrac{BI}{IO} = \dfrac{m}{n}$, on joindra BA.)

731. Dans un triangle ABC rectangle en A, on mène la hauteur AH. Démontrer la relation
$$AB \times AC = BC \times AH$$
(V. n° 289) par la considération de deux triangles semblables.

732. Dans un triangle rectangle la somme des côtés de l'angle droit est 28 m., leur différence 4 m. Calculer l'hypoténuse.

733. On considère deux cercles de rayon 8 m. et 2 m., la distance de leurs centres étant de 12 m. On leur mène une tangente commune extérieure, calculer la distance des points de contact.

734. Étant donné un cercle de diamètre 13 cm.; à une distance 2 cm., 5 du centre, on mène une corde perpendiculaire sur ce diamètre; calculer sa longueur.

735. Calculer les côtés d'un triangle rectangle sachant que ce sont trois nombres entiers consécutifs. (On désignera les côtés par n, $n+1$, $n+2$, et on écrira la relation de Pythagore.)

736. Les deux côtés de l'angle droit d'un triangle rectangle sont 3 m. et 4 m. Calculer le rayon du cercle inscrit (V. prob. n° 373).

737. Dans un trapèze ABCD, la grande base CD = 10 m., le côté CB = 6 m. On sait que l'autre côté AD est égal à la petite base; de plus, la diagonale BD est perpendiculaire sur BC. Calculer :
1° La diagonale BD et la hauteur BH;
2° La base AB (on tracera la hauteur AK du triangle isocèle BAD et on considérera les triangles semblables BAK, HBD);
3° La hauteur AK du triangle BAD;
4° La distance de AB au point de rencontre S des côtés non parallèles du trapèze;
5° Les côtés du triangle BSA.

738. Dans un hexagone régulier on joint consécutivement les milieux des côtés; l'hexagone obtenu est régulier.

739. On considère un hexagone régulier; sur chacun des côtés et extérieurement on construit des carrés, on joint les sommets extérieurs consécutivement, démontrer que le polygone obtenu est un dodécagone régulier. Connaissant le côté a de l'hexagone primitif, calculer le côté et l'apothème du dodécagone.

740. On considère un polygone régulier, on prolonge les côtés dans le même sens et d'une longueur donnée, on joint consécutivement les extrémités des segments obtenus. Démontrer que le polygone ainsi formé est régulier.

741. Deux polygones réguliers d'un même nombre de côtés inscrits dans un même cercle sont égaux. (Opérer par superposition.)

742. Démontrer que le rapport des périmètres de deux polygones réguliers d'un même nombre de côtés est égal au rapport de leurs apothèmes (V. n° 381).

743. Démontrer que l'aire du cercle ayant pour diamètre l'hypoténuse d'un triangle rectangle est équivalente à la somme des aires des cercles ayant pour diamètres les côtés de l'angle droit.

744. On donne un cercle de rayon R et, sur un diamètre AB, on prend le point C, tel que $CA = \frac{3}{5} AB$. Sur CA et CB comme diamètres, on décrit deux cercles. Quelle est la surface du cercle donné qui reste lorsqu'on enlève les deux cercles intérieurs?

745. La circonférence d'un arbre est de 1^m,60. Calculer l'aire de la section après l'équarrissage.

746. Connaissant la longueur C d'une circonférence, trouver la formule qui donne la surface S du cercle.

747. Étant donné un cercle de rayon R et deux diamètres AB et CD perpendiculaires, du point A comme centre avec AC comme rayon, on décrit un arc de cercle CMD. Évaluer : 1° l'aire du secteur ACMD; 2° l'aire du segment CMDO; 3° l'aire du croissant CBDM.

748. Démontrer que l'aire d'une couronne circulaire est équivalente à l'aire d'un cercle ayant pour diamètre la tangente au petit cercle limitée à la grande circonférence.

749. On considère deux circonférences tangentes intérieurement en A et dont l'une passe par le centre O de l'autre. On trace un rayon de la grande circonférence qui coupe celle-ci en B et l'autre en C. Démontrer que les arcs AB et AC ont même longueur.

750. Sur le diamètre AB d'une circonférence on prend, à partir de A et dans l'ordre indiqué, des points C, D, E; sur AC, CD, DE, EB on décrit des circonférences. Démontrer que la somme de ces circonférences est égale à la grande circonférence.

751. Construire un cercle double d'un cercle de rayon donné.

752. On considère un cercle de centre O ayant 4 m. de rayon; en un point quelconque A on mène la tangente et on prend sur cette tangente la longueur $AB = 3$ m. Calculer la longueur de la circonférence et l'aire du cercle ayant pour rayon OB.

753. Sur chaque côté d'un carré et extérieurement à ce carré, on construit un triangle équilatéral. Prouver qu'en joignant les sommets de ces triangles on a encore un carré; on calculera la diagonale, le côté et la surface du carré ainsi formé.

754. On prolonge de deux en deux les côtés d'un octogone régulier. Montrer que le quadrilatère obtenu est un carré.

755. On donne deux circonférences de longueurs C et C' :
1° Tracer la circonférence de longueur C + C' ;
2° Tracer la circonférence de longueur C − C'.

756. On donne deux circonférences de longueur C et C' :

Tracer la circonférence de longueur $\dfrac{C}{3} - \dfrac{2C'}{5}$.

757. Étant donné un cercle de centre O, un diamètre AB. On prend un point quelconque C sur ce diamètre et on décrit, de part et d'autre de AB, deux demi-circonférences ; la ligne formée par ces deux demi-circonférences partage le cercle en deux parties dont le rapport est égal au rapport des deux segments déterminés par le point C sur le diamètre AB.

758. Diviser un cercle en deux parties équivalentes par une circonférence concentrique. — Le diviser en quatre parties équivalentes par des circonférences concentriques.

759. Calculer le rayon d'un cercle, sachant que l'arc de 60° surpasse sa corde de 0m,40.

760. Deux poulies sont reliées entre elles par une courroie dont les parties rectilignes sont croisées. Ces parties rectilignes font entre elles un angle de 60° et les deux poulies ont leurs centres distants de 4 m. Quelle est la longueur de la courroie ?

Géométrie dans l'espace

CHAPITRE PREMIER

NOTIONS GÉNÉRALES
SUR LES FIGURES DE L'ESPACE

399. *Figures de l'espace.* — Toutes les figures (*figures planes*) que nous avons étudiées jusqu'ici peuvent être tracées sur un plan. (V. n° 4.) On appelle *figures de l'espace* celles dont toutes les parties ne sont pas contenues dans le même plan. Ainsi un livre, une boîte,... sont des corps formés par l'intersection de plans différents. Nous allons cependant représenter les figures de l'espace sur un plan, moyennant certaines conventions.

400. *Plan et ligne droite.* — Considérons le plan M (*fig.* 275) représenté par une feuille de papier par exemple :

1° Tendons un fil AB sur cette feuille ; tous les points du fil étant appliqués sur la feuille, la droite

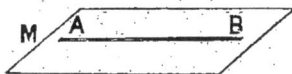
Fig. 275.

représentée par le fil est entièrement contenue dans le plan représenté par la feuille.

Il résulte d'ailleurs de la définition du plan qu'il suffit qu'une

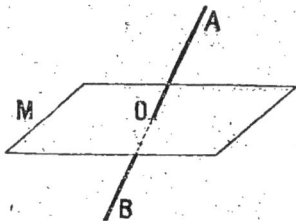
Fig. 276.

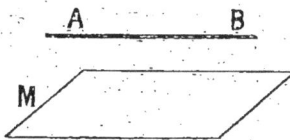
Fig. 277.

droite ait deux points communs avec un plan pour y être contenue tout entière ;

2° Plantons une aiguille AB (*fig.* 276) dans la feuille M. La droite représentée par l'aiguille n'a qu'un point commun avec le plan M ;

3° Tendons un fil AB (*fig.* 277) au-dessus de la feuille M, de telle façon que, si loin qu'on prolonge, la feuille et le fil ne se rencontrent pas : la droite représentée par le fil et le plan représenté par la feuille n'ont aucun point commun; ils sont parallèles.

Une droite peut donc occuper trois positions principales par rapport à un plan :

1° Elle peut être contenue tout entière dans le plan (Il suffit pour cela qu'elle ait deux points communs avec le plan);

2° Elle peut rencontrer le plan en un point;

3° Elle peut ne pas avoir de point commun avec le plan, même si l'on suppose la droite et le plan illimités; on dit alors que la droite et le plan sont parallèles.

— Une feuille de papier ne nous donne que l'image d'un plan. Le plan comme toutes les surfaces n'est qu'une conception de notre esprit, il n'a rien de matériel. On le représente conventionnellement par un parallélogramme que l'on suppose tracé sur la surface.

401. *Droite perpendiculaire à un plan.* — *Droite oblique au plan.* — Considérons toujours la feuille M (*fig.* 278) et plantons sur cette feuille une aiguille à tricoter AB, de façon

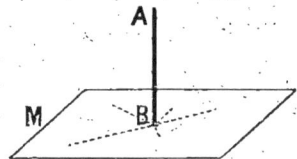

Fig. 278.

qu'elle ne s'incline ni d'un côté ni de l'autre ou, comme on dit en géométrie, de façon qu'elle soit perpendiculaire à toutes les droites qu'on peut tracer par son pied sur la feuille M; cette aiguille nous donne l'image d'une *droite perpendiculaire* au plan représenté par la feuille de papier.

On démontre d'ailleurs qu'il suffit que la droite AB soit perpendiculaire à deux droites passant par B dans le plan M pour être perpendiculaire au plan. Avec deux équerres (*fig.* 279), on peut donc figurer une droite perpendiculaire à un plan.

Toute droite qui n'est pas perpendiculaire à un plan est dite *oblique* au plan.

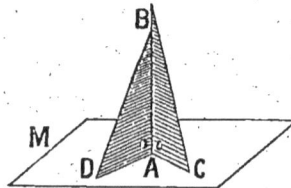

Fig. 279.

Fig. 280.

402. *Plan horizontal et plan vertical.* — Si l'on imagine une droite verticale, dont l'image nous est donnée par un fil à plomb, elle est perpendiculaire sur un plan horizontal, plan dont l'image nous est donnée par la surface d'une eau tranquille.

Tout plan qui contient une droite verticale (*fig.* 280) est appelé *plan vertical.*

403. Plans parallèles. Plans sécants. — *On dit que* deux plans sont parallèles *quand ils n'ont pas de point commun, même si on les suppose illimités.* Le plancher, par exemple, et le plafond d'une chambre donnent l'image de deux plans parallèles. -

Quand deux plans ne sont pas parallèles, ils sont *sécants*, et alors leur intersection est une ligne droite; ainsi, quand on plie une feuille de papier, chaque portion de la feuille nous donne l'image d'un plan et le pli représente l'intersection des deux plans.

404. Distance d'un point à un plan. — Soient le plan M (*fig.* 281) et le point O pris hors de ce plan. De ce point, abaissons sur le plan M la perpendiculaire OH. Cette perpendiculaire mesure la distance du point O au plan M.

On démontre que du point O, pris hors du plan M, on ne peut abaisser qu'une perpendiculaire à ce plan, et

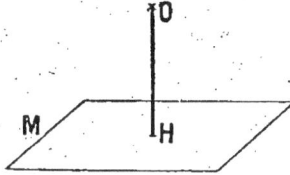

Fig. 281.

que la perpendiculaire abaissée d'un point sur un plan est plus courte que toute oblique au plan issue du même point.

Nous pouvons en faire la vérification par la construction suivante : Prenons une carte de visite M (*fig.* 282). Plantons perpendiculairement à cette carte une tige de bois AA'. Tendons les fils ABA' et ACA'; nous verrons que

$$AB > AO, \quad AC > AO.$$

D'autre part, si OB < OC, AB est inférieur à AC.

Les obliques issues de A sont donc d'autant plus grandes que leurs pieds sont plus éloignés du pied de la perpendiculaire.

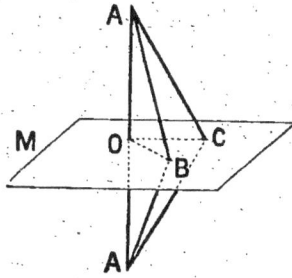

Fig. 282.

— *La distance d'un point à un plan horizontal est appelée* cote du point *par rapport au plan.*

405. Pente d'une droite. — Considérons le plan horizontal M (*fig.* 283), et la droite AB non parallèle au plan. Des extrémités

A et B, abaissons les perpendiculaires AH et BH'. Ces droites mesurent les distances des extrémités de la droite AB au plan M. Ce sont les *cotes* des points A et B.

AHH'B est un trapèze rectangle. Traçons AC parallèle à HH'.

La différence des cotes de A et B est BH' — AH = BC.

La droite HH' représente *la distance horizontale des deux points* A et B.

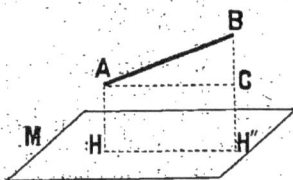

La pente de la droite AB est le rapport $\dfrac{BH' - AH}{HH'}$.

La pente d'une droite est donc le rapport de la différence des cotes de deux de ses points à leur distance horizontale.

Fig. 283.

Nous voyons que pour une même différence de cote entre deux points, plus la distance horizontale de ces deux points est grande, plus la pente de la droite est faible. C'est ainsi que la pente d'un fleuve est d'autant plus forte qu'il prend sa source à une plus grande altitude et à une plus petite distance de son embouchure.

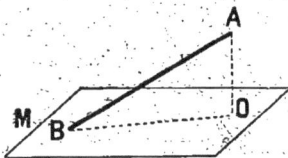

Fig. 284.

Si l'une des extrémités de la droite est dans le plan horizontal, sa cote est nulle.

Ainsi (*fig.* 284), on a : pente AB $= \dfrac{AO}{OB}$.

406. *Projection d'un point sur un plan.* — Soient le plan M (*fig.* 285) et le point O pris hors de ce plan.

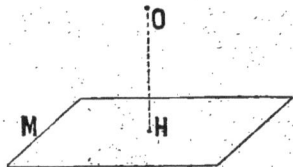

Fig. 285.

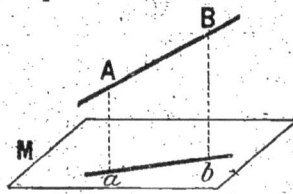

Fig. 286.

Abaissons de ce point sur le plan M la perpendiculaire OH. Le point H est *la projection du point* O.

La projection d'un point sur un plan est le pied de la perpendiculaire abaissée de ce point sur le plan.

407. Projection d'une droite. — Soient le plan M (*fig.* 286) et la droite AB. Projetons sur le plan deux points A et B de la droite. La droite *ab* est la projection de AB.

Tout point de la droite AB se projette sur *ab*.

Si cette droite limitée est parallèle au plan de projection, elle se projette en vraie grandeur; si elle est perpendiculaire au plan, elle se projette suivant un point; si elle est oblique au plan, elle se projette en raccourci.

408. Détermination d'un point de l'espace. — Considérons un plan P (*fig.* 287), un point A et sa projection *a* sur le plan. Il y a évidemment une infinité de points de l'espace qui se projettent en *a* sur le plan P; ainsi tous les points A', A'', etc., situés sur la perpendiculaire en *a* au plan P, ont leurs projections au même point *a*.

Il résulte de là que si l'on connaît la position *a* de la projection d'un point de l'espace sur un plan P, le point de l'espace ne sera pas déterminé.

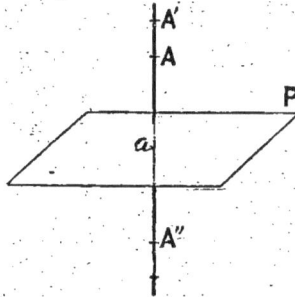

Fig. 287.

Pour déterminer un point de l'espace, il faudra connaître, non seulement le point du plan fixe où il se projette, mais encore, par exemple, sa distance au plan (*cote*).

En somme, *un point de l'espace est déterminé lorsqu'on connaît sa projection sur un plan fixe et sa cote par rapport à ce plan.*

Nous allons montrer qu'on peut encore le déterminer autrement.

409. Projection horizontale et projection verticale. — Considérons deux plans fixes, l'un horizontal H (*fig.* 288), l'autre vertical V. Tout point A de l'espace a une projection *a* sur le plan H (*projection horizontale*) et

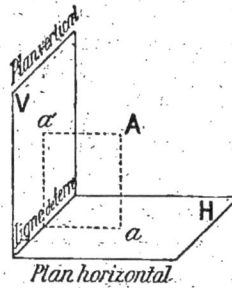

Plan horizontal.
Fig. 288.

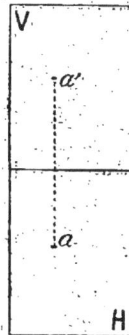

Fig. 289.

une projection *a'* sur le plan V (*projection verticale*). Inversement, si on connaît les projections *a* et *a'* d'un plan de l'espace sur les deux plans H et V, ce point est déterminé, car il se trouve à l'intersection des perpendiculaires élevées en *a* et *a'* sur chacun des deux plans.

Les deux plans que l'on utilise sont appelés *plans de projections,* leur intersection est appelée *ligne de terre.*

Si l'on rabat le plan V dans le prolongement de H, *a* et *a'* se placent sur une même perpendiculaire à la ligne de terre (*fig.* 289).

— Remarquons de même que la projection *ab* (*fig.* 290) ne

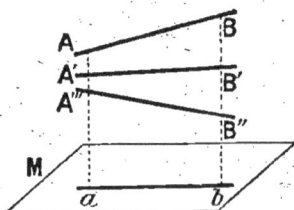

Fig. 290.

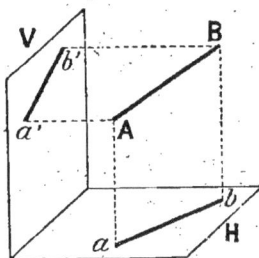

Fig. 291.

suffit pas pour déterminer la droite AB. Les droites A'B', A"B" différentes de AB ont aussi pour projection *ab*.

Pour avoir la représentation exacte d'une droite, il faudra aussi en faire deux projections : l'une sur un plan horizontal, l'autre sur un plan vertical.

Nous pouvons donner l'image de ces plans par deux tableaux noirs perpendiculaires, par un cahier ouvert à angle droit...

Considérons la droite AB (*fig.* 291).

La projection de AB sur le plan vertical est *a'b'*, et sa projection sur le plan horizontal est *ab*. Rabattons le plan V dans le prolongement de H, nous obtenons un plan unique (*fig.* 292) contenant les deux projections de la droite AB (*épure*).

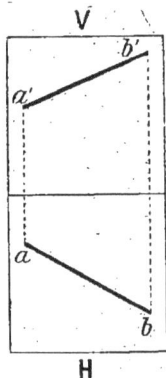

Fig. 292.

410. Projection d'un rectangle. — Soit le rectangle ABCD (*fig.* 293) parallèle au plan horizontal.

Sa projection horizontale est le rectangle *abcd* et sa projection verticale est la ligne droite *a'd'*.

En rabattant le plan vertical dans le prolongement de H nous obtenons la figure 294 (*épure*).

411. Projection d'un solide. — Élévation. — Plan. — Profil. — Coupe. — C'est en projetant les solides sur les plans que l'on arrive à les représenter. Nous indiquerons, dans les chapitres suivants, les projections de chacun des solides géométriques que nous étudierons; à la fin du volume, dans des planches spéciales, nous en ferons l'application au croquis coté.

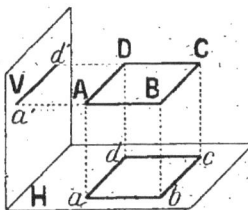
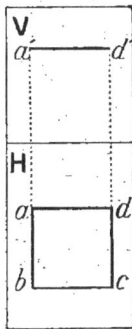

Fig. 293.

Fig. 294.

Dans la pratique, pour représenter un objet, on établit :

Son *élévation*, qui est une projection verticale;

Son *plan*, qui est une projection horizontale;

Son *profil*, qui est une projection sur un plan perpendiculaire à la fois aux deux plans de projection;

Enfin, s'il le faut, une ou plusieurs *coupes* de cet objet.

412. Angle dièdre. — Plions une feuille en deux. Écartons les feuillets. Ils représentent deux plans qui se coupent; *la figure formée par deux plans qui se coupent et sont limités à leur intersection est un* **angle dièdre** *ou plus simplement un* **dièdre**.

PABQ (*fig.* 295) est un dièdre.

Les deux plans limités à AB sont les *faces du dièdre*, leur intersection AB est l'*arête du dièdre*.

L'une des faces P (*fig.* 296) d'un dièdre restant fixe, si l'on fait tourner l'autre P′ autour de l'arête, on obtient un dièdre qui devient de plus en plus grand ou de plus en plus petit suivant le sens de rotation.

On dit que **deux dièdres sont adjacents** *quand ils ont l'arête commune,*

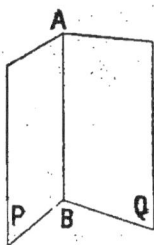
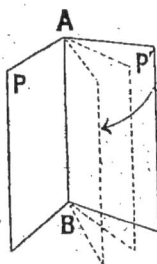
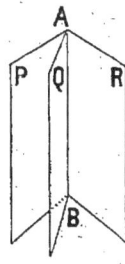

Fig. 295.

Fig. 296.

Fig. 297.

une face commune et qu'ils sont situés de part et d'autre de la face commune. PABQ (*fig.* 297) et QABR sont deux dièdres adjacents.

. Ouvrons un livre AB (*fig.* 298), relevons un feuillet M, de telle façon que les angles dièdres *adjacents* formés soient égaux ; le plan représenté par la feuille M est dit *perpendiculaire* sur le plan représenté par la surface plane AB.

413. Polyèdres. — Considérons un plumier, un dé à jouer. Ils sont limités par des surfaces planes qui forment, par leurs intersections, des angles dièdres ; on les appelle des *polyèdres.*

Fig. 298.

Un polyèdre est un solide limité de toutes parts par des surfaces planes.

Les surfaces planes qui limitent le solide sont ses *faces.*

Les intersections des faces sont les *arêtes* du polyèdre ; les intersections des arêtes sont les *sommets* du polyèdre.

Les polyèdres se distinguent par le nombre de leurs faces :

Un tétraèdre est un polyèdre ayant quatre faces.

Un hexaèdre est un polyèdre ayant six faces, etc.

Nous allons étudier quelques polyèdres simples.

Problèmes.

1re ANNÉE :

761. Par un point situé à 8 cm. d'un plan, on mène à ce plan une oblique de 10 cm. De combien s'écarte-t-elle du pied de la perpendiculaire ?

762. Un enfant plante dans le sol un bâton de 1m,40. Il attache à l'extrémité supérieure une corde de 2m,10. Il tend cette corde et trace avec l'autre extrémité un cercle autour du bâton. Calculer l'aire de ce cercle et sa circonférence. Quelle est la pente du fil ?

763. Combien trois plans qui se coupent ont-ils de points communs ?

2e ANNÉE :

764. Un observateur est placé à 400 m. du pied de la tour Eiffel, dont la hauteur est 300 m. Il regarde le sommet de la tour ; quelle est la pente du rayon visuel.

765. Une droite fait un angle de 60° avec sa projection sur un plan horizontal. Quelle est sa pente ?

766. Même question pour une droite inclinée à 30°, à 45°.

CHAPITRE II

PRISME

414. Nota. — Au cours supérieur des écoles primaires, l'étude des solides doit rester encore toute concrète. Nous ne pouvons penser à étudier les théorèmes qui les concernent. Nous définirons donc ces solides en les examinant. Nous aurons recours, à cet effet, aux objets usuels qui sont à notre portée ou aux solides en bois du compendium.

Enfin, pour en rendre l'étude plus intuitive et aussi plus attrayante, nous ferons de chacun d'eux la construction en carton.

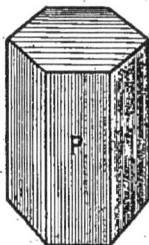

415. Définitions. — Considérons le solide P (*fig.* 299). (Montrer ce solide en bois.) Il est limité par deux faces polygonales et parallèles, réunies par des faces latérales qui sont des parallélogrammes : *C'est un prisme.*

Fig. 299.

On appelle prisme un polyèdre dont deux faces sont des polygones égaux et ayant leurs côtés respectivement parallèles, ces côtés étant deux à deux réunis par d'autres faces qui sont des parallélogrammes.

Ex. : une brique, une règle, une boîte, un dé à jouer... (*fig.* 300) donnent l'image du prisme.

Le prisme géométrique est représenté comme l'indiquent les figures 301 et 302.

Les deux faces polygonales parallèles ABCDEF, A'B'C'D'E'F' sont les *bases* du prisme. Les autres faces sont les faces latérales.

On appelle *hauteur* d'un prisme, la distance des plans des deux bases. Ainsi HH' (*fig.* 301 et 302), menée perpendiculairement aux bases, est

Fig. 300. — Représentation de quelques prismes.

la hauteur. Les intersections des faces latérales sont les *arêtes latérales* du prisme. AA', BB'... sont les arêtes latérales.

Les arêtes latérales peuvent être perpendiculaires sur les bases; on dit alors que le prisme est *droit* et les faces latérales sont des rectangles.

Si les arêtes latérales sont *obliques* aux bases, le prisme est *oblique*, et les faces latérales sont des parallélogrammes.

Ex. : le prisme P (*fig.* 301) est droit; le prisme P' (*fig.* 302) est oblique (*fig.* 303).

La *section droite* d'un prisme est la section obtenue par un

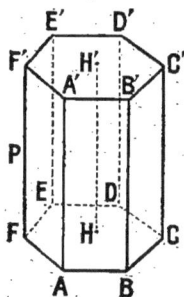

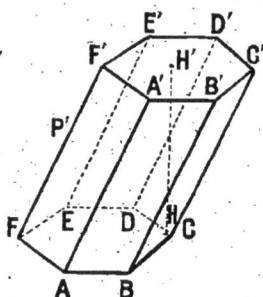

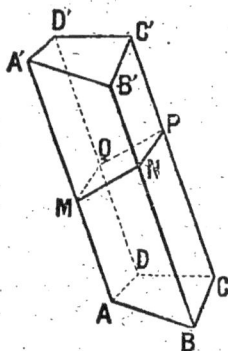

Fig. 301.   Fig. 302.   Fig. 303.

plan perpendiculaire aux arêtes latérales; MNPQ (*fig.* 303) est la section droite du prisme ABCDA'B'C'D'.

Si le prisme est droit, toute section droite est un polygone égal au polygone de base.

416. Un prisme est dit *triangulaire, quadrangulaire, pentagonal, hexagonal...,* suivant que le polygone de base est un triangle, un quadrilatère, un pentagone, un hexagone. (Montrer les prismes du compendium.)

417. On dit qu'un *prisme est régulier* lorsqu'il est droit et que le polygone de base est régulier. Le prisme P (*fig.* 301) est régulier.

418. Parallélépipède. — Si la base d'un prisme est un parallélogramme, toutes les faces sont des parallélogrammes, et le prisme est appelé *parallélépipède* (*fig.* 304 et 305).

Le parallélépipède, comme le prisme, peut être *droit* (*fig.* 304) ou *oblique* (*fig.* 305).

Lorsqu'un parallélépipède droit a pour base

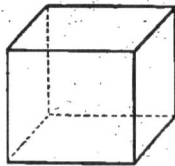

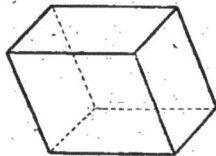

Fig. 304.   Fig. 305.

un rectangle, toutes les faces sont des rectangles et le prisme est appelé *parallélépipède rectangle* (*fig.* 304).

Ex. : une brique, un pavé, donnent l'image de parallélépipèdes rectangles.

. Enfin, si toutes les faces sont des carrés, le prisme est un cube (*fig*. 306).

Un dé à jouer donne l'image d'un cube.

419. On appelle *surface d'un polyèdre* quelconque, la somme des surfaces de ses différentes faces.

On appelle *volume d'un polyèdre*, la portion de l'espace occupée par le polyèdre.

420. *Développement de la surface d'un prisme droit. Construction d'un prisme droit.*
— Il est intéressant de connaître le développement sur un plan de la surface de certains solides géométriques; c'est une question d'ordre pratique.

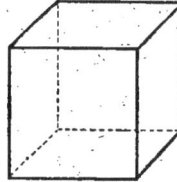

Fig. 306.

Le ferblantier, par exemple, construit certains objets en partant de leur développement.

— Soit à faire le développement de la surface du parallélépipède rectangle ABCDA'B'C'D' (*fig*. 307).

Nous supposerons qu'on le sectionne suivant les arêtes latérales et suivant les arêtes D'C', A'D' et B'C'; puis que, par des rotations, on applique successivement toutes les faces sur un même plan qui sera ici le plan de la base ABCD.

La base inférieure est représentée par le rectangle 2, la base supérieure par le rectangle 4; les faces latérales construites sur les dimensions AB et DC sont représentées par les rectangles 1 et 3; les autres faces latérales sont représentées par les rectangles 5 et 6.

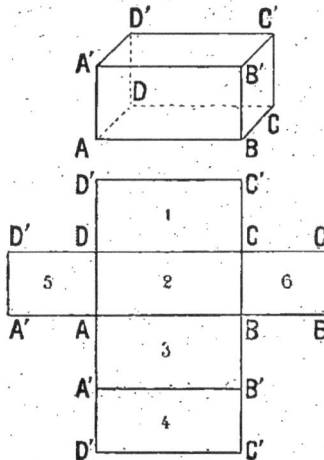

Fig. 307.

Nous pouvons maintenant faire la construction inverse.

Découpons sur un morceau de carton la figure constituée par le développement des différentes faces. Traçons les faces au crayon d'abord, puis par un trait de canif. Le rectangle 2 constitue le fond. Relevons perpendiculairement les rectangles 1, 3, 6 et 5; ils forment les faces latérales. Rabattons le rectangle 4; il constitue le dessus.

Maintenons l'assemblage par des bandelettes collées sur les arêtes latérales : nous avons ainsi un parallélépipède rectangle.

— Le développement d'un cube est formé de six carrés égaux (*fig.* 308).

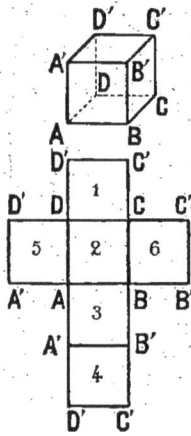

Le développement d'un prisme triangulaire droit comprend trois rectangles représentant les faces latérales et deux triangles représentant les bases (*fig.* 309).

Le développement d'un prisme pentagonal

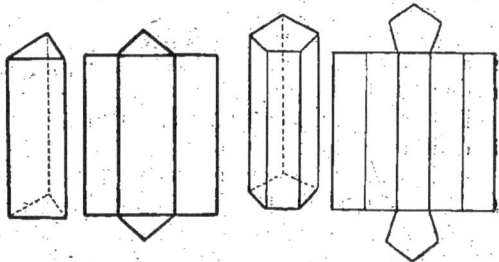

Fig. 308.   Fig. 309.   Fig. 310.

droit comprend cinq rectangles représentant les faces latérales et deux pentagones représentant les bases, etc. (*fig.* 310).

Si le prisme est régulier, les rectangles latéraux sont égaux, ainsi que les polygones de base.

421. *Projections verticale et horizontale d'un prisme.* — Considérons un cube ABCDFIGH (*fig.* 311) et proposons-nous de le projeter sur deux plans, l'un horizontal, parallèle à l'une des faces; l'autre vertical, parallèle à une autre face.

La projection horizontale de ce cube est un carré *abcd* égal à la face ABCD.

La projection verticale est un carré $a'f'h'd'$ égal au précédent.

Le profil donnerait aussi un carré égal; il en

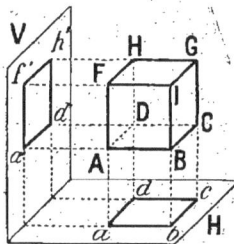
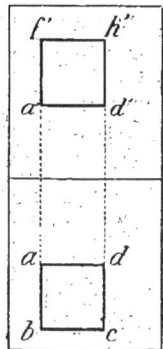

Fig. 311.   Fig. 312.

serait de même pour une section perpendiculaire aux arêtes.

L'épure est donnée ici par la figure 312.

— Dans les projections qui vont suivre, nous ne représente-rons plus les plans de projection, mais seulement l'*épure*, c'est-à-dire les projections après le rabattement du plan vertical.

— Si l'on projette un parallélépipède rectangle sur deux plans rectangulaires parallèles à deux des faces du solide, on obtient deux rectangles (*fig*. 313).

Le rectangle 1 a pour dimensions la longueur L et la hauteur *h* du prisme : c'est son *élévation*.

Le rectangle 2 a pour dimensions la longueur L et la largeur *l* : c'est son *plan*.

Son *profil* serait le rectangle 3 dont la hauteur est celle de l'élévation et la largeur celle du plan.

La figure 314 nous donne l'élévation et le plan de prismes droits triangulaires et pentagonaux.

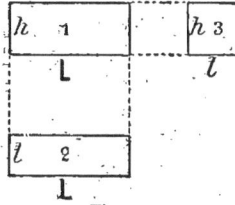

422. Aire latérale et aire totale d'un prisme droit. — Théo-rème. — *L'aire latérale d'un prisme droit a pour mesure le pro-duit des nombres qui expriment la mesure du périmètre de base et celle de la hauteur.*

1° *Parallélépipède rectangle.* Dans un parallélépipède rectangle, les faces latérales comprennent quatre rectangles, construits sur les arêtes de base du prisme, et ayant pour hauteur com-mune la hauteur du parallélépipède. L'aire latérale du parallélé-pipède est donc égale à la somme des aires de ces rectangles.

Si nous représentons par L et *l* les dimensions de la base du parallé-lépipède, par *h* sa hauteur, nous avons :

Aire latérale $= (L + l + L + l)\, h$

ou $2(L + l)\, h$.

Mais $2(L + l)$ représente le péri-mètre P de la base du parallélépi-pède, donc :

Aire latérale parallélépipède rec-tangle $= P \times h$.

Remarquons aussi que l'aire totale est égale à la somme de l'aire latérale et des aires des deux bases.

Aire totale $= P \times h + 2 L \times l$;

2° *Cube.* L'aire latérale du cube est égale à la somme des aires

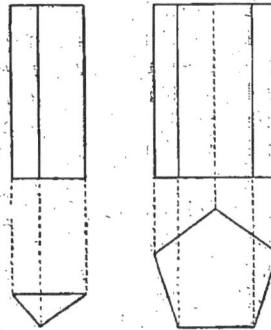

de quatre carrés égaux ayant pour côtés la longueur de l'arête du cube. On a donc, si a est la longueur de l'arête :

Aire latérale cube $= 4\,a^2$.

Aire totale $=$ aire latérale $+$ aire des deux bases
$$= 4\,a^2 + 2\,a^2 \text{ ou } 6\,a^2.$$

3° *Prisme droit.* Les faces d'un prisme droit sont des rectangles ayant pour hauteur commune l'arête du prisme, pour bases les différents côtés du polygone de base.

L'aire latérale d'un prisme droit est donc égale à la somme des aires de ces rectangles.

Si nous représentons par h la longueur de l'arête latérale, par a, b, c, d, e, les côtés de la base :

$$\text{\textit{Aire latérale prisme}} = ah + bh + ch + dh + eh$$
$$= (a + b + c + d + e)\,h.$$

Mais $a + b + c + d + e$ est le périmètre P du polygone de base.

Donc, *Aire latérale prisme* $= \text{P} \times h$.

Aire totale $=$ *aire latérale* $+$ *aire des deux bases*.

423. Volume d'un corps. — Pour mesurer le volume d'un corps, il faut le comparer au volume d'un autre corps pris pour unité de volume.

L'unité de volume est le cube dont la longueur de l'arête est l'unité de longueur. Si nous prenons pour unité de longueur le centimètre, le décimètre, le mètre, l'unité de volume sera le centimètre cube, le décimètre cube, le mètre cube.

Dans la pratique, on ne peut déterminer le volume d'un corps en comparant directement le volume de ce corps à l'unité de volume. On mesure certaines dimensions, et l'on fait sur ces mesures les calculs que nous enseigne la géométrie et que nous allons étudier.

424. — Volume d'un parallélépipède rectangle. — THÉORÈME. — Le volume d'un parallélépipède rectangle a pour mesure le produit des nombres qui mesurent l'aire de la base et celle de la hauteur.

Soit le parallélépipède rectangle ABCD A'B'C'D' (*fig.* 315).

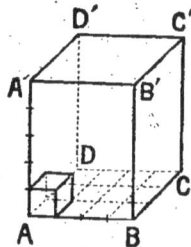

Fig. 315.

Supposons que le centimètre pris pour unité de longueur soit contenu un nombre exact de fois dans les trois dimensions, soit quatre fois dans la longueur, trois fois dans la largeur, cinq fois dans la hauteur.

Par chacun des points de division de AB menons des parallèles
à BC, puis, par chacun des points de division de BC, des parallèles à AB; nous partageons la base en $4 \times 3 = 12$ cm². Sur
chacun de ces carrés, plaçons un cube ayant pour arête l'unité
de longueur, soit un centimètre cube; la couche entière représentera un volume de 1 cm³ $\times$ 12.

Or, le parallélépipède P comprend cinq couches semblables; il
contient donc
$$1 \text{ cm}^3 \times 12 \times 5.$$

Si nous représentons par V le volume, par B l'aire de la base,
par H la hauteur du parallélépipède.

Nous avons : $V = B \times H.$ C. Q. F. D.

425. REMARQUE I. — Remarquons que B est le produit des
dimensions L et *l* de la base.

Donc, $V = L \times l \times h.$

Aussi peut-on dire que :

*Le volume d'un parallélépipède rectangle a pour mesure le pro-
duit des nombres qui mesurent ses trois dimensions.*

426. REMARQUE II. — Si le centimètre pris pour unité n'était
pas contenu un nombre exact de fois dans les trois dimensions
et qu'une autre unité, le millimètre par exemple, le soit, on pourrait répéter le même raisonnement et, en évaluant la base en millimètres carrés et la hauteur en millimètres, le volume serait
évalué en millimètres cubes.

Enfin, si les dimensions n'ont aucune commune mesure, nous
admettrons encore que le volume d'un parallélépipède rectangle
est égal au produit des trois dimensions, et en prenant une unité
de mesure de longueur suffisamment petite, on pourra évaluer
le volume avec une approximation aussi grande que l'on voudra.

427. REMARQUE III. — *Volume d'un cube.* — Un cube est un
parallélépipède rectangle dont les trois dimensions sont égales.

Si nous désignons par *a* la longueur de l'arête, nous avons :

$$\text{Volume cube} = a \times a \times a = a^3.$$

Donc, *le volume d'un cube a pour mesure le cube du nombre
qui exprime la mesure de son arête.*

428. REMARQUE IV. — *Volume du parallélépipède droit et du
parallélépipède oblique.* — On démontre que le théorème précédent est applicable à un parallélépipède quelconque, droit ou
oblique.

Rappelons que dans un parallélépipède droit la hauteur est la longueur de l'arête latérale, tandis que dans un parallélépipède oblique la hauteur est la distance des deux bases.

On peut donc dire, d'une façon générale, que *le volume d'un parallélépipède quelconque a pour mesure le produit des nombres qui expriment les mesures de sa base et de sa hauteur.*

429. *Formule.* — V représentant le volume d'un parallélépipède quelconque de base B et de hauteur H, on a :

$$V = B \times H.$$

430. *Volume du prisme.* — On démontre que l'expression du volume d'un prisme est la même que celle du volume du parallélépipède, que le prisme soit droit ou oblique et quel que soit le nombre des côtés de sa base.

THÉORÈME. — *Le volume d'un prisme a pour mesure le produit des nombres qui expriment la mesure de sa base et celle de sa hauteur.*

Si le prisme est droit, sa hauteur est la longueur de l'arête latérale; si le prisme est oblique, sa hauteur est la distance des deux bases.

431. *Formule.* — Si V représente le volume d'un prisme de base B et de hauteur H, on a :

$$V = B \times H.$$

Problèmes.

CUBE. — *Connaissant l'arête d'un cube, calculer son aire latérale, son aire totale, son volume.*

1re ANNÉE :

767. Construire en carton un cube ayant 8 cm. de côté. Calculer son aire latérale, son aire totale, son volume.

768. Quel est le volume d'une caisse cubique ayant intérieurement $0^m,95$ de côté? Combien dépensera-t-on pour faire peindre l'intérieur y compris le fond, si l'on paye 0 fr. 90 par mètre carré de peinture?

769. Quel est le poids d'un bloc cubique en fonte ayant 24 cm. d'arête, sachant que la densité de la fonte est 7,28?

770. On veut faire une caisse cubique fermée de $1^m,20$ de côté avec des planches ayant $0^m,30$ de large et coûtant 0fr. 40 le mètre carré. Quelle somme dépensera-t-on? (*Bourses d'ens. prim. sup.*)

2e ANNÉE :

771. Qu'est-ce qu'un cube? On a triplé la longueur des arêtes d'un cube et l'on demande d'établir le rapport qui existe entre le volume du nouveau cube et celui du premier. (*Brev. élém. aspirantes, Lille, 1903.*)

772. Un vase ouvert a extérieurement la forme et les dimensions d'un décimètre cube; il est en fer et ses parois ont toutes 5ᵐᵐ d'épaisseur. Ce vase est rempli avec de l'eau et de l'huile; la hauteur de l'eau est à la hauteur de l'huile comme 3 est à 2. Calculer le poids de l'ensemble (contenant et contenu); la densité du fer est 7,8 et celle de l'huile 0,91. (É. N. aspirantes, Lons-le-Saulnier, 1900.)

Inversement, calculer l'arête d'un cube, connaissant son aire latérale ou son aire totale ou son volume.

1ʳᵉ ANNÉE :

773. L'aire latérale d'un cube mesure 289 cm². Quelle est l'arête de ce cube?

774. On veut construire une boîte cubique avec une feuille de carton de 84 dm². Quelle sera la longueur de l'arête?

775. Une boîte cubique sans couvercle est faite avec une feuille de zinc de 4 dm² 05. Quelle est la longueur de l'arête? Quelle est en décilitres la capacité de cette boîte?

776. On a payé 10 fr. 80 pour la taille d'une pierre cubique à raison de 1 fr. 25 par mètre carré. Dites quel est le côté de cette pierre. (*Concours d'adm. aux éc. prim. sup., Paris.*)

2ᵉ ANNÉE :

777. Calculer l'arête d'un cube ayant pour volume 15 cm³.

778. Un bloc cubique de fer a été payé 156 fr., à raison de 0 fr. 80 le kilog. La densité du fer est 7,7; calculer l'arête de ce bloc.

Calculer le volume d'un cube, connaissant l'aire d'une face, l'aire latérale, l'aire totale, et inversement.

1ʳᵉ ANNÉE :

779. Quel est le volume d'un cube dont la base mesure 12 dm² 25?

780. Pour tapisser intérieurement une boîte cubique sans couvercle on a employé 0ᵐ²,882 de papier. Quel est le volume de cette boîte?

781. Pour tailler sur toutes ses faces un bloc de pierre cubique, un ouvrier a reçu 4 fr. 60, à raison de 1 fr. 20 le mètre carré. Quel est le volume du bloc?

2ᵉ ANNÉE :

782. On construit une boîte cubique qui peut contenir 42.875 litres. Quelle quantité de tôle de fer a-t-il fallu pour construire cette boîte qui n'a pas de dessus? (*Ex. de sortie des C. compl., Seine.*)

783. Un bloc de pierre cubique pèse 147 kg. 200. L'ouvrier qui l'a taillé reçoit 1 fr. 15 par mètre carré. Calculer ce que cet ouvrier a reçu, sachant que la densité de cette pierre est 2,30.

784. On a payé 10 fr. 80 pour la taille d'une pierre cubique, à raison de 1 fr. 20 le mètre carré. Calculer le poids de cette pierre, sa densité étant 2,4.

Connaissant la diagonale d'un cube, calculer l'aire d'une face, l'aire latérale, l'aire totale, le volume et inversement.

1re ANNÉE :

785. Calculer l'aire totale et le volume d'un cube dont la diagonale du carré de base mesure 5 m.

786. La diagonale d'un cube mesure 0m,72. Calculer l'aire de la base, l'aire totale et le volume de ce cube.

2e ANNÉE :

787. Calculer la diagonale d'un cube dont l'arête mesure 48 cm.

788. Calculer la diagonale d'un cube, sachant que l'aire d'une face mesure 72 dm² 25.

789. L'aire totale d'un cube mesure 486 cm². Calculer la longueur de la diagonale de ce cube.

790. Calculer la diagonale d'un cube dont le volume est 5m³.

PARALLÉLÉPIPÈDE RECTANGLE. — Connaissant les trois dimensions d'un parallélépipède rectangle, calculer son aire latérale, son aire totale, son volume.

1re ANNÉE :

791. Construire en carton un parallélépipède rectangle ayant 8 cm. de long, 4 cm. de large et 5 cm. de hauteur. Calculer son aire latérale, son aire totale, son volume.

792. Une caisse a intérieurement 1 m. de long, 0m,75 de large, 0m,50 de hauteur. Quel est son volume en litres ? Quelle surface de papier faut-il pour la recouvrir intérieurement (couvercle non compris)?

793. Une poutre de chêne a 5 m. de longueur; sa largeur est les $\frac{3}{50}$ de sa longueur et son épaisseur est les $\frac{4}{5}$ de la largeur. Quel est son poids, la densité du chêne étant 0,75 ?

2e ANNÉE :

794. Une auge rectangulaire est creusée dans une pierre qui a extérieurement 1m,98 de long, 0m,63 de large et 0m,57 de haut. Quel est le volume de la partie en pierre et quelle est en litres sa capacité, si les parois ont une épaisseur de 0m,12 ?

795. On fait tapisser et parqueter une chambre ayant 6 m. de long, 5 m. de large et 3 m. de haut. On place le papier en rouleaux de 8 m. de long sur 0m,40 de large, coûtant 1 fr. 75 le rouleau. Le parquet a été payé 8 fr. 40 le mètre carré. On demande à combien s'élève la dépense, le fournisseur faisant un rabais de 2 pour 100. (*É. N. aspirants.*)

Inversement, *calculer une dimension d'un parallélépipède rectangle, connaissant le volume et les deux autres dimensions.*

1re ANNÉE :

796. Une poutre a un volume de 1 684 dm³ 8. Les bouts sont des carrés de 18 cm. de côté. Quelle est la longueur de cette poutre ?

797. Une solive ayant 0^m,28 d'équarrissage a été vendue 35 fr. Le stère de bois est estimé 38 fr., calculer la longueur de cette solive.

2e ANNÉE :

798. Les feuilles de zinc pour la toiture ont 1^m,80 de long sur 0^m,75 de large et pèsent 8 kg. Quelle en est l'épaisseur, sachant que la densité du zinc est 6,86 ? (*Ex. d'entrée des C. compl., Seine.*)

799. Une classe a 8^m,50 de long, 6 m. de large et 4 m. de haut. De combien doit-on augmenter la largeur de la salle pour obtenir le volume d'air nécessaire aux 50 élèves que l'on veut y admettre à raison de 5^{m³} par enfant ? (*Ex. d'entrée des C. compl., Seine.*)

Calculer les dimensions d'un parallélépipède rectangle.

2e ANNÉE :

800. Trouver la capacité et les dimensions d'une boîte rectangulaire en fer-blanc, sans couvercle, sachant : 1° Que le fond de cette boîte est un rectangle ayant un côté double de l'autre et que la profondeur est égale au plus petit côté du rectangle ; 2° Que le fer-blanc dont la boîte est formée pèse 2 dgr. par décimètre carré et que le poids total de la boîte vide est de 90 gr. (*Brev. élém. aspirantes, Montpellier, 1907.*)

801. Un bassin rectangulaire peut contenir 7^{m³},200 d'eau. Calculer ses dimensions, sachant que la longueur est double de la largeur et la profondeur les $\frac{2}{3}$ de la longueur.

802. Les trois dimensions d'un réservoir sont proportionnelles à 4, 3 1/2 et 2. A l'intérieur, les quatre faces latérales et le fond sont recouverts d'un enduit qui, à raison de 0 fr. 75 le mètre carré, a coûté 427 fr. 68. On demande les dimensions de ce réservoir et sa capacité en hectolitres. (*Brev. élém. aspirants, Clermont, 1905.*)

803. Une pile de bois de 24 stères a la forme d'un parallélépipède rectangle. Elle est aussi haute que large et sa longueur est 8 fois sa largeur. Calculer ses dimensions. (*Brev. élém. aspirants, Poitiers.*)

804. Une caisse rectangulaire a intérieurement 75 cm. de longueur, 40 cm. de largeur. Calculer la contenance de cette caisse, sachant que la diagonale mesure 90 cm.

805. Calculer la diagonale d'un parallélépipède rectangle dont les dimensions sont 80 cm., 45 cm., 32 cm.

806. Calculer l'aire totale et le volume d'une pierre ayant la forme d'un parallélépipède rectangle, sachant que sa hauteur mesure 65 cm., sa largeur 40 cm., la diagonale de la base 89 cm. et la diagonale d'une des plus grandes faces latérales 103 cm.

Calculer l'aire latérale, l'aire totale et le volume d'un prisme droit, connaissant ses dimensions de base et sa hauteur.

1ʳᵉ ANNÉE :

807. Un prisme mesure 45 cm. de hauteur. Sa base est un triangle ayant 22 cm. de base et 18 cm. de hauteur. Calculer son volume.

808. Une tranchée de chemin de fer a une longueur de 300 m. Sa section est un trapèze dont les bases ont 22 m. et 30 m. La profondeur de la tranchée est 4ᵐ,20. Quel est le volume de terre à enlever ?

809. Un prisme triangulaire droit a 2ᵐ,60 de haut et chaque côté de la base a 0ᵐ,80. Ce prisme est mis en couleur à raison de 0 fr. 18 le décimètre carré. Combien coûte cette peinture ? La base sur laquelle il repose n'a pas de couleur. (*Bourses d'ens. prim. sup.*)

810. Une borne de 0ᵐ,70 de hauteur a la forme d'un prisme hexagonal régulier. Le côté de l'hexagone de base mesure 30 cm. Quel est le volume de cette borne ? Quel est son poids ? (Densité du grès $=2,45$.)

2ᵉ ANNÉE :

811. Calculer l'aire totale et le volume d'un prisme hexagonal régulier de 0ᵐ,60 de haut; sa base est inscrite dans un cercle de 12 cm. de rayon.

812. Même question, la base étant le triangle équilatéral inscrit.

813. Même question, la base étant le carré inscrit.

814. Calculer le volume d'un prisme droit dont la base est un triangle équilatéral inscrit dans un cercle de 0ᵐ,80 de rayon et dont la hauteur vaut 5 fois l'apothème du triangle de base.

Inversement, *calculer les dimensions d'un prisme.*

2ᵉ ANNÉE :

815. Calculer l'aire totale d'un prisme droit dont le volume est 5ᵐ³,640, sachant que la base de ce prisme est un triangle équilatéral et que l'arête est égale au côté de la base.

816. Calculer le rayon du cercle dans lequel est inscrite la base d'un prisme droit hexagonal, sachant que le volume de ce prisme est de 500 dm³ et que sa hauteur est double du rayon du cercle.

817. Même question, si la base est un triangle équilatéral.

818. Même question, si la base est un carré.

819. Calculer l'aire latérale, l'aire totale d'un prisme régulier hexagonal droit dont le volume mesure 45 dm³, sachant que l'apothème de la base mesure 8 cm.

820. Même question, si la base est un triangle équilatéral.

821. Même question, si la base est un carré.

822. L'aire totale d'un prisme hexagonal régulier mesure 5 dm². Calculer le volume, sachant que la hauteur est double du côté de base.

CHAPITRE III

PYRAMIDE. — TRONC DE PYRAMIDE
TRONC DE PRISME.

Pyramide.

432. DÉFINITIONS. Considérons le solide P (*fig.* 316). [Montrer une pyramide en bois.] Il est limité par une base polygonale et par des faces latérales qui sont des triangles : *C'est une pyramide.*

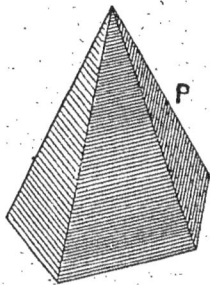

Fig. 316.

Fig. 317.

Géométriquement, *on appelle pyramide un polyèdre dont l'une des faces appelée base est un polygone quelconque et dont les autres faces, appelées faces latérales, sont des triangles ayant un sommet commun situé hors du polygone et pour base les différents côtés du polygone.*

On utilise la pyramide (*fig.* 317) dans l'ornementation des meubles, des édifices. Certains toits se terminent en pyramide; les pyramides d'Égypte sont d'ailleurs célèbres.

Dans la pyramide SABCD (*fig.* 318), le quadrilatère ABCD est la *base;* le point S est le *sommet;* les triangles SAB, SBC, SCD, SDA sont les *faces latérales;* les droites SA, SB, SC, SD

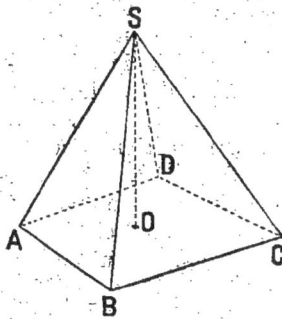

Fig. 318.

sont les *arêtes latérales;* AB, BC, CD, DA sont les *arêtes de base;* la perpendiculaire SO abaissée du sommet sur le plan de la base est la *hauteur* de la pyramide.

Selon que la base est un triangle, un quadrilatère, un pentagone, etc., la pyramide est dite triangulaire, quadrangulaire, pentagonale, etc. La pyramide triangulaire est encore appelée *tétraèdre*.

433. Une pyramide est *régulière* quand sa base est un polygone régulier et que sa hauteur a son pied au centre de ce polygone.

Ex. : La pyramide SABCDEF (*fig.* 319), dont la base ABCDEF est un polygone régulier, le pied O de la hauteur SO étant au centre du polygone, est une pyramide régulière.

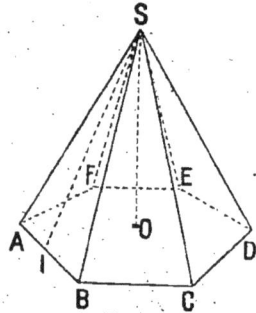
Fig. 319.

On appelle *apothème d'une pyramide régulière* la perpendiculaire SI abaissée du sommet sur un des côtés de la base.

Dans une pyramide régulière, toutes les arêtes latérales sont égales; ce sont des obliques par rapport au plan de base et elles s'écartent également du pied de la hauteur. Les faces latérales sont donc des triangles isocèles égaux.

434. On appelle *tétraèdre régulier* un polyèdre dont les 4 faces sont des triangles équilatéraux égaux.

Un tétraèdre régulier est une pyramide triangulaire régulière. Mais une pyramide triangulaire régulière n'est pas forcément un tétraèdre régulier.

435. *Développement d'une pyramide régulière et construction.* — Soit à faire le développement de la pyramide régulière hexagonale SABCDEF (*fig.* 320).

Si l'on sectionne la pyramide suivant les côtés du polygone de base et suivant une arête latérale, le développement sur un plan comprend l'hexagone de base ABCDEF (*fig.* 321) et six triangles isocèles égaux ayant pour base le côté de l'hexagone et pour hauteur l'apothème de la pyramide.

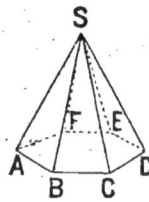
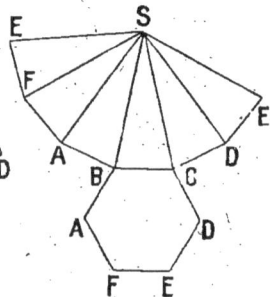
Fig. 320.　　　　Fig. 321.

Donc, pour construire une pyramide régulière, il suffit de connaître le côté du polygone de base et l'apothème de la pyramide.

436. Élévation, profil, plan, coupe. — Considérons une pyramide hexagonale régulière; supposons sa base dans le plan horizontal et la ligne de terre parallèle à une des arêtes de la base (*fig.* 322).

Son élévation est représentée par la figure 1, son plan par la figure 2, son profil par la figure 3.

Toute section parallèle à la base est un polygone semblable à celui de base. Toute section perpendiculaire à la base et passant par le sommet est un triangle.

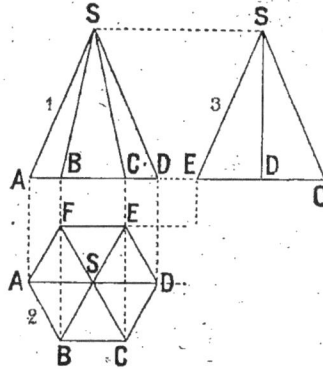

437. Aire latérale et aire totale d'une pyramide régulière. — THÉORÈME. — *L'aire latérale d'une pyramide régulière a pour mesure le demi-produit du périmètre de sa base par son apothème.*

Fig. 322.

Considérons une pyramide régulière dont la base est un hexagone (*fig.* 319); son aire latérale se compose de 6 triangles isocèles ayant même base et même hauteur, la base étant le côté de l'hexagone de base, la hauteur étant l'apothème de la pyramide.

Or, l'aire d'un triangle a pour mesure le demi-produit de sa base par sa hauteur. Comme l'aire latérale de la pyramide se compose d'autant de triangles que le polygone de base a de côtés, soit ici de 6, nous avons :

$$\text{Aire latérale pyramide} = \frac{6AB \times SI}{2};$$

ou encore :

$$\text{Aire latérale} = \frac{périmètre \times apothème}{2}.$$

438. Formule. — Si P désigne le périmètre de base de la pyramide régulière, a son apothème, on a :

$$\text{Aire latérale} = \frac{P \times a}{2}.$$

439. *Aire totale. Formule.* — L'aire totale est la somme de l'aire latérale et de l'aire de sa base; P étant le périmètre du polygone de base, a' l'apothème, on a (V. n° 356) :

$$\text{Aire polyg. régulier} = \frac{P \times a'}{2}.$$

Donc :

$$\text{Aire totale} = \frac{Pa}{2} + \frac{Pa'}{2} = \frac{P(a+a')}{2}.$$

440. *Volume de la pyramide.* — THÉORÈME. — *Le volume d'une pyramide quelconque a pour mesure le $\frac{1}{3}$ du produit de la base par la hauteur.*

On démontre que le volume d'une pyramide régulière est le tiers du volume d'un prisme qui aurait même base et même hauteur que la pyramide.

441. *Formule.* — Si B est la base d'une pyramide quelconque, H sa hauteur, V son volume, on a :

$$V = \frac{1}{3} BH.$$

Problèmes.

Calculer l'aire latérale et l'aire totale d'une pyramide régulière et problèmes inverses.

1re ANNÉE :

823. Construire en carton une pyramide régulière ayant pour base un triangle équilatéral de 6 cm. de côté, et pour apothème 11 cm. Calculer l'aire latérale et l'aire totale de cette pyramide.

824. Construire en carton une pyramide régulière ayant pour base un hexagone régulier de 5 cm. de côté, et pour apothème 9 cm. Calculer l'aire latérale et l'aire totale de cette pyramide.

825. Construire en carton une pyramide régulière ayant pour base un carré de 6 cm. de côté, et pour apothème 10 cm. Calculer l'aire latérale et l'aire totale de cette pyramide.

2e ANNÉE :

826. Une pyramide régulière a pour base un triangle équilatéral. L'apothème de cette pyramide mesure 1m,20, l'aire latérale 1m²,84. Calculer la longueur d'un des côtés de la base.

827. Une pyramide régulière a pour base un hexagone régulier de 15 cm. de côté. Calculer l'apothème de cette pyramide, sachant que l'aire totale mesure 15 dm².

828. Une pyramide régulière a pour base un carré. Calculer l'aire de cette base, sachant que l'apothème de la pyramide mesure 1 dm. et l'aire latérale 168 cm².

Calculer le volume d'une pyramide régulière, connaissant la base et la hauteur, et problèmes inverses.

1re ANNÉE :

829. La plus grande des pyramides d'Égypte a pour base un carré de 234 m. de côté et sa hauteur est 146 m. Quel est son volume ?

830. Calculer le volume d'une pyramide de 0m,90 de hauteur, la base étant un rectangle de 0m,80 de long sur 0m,45 de large.

831. Une pyramide a pour base un hexagone régulier de 0m,35 de côté. Sa hauteur mesure 1m,24. Quel est son volume ?

832. Une tombe est surmontée d'une pierre ayant la forme d'une pyramide dont la base est un carré de 5m,20 de périmètre et la hauteur a 1m,90. Que coûte cette pierre à 45 fr. le mètre cube ?

833. Quelle est la surface de base d'une pyramide dont le volume mesure 540 dm³ et la hauteur 0m,45 ?

2e ANNÉE :

834. Quelle est la hauteur d'une pyramide qui a pour volume 650 dm³ et dont la base est un triangle ayant 50 cm. de base et 0m,26 de hauteur ?

835. Dans un cercle de 8 m. de rayon on inscrit un triangle équilatéral. Quel serait le volume d'une pyramide de 9 m. de hauteur qui aurait ce triangle pour base ?

836. Même question, la base étant l'hexagone régulier inscrit.

837. Même question, la base étant le carré inscrit.

838. On triple la hauteur d'une pyramide sans changer sa base, que devient son volume ?

839. Une pyramide régulière a pour base un triangle équilatéral de 7 cm. de côté ; son volume mesure 750 cm³. Calculer sa hauteur.

840. Une pyramide régulière hexagonale a un volume de 1m³. Sa hauteur mesure 0m,50. Calculer le côté de sa base.

841. Une pyramide à base carrée a le même volume qu'un parallélépipède rectangle ayant 2m,40 de long, 1m,15 de large, 1m,60 de haut. Calculer la longueur du côté de la base, la hauteur mesurant 5 m.

Calculer l'apothème d'une pyramide régulière, connaissant l'arête et le côté de la base ; problèmes inverses.

1re ANNÉE :

842. Calculer l'aire latérale et l'aire totale d'une pyramide régulière ; la base est un carré de 0m,40 de côté et l'arête mesure 0m,70.

843. Calculer la surface d'un toit ayant la forme d'une pyramide pentagonale régulière, l'arête de base mesurant 1ᵐ,40 et l'arête latérale 8ᵐ,40.

844. Calculer la longueur de l'arête d'un tétraèdre régulier, sachant que la hauteur de chacune des faces est de 8 m.

2ᵉ ANNÉE :

845. Construire un tétraèdre régulier de 8 cm. d'arête. Calculer l'aire d'une face et l'aire totale.

846. L'aire latérale d'une pyramide hexagonale régulière mesure 3ᵐ²,20. Calculer la longueur de l'arête, l'apothème mesurant 0ᵐ,80.

Calculer l'apothème d'une pyramide régulière, connaissant la hauteur et le rayon du cercle circonscrit à la base, problèmes inverses.

2ᵉ ANNÉE :

847. Calculer la surface latérale, la surface totale et le volume d'une pyramide régulière dont la hauteur est de 5 dm. et dont la base est un hexagone régulier de 8 cm. de côté.

848. Calculer la hauteur et le volume d'une pyramide dont la base est un carré de 0ᵐ,40 de côté et dont l'arête a 1ᵐ,10.

849. Calculer le volume d'un tétraèdre régulier de 8 cm. d'arête.

850. Calculer le volume et l'aire totale d'un tétraèdre régulier dont la hauteur mesure 0ᵐ,50.

Tronc de pyramide.

442. Définitions. Considérons le solide P (*fig.* 323). [Montrer ce solide.] Il est limité par deux bases qui sont des polygones ayant leurs côtés parallèles; ces côtés sont réunis par des facos latérales qui sont des trapèzes. D'autre part, nous voyons que c'est le solide qu'on obtiendrait en coupant une pyramide par un plan parallèle à la base et en détachant la partie qui contient le sommet; on l'appelle pour cette raison *tronc de pyramide* ou *pyramide tronquée.*

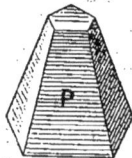

Fig. 323.

Un tronc de pyramide à bases parallèles est donc la portion d'une pyramide comprise entre la base et un plan parallèle à cette base.

Certains monuments funèbres, certains objets usuels ont la forme de troncs de pyramide (*fig.* 324).

En géométrie, on représente un tronc de pyramide comme l'indique la figure 325. ABCDE, A'B'C'D'E' sont les deux bases parallèles. La hauteur de ce tronc est la distance OO' des deux bases.

Si la pyramide qui a été tronquée par un plan parallèle à la

Fig. 324.

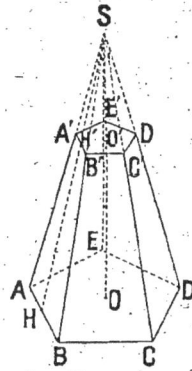

Fig. 325.

base est régulière, le tronc qui en résulte est *régulier*. (C'est le cas pour la figure 325.)

Dans un tronc de pyramide régulier, toutes les arêtes latérales sont égales, les faces latérales sont des trapèzes isocèles égaux.

Dans un tronc de pyramide régulier, on appelle *apothème* la hauteur d'un des trapèzes isocèles qui constituent la surface latérale : c'est la droite HH', perpendiculaire aux deux côtés correspondants des bases.

443. *Développement et construction d'un tronc de pyramide régulier.* — Le développement d'un tronc de pyramide régulier ABCDEA'B'C'D'E' (*fig.* 326) comprend deux polygones régu-

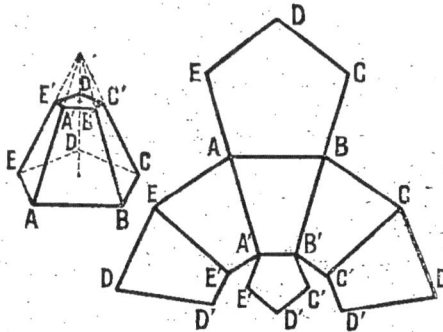

Fig. 326.

liers représentant les bases, et des trapèzes isocèles égaux représentant les faces latérales.

444. *Élévation, plan, coupe.* — Considérons un tronc de pyramide dont la base est un pentagone régulier. Dans une de ses positions particulières, l'élévation de ce tronc et son plan sont représentés par la figure 327.

Toute coupe faite parallèlement à la base donne un polygone régulier semblable à celui de la base.

445. Aire latérale d'un tronc de pyramide régulier. — THÉORÈME. — *L'aire latérale d'un tronc de pyramide régulier a pour mesure le produit de la demi-somme du périmètre de base par l'apothème.*

Considérons le tronc de pyramide régulier (*fig.* 325). Sa surface latérale se compose de trapèzes égaux ayant pour hauteur l'apothème HH' du tronc, et pour bases les côtés correspondants AB et A'B' des deux bases du tronc :

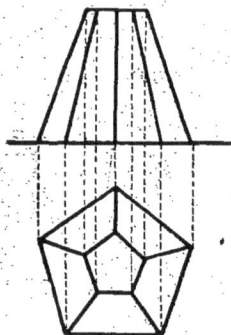

Fig. 327.

Nous avons donc :

$$\text{Aire lat. tronc de pyr. rég.} = 5\left(\frac{AB + A'B'}{2}\right) HH'$$

ou encore :

$$\text{Aire lat. tronc de pyram. rég.} = \frac{5AB + 5A'B'}{2} \times HH'.$$

Or, 5AB et 5A'B' sont bien les périmètres des deux bases.

446. Formule. — Si P et p sont les périmètres des deux bases d'un tronc de pyramide régulier, a son apothème, on a :

$$\text{Aire lat. tronc de pyr. rég.} = \frac{P + p}{2} \times a.$$

447. Aire totale d'un tronc de pyramide régulier. Formule. — L'aire totale se compose de l'aire latérale et des aires des bases. Si α et α' sont les apothèmes des polygones réguliers de base, les aires de ces polygones sont (V. n° 356) : $\frac{P\alpha}{2}$, $\frac{p\alpha'}{2}$,

et l'on a :

$$\text{Aire totale} = \frac{P + p}{2} \times a + \frac{P\alpha}{2} + \frac{p\alpha'}{2},$$

ou

$$\text{Aire totale} = \frac{P(a + \alpha)}{2} + \frac{p(a + \alpha')}{2}.$$

448. Volume d'un tronc de pyramide. — THÉORÈME. — *Le volume d'un tronc de pyramide quelconque est égal à la somme des volumes de trois pyramides ayant pour hauteur commune celle du tronc et pour bases respectives la base inférieure du tronc, la base supérieure et la moyenne proportionnelle entre les deux bases.*

449. Formule. — Si nous appelons B l'aire de la grande base, b l'aire de la petite base, h la hauteur du tronc de pyramide, V son volume, nous avons, en remarquant que la moyenne proportionnelle entre B et b est $\sqrt{Bb}$:

$$V = B \times \frac{h}{3} + b \times \frac{h}{3} + \sqrt{B \times b} \times \frac{h}{3},$$

ou
$$V = \frac{h}{3}\left(B + b + \sqrt{B \times b}\right).$$

450. Cubage d'un tronc d'arbre équarri. — Un tronc d'arbre équarri a sensiblement la forme d'un tronc de pyramide à base carrée ou rectangulaire.

Pour évaluer son volume, on pourrait donc appliquer la formule précédente.

Mais ces calculs étant assez longs, on assimile le tronc d'arbre à un parallélépipède de même longueur ayant pour base la section droite faite à la moitié de sa longueur.

On mesure donc au milieu de l'arbre le côté du carré ou les dimensions du rectangle MNPQ (*fig.* 328), et l'on multiplie l'aire de cette section par la longueur du tronc d'arbre. Le volume ainsi obtenu diffère peu du volume réel et les calculs qu'il nécessite sont faciles.

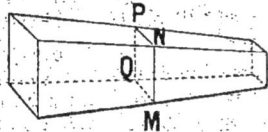

Fig. 328.

Problèmes.

Calculer l'aire latérale et l'aire totale d'un tronc de pyramide régulier.

1re ANNÉE :

851. Construire en carton un tronc de pyramide régulier de 10 cm d'apothème ayant des bases carrées mesurant l'une 8 cm. de côté, l'autre 6 cm. Calculer l'aire latérale et l'aire totale de ce tronc.

852. Même question, les bases étant des hexagones réguliers de 6 cm. et 4 cm. de côté.

853. Même question, les bases étant des triangles équilatéraux de 85mm et 72mm de côté.

854. Calculer l'aire latérale du poids de 10 kg. en fonte, la grande base ayant 90ᵐᵐ de côté, la petite base 80ᵐᵐ, l'apothème mesurant 84ᵐᵐ,8.

2ᵉ ANNÉE :

855. Calculer l'aire latérale et l'aire totale d'un tronc de pyramide à base carrée, sachant que les bases ont l'une 12 dm., l'autre 95ᵐᵐ de côté et que l'arête mesure 1ᵐ,40.

856. Même question, les bases étant des hexagones réguliers.

857. Même question, les bases étant des triangles équilatéraux.

858. Calculer l'aire latérale et l'aire totale d'un tronc de pyramide, à base carrée, sachant que la grande base a 2ᵐ,10 de côté, que l'aire de la petite base est 3 fois plus petite et que l'apothème mesure 3ᵐ,50.

859. Même question, la petite base étant un triangle équilatéral de 45 cm. de côté, la grande base étant double, l'apothème mesurant 1ᵐ,30.

860. Calculer l'aire latérale du poids de 10 kg. en fonte, la grande base ayant 90ᵐᵐ de côté, la petite base 80ᵐᵐ, l'arête 85ᵐᵐ.

Calculer le volume d'un tronc de pyramide régulier, problèmes inverses.

1ʳᵉ ANNÉE

861. Une borne a la forme d'un tronc de pyramide. Ses bases sont des carrés mesurant, l'un 48 cm. de côté, l'autre 32 cm. Quel est le volume de cette borne, sachant que sa hauteur est de 0ᵐ,75 ?

862. Calculer le poids d'une pierre ayant la forme d'un tronc de pyramide régulier hexagonal, sachant que le côté de la grande base mesure 0ᵐ,35, le côté de la petite base 0ᵐ,28, la hauteur de la pyramide 1ᵐ,80, la densité de la pierre étant 2,30.

863. Même question, les bases étant des triangles équilatéraux ayant l'un 75 cm. de périmètre, l'autre 54 cm.

864. Calculer le volume du poids de 5 kg. en fonte, la grande base ayant 70ᵐᵐ de côté, la petite base 60ᵐᵐ, la hauteur mesurant 64ᵐᵐ.

2ᵉ ANNÉE :

865. L'obélisque de Louqsor a la forme d'un tronc de pyramide régulier à base carrée, surmonté d'une pyramide régulière. Les côtés des bases du tronc sont 2ᵐ,42 et 1ᵐ,54; sa hauteur est 21ᵐ,60; la hauteur de la pyramide est 1ᵐ,20. Calculer le poids de ce monument, sachant que la densité du granit est 2,75.

866. Calculer le volume du poids de 5 kg. en fonte, la grande base ayant 70ᵐᵐ de côté, la petite base 60ᵐᵐ, l'arête 65ᵐᵐ.

867. Un tronc de pyramide régulier a pour base inférieure un carré de 2ᵐ,40 de côté; son apothème est de 1ᵐ,10 et son arête vaut 1ᵐ,30. Calculer : 1° son aire latérale; 2° son aire totale; 3° son volume.

868. Un tronc de pyramide a un volume de 5^{m3}. Ses bases sont des carrés ayant, l'un 0^m,75 de côté, l'autre 0^m,60. Quelle est sa hauteur ?

869. Une borne a la forme d'un tronc de pyramide. Ses bases sont des hexagones réguliers mesurant, l'un 0^m,35 de côté, l'autre 0^m,25. Calculer la hauteur de cette borne, sachant qu'elle pèse 75 kg., la densité de la roche qui la constitue étant 2,5.

Tronc d'arbre équarri.

1re *ANNÉE :*

870. Un chêne de 4^m,40 de longueur et de 0^m,60 d'équarrissage est vendu 8 fr. le décistère. Quel en est le prix ? L'acheteur fait scier ce chêne en madriers de 0^m,15 d'épaisseur, qu'il vend 35 fr. l'un. Quelle somme retire-t-il de cette vente ?

871. Un menuisier achète un tronc de noyer équarri ayant 3^m,60 de longueur ; la section faite au milieu mesure 0^m,65 sur 0^m,62. Combien payera-t-il ce tronc à raison de 95 fr. le stère ?

Tronc de prisme.

451. DÉFINITION. Considérons le solide P (*fig.* 329). [Montrer ce solide.] Comparons-le à un prisme. Nous voyons qu'il en diffère en ce que la face supérieure n'est pas parallèle à la face inférieure ; aussi l'appelle-t-on *tronc de prisme.*

Un tronc de prisme est la portion de prisme comprise entre l'une de ses bases et un plan qui coupe toutes les arêtes sans être parallèle à cette base.

En géométrie, on représente le tronc de prisme comme l'indique la figure 330 ; ABCDEF est un tronc de prisme triangulaire ; ABC est la base ; AD, BE, CF, ses arêtes latérales.

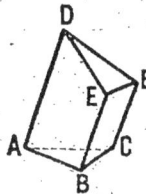

Fig. 329.   Fig. 330.

— Si les arêtes latérales sont perpendiculaires sur la base, le tronc de prisme est *droit*. Dans le cas contraire, il est *oblique*.

452. *Volume d'un tronc de prisme triangulaire.* — THÉORÈME. — *Le volume d'un tronc de prisme triangulaire est équivalent à la somme des volumes de trois pyramides ayant pour base commune la base du tronc, et pour sommets respectifs les extrémités des arêtes latérales.*

453. *Formule.* — Si B est la base d'un tronc de prisme

triangulaire, h, h', h'' les distances des trois sommets de l'autre base à la base considérée, V le volume du tronc, on a :

$$V = \frac{Bh}{3} + \frac{Bh'}{3} + \frac{Bh''}{3},$$

ou

$$V = B \times \frac{h + h' + h''}{3}.$$

454. Si le tronc de prisme triangulaire est droit, h, h', h'' sont respectivement les longueurs a, a', a'' des trois arêtes latérales, et l'on a dans ce cas :

$$V = B \times \frac{a + a' + a''}{3}.$$

455. Enfin, si le tronc de prisme triangulaire est oblique, on peut dire que *le volume du tronc a pour mesure le produit de sa section droite par la moyenne arithmétique des trois arêtes latérales.*

Si B (*fig.* 331) représente l'aire de la section droite, l, l', l'' les longueurs des arêtes latérales, V le volume,

$$V = B \times \frac{l + l' + l''}{3}.$$

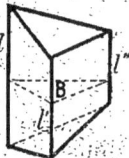

Fig. 331.

456. Volume du ponton. Formule. — Les tas de pierres, les tas de sable sont des solides auxquels on donne souvent le nom de *ponton*. Ce sont des polyèdres (*fig.* 332) dont les deux bases sont des rectangles ayant leurs côtés parallèles et leurs centres sur une même perpendiculaire à leurs plans, les faces latérales étant des trapèzes. Ils diffèrent des troncs de pyramide en ce que les arêtes latérales ne concourent pas en un même point.

Les fossés qui bordent les routes, les tombereaux, l'auge des maçons, le poids de 20 kg. en fonte ont la même forme.

Pour évaluer le volume de ce solide (*fig.* 332), si l'on représente par a la longueur de la grande base, par a' celle de la petite, par b la largeur de la grande base, par b' celle de la petite, par h la hauteur (distance des deux bases), on démontre que le volume du ponton est donné par la formule suivante :

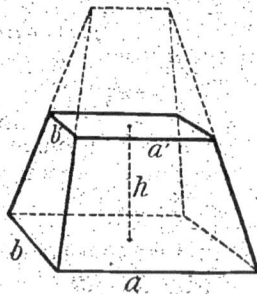

Fig. 332.

$$V = \frac{bh}{6}(2a + a') + \frac{b'h}{6}(2a' + a).$$

Problèmes.

Volume d'un tronc de prisme triangulaire.

1re ANNÉE :

872. Calculer le volume d'un tronc de prisme triangulaire dont la section droite est un triangle ayant 64 cm. de base et 95 cm. de hauteur, et dont les arêtes latérales mesurent 1ᵐ,20, 1ᵐ,35, 1ᵐ,44.

873. Calculer le volume d'un tronc de prisme dont les arêtes latérales mesurent 54 cm., 60 cm., 63 cm., et dont la base est un triangle équilatéral de 12 cm. de côté.

2e ANNÉE :

874. Calculer le volume d'un tronc de prisme dont la section droite est un triangle isocèle de périmètre 2ᵐ,10, le côté inégal mesurant 5 dm., et dont les arêtes latérales mesurent 1ᵐ,15, 1ᵐ,24, 1ᵐ,30.

875. Calculer le volume d'un tronc de prisme triangulaire, la base étant un triangle rectangle isocèle dont l'hypoténuse mesure 72 cm. et les arêtes mesurant 1ᵐ,40, 1ᵐ,52, 1ᵐ,55.

Volume du ponton.

1re ANNÉE :

876. Calculer le volume d'un tas de sable de 0ᵐ,80 de hauteur, la base inférieure mesurant 2ᵐ,40 sur 1ᵐ,80, la base supérieure 1ᵐ,40 sur 0ᵐ,90.

877. Une route doit être rechargée avec 50 mètres cubes de pierre. Combien fera-t-on de voyages pour amener cette pierre avec des tombereaux dont le fond mesure 1ᵐ,90 et 1ᵐ,10, les bords supérieurs 2ᵐ,40 et 1ᵐ,30 et la profondeur 0ᵐ,90.

878. Calculer la capacité d'une auge de maçon mesurant au fond 0ᵐ,60 et 0ᵐ,48, à la partie supérieure 0ᵐ,75 et 0ᵐ,54, et ayant 28 cm. de profondeur.

2e ANNÉE :

879. Un tas de charbon a 2ᵐ,90 de hauteur. Ses bases sont des rectangles mesurant l'un 6ᵐ,20 sur 5ᵐ,40, l'autre 5 m. sur 4ᵐ,20. Combien en retirera-t-on de tombereaux de 0ᵐ,80 de profondeur, le fond mesurant 1ᵐ,40 sur 0ᵐ,80, les bords supérieurs 1ᵐ,60 et 1 m.?

880. Un fossé a 0ᵐ,70 de profondeur. Il contient une hauteur d'eau de 0ᵐ,35. Calculer le volume de cette eau, sachant que le fond du fossé mesure 6 m. sur 0ᵐ,50, l'ouverture 6ᵐ,30 sur 0ᵐ,64.

881. On a creusé un fossé de 0ᵐ,60 de profondeur. L'ouverture mesure 3ᵐ,50 sur 0ᵐ,80, le fond 2ᵐ,90 sur 0ᵐ,60. Combien fera-t-on de voyages pour enlever la terre avec une brouette de 0ᵐ,30 de profondeur et mesurant au fond 0ᵐ,80 sur 0ᵐ,60, à la partie supérieure 0ᵐ,90 sur 0ᵐ,70, et sachant que, par l'extraction, la terre subit un foisonnement de $\frac{1}{10}$?

CHAPITRE IV

LES CORPS RONDS

457. Corps ronds. — Considérons un litre en étain, un rouleau, une balle, un cornet de papier, un abat-jour, etc.; ce sont des corps limités par des surfaces courbes : on les appelle pour cette raison *corps ronds*.

Certains corps ronds ont une forme régulière; nous les étudierons particulièrement.

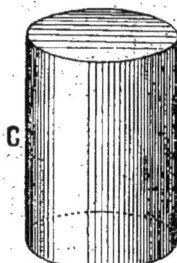
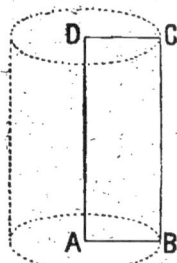

Fig. 333.　　Fig. 334.

Cylindre.

458. DÉFINITION. Considérons le solide C (*fig.* 333) [montrer le cylindre en bois du compendium]. Il est limité par deux cercles égaux et parallèles réunis par une surface convexe : c'est *un cylindre circulaire droit*.

En géométrie, on appelle cylindre droit *le solide engendré par la révolution d'un rectangle tournant autour d'un de ses côtés*.

Ainsi le rectangle ABCD (*fig.* 334) tournant autour d'un de ses côtés AD engendre un cylindre.

Le côté AD qui reste fixe est l'axe ou la *hauteur* du cylindre.

Les côtés CD et AB engendrent des cercles égaux qui sont les *bases* du cylindre.

Le côté CB, que l'on appelle *génératrice*, engendre la surface latérale du cylindre.

Les objets usuels (*fig.* 335)

Fig. 335.

ayant la forme de cylindres sont fort nombreux : tuyaux, tubes, litre en bois, rouleau, colonnades, etc.

459. Développement et construction. — Si l'on suppose la surface latérale sectionnée suivant une génératrice AB (*fig.* 336), on pourra développer cette surface et l'appliquer sur un plan.

Le développement de la surface d'un cylindre donne un rectangle représentant la surface latérale, et deux cercles représentant les bases.

La base de ce rectangle est égale à la longueur d'une des circonférences de base, sa hauteur est celle du cylindre.

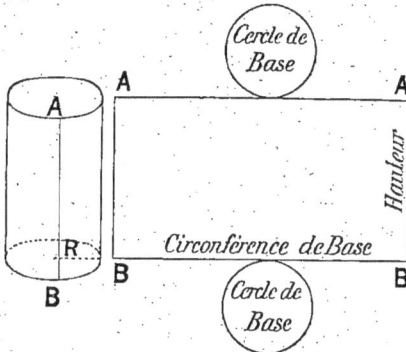

Fig. 336.

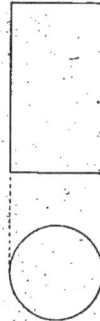

Fig. 337.

460. *Élévation, profil, plan, coupe.* — Considérons un cylindre; son élévation (*fig.* 337) est un rectangle ayant pour hauteur celle du cylindre, pour base, le diamètre du cylindre.

Son profil serait un rectangle égal.

Son plan est un cercle égal au cercle de base.

Toute section parallèle à la base est un cercle égal à celui de base.

Toute section contenant l'axe est un rectangle égal au rectangle de profil.

461. *Mesure de la surface latérale d'un cylindre.* — L'unité de surface que nous employons est une surface plane; il importe donc de bien définir ce que nous entendons par mesure de la surface latérale d'un cylindre, car nous ne concevons pas à priori comment on peut mesurer une surface courbe en prenant comme unité une aire plane.

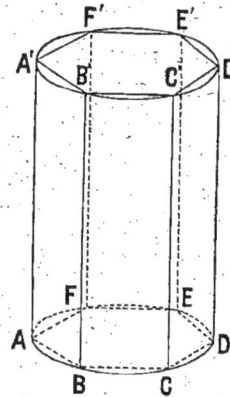

Fig. 338.

— Considérons un cylindre (*fig.* 338) et inscrivons dans le cercle de base un polygone régulier ABCDEF. Aux sommets de ce polygone, élevons des perpendiculaires au plan de base; elles déterminent sur la seconde base les sommets d'un polygone régulier A'B'C'D'F' égal au premier. Le solide ABCDEFA'B'C'D'E'F' est un prisme droit régulier. On dit que *ce prisme droit est inscrit dans le cylindre.*

Si nous doublons le nombre des côtés du polygone de base, nous pourrons former un second prisme régulier inscrit dans le cylindre et ayant un nombre de faces double de celui du premier.

On appelle **aire latérale du cylindre** *la limite vers laquelle tend l'aire latérale des prismes réguliers inscrits lorsqu'on double indéfiniment le nombre des faces.*

462. THÉORÈME. — *L'aire latérale d'un cylindre a pour mesure le produit de la circonférence de base par la hauteur du cylindre.*

En effet, si nous considérons un prisme régulier inscrit dans le cylindre, on a (V. n° 422) :

$$\textit{Aire latérale prisme} = \textit{Périm. de base} \times \textit{Hauteur.}$$

Si l'on double indéfiniment le nombre des faces, la hauteur reste invariable; quant au périmètre de base, il a pour limite la circonférence de base, et l'on a :

$$\textit{Aire latérale cylindre} = \textit{Circonf. de base} \times \textit{Hauteur.}$$

463. REMARQUE. Si nous nous reportons au développement de la surface latérale du cylindre (n° 459), nous voyons que cette surface se développe sur un plan suivant un rectangle ayant pour dimensions la longueur de la circonférence de base du cylindre et la hauteur du cylindre. L'aire de ce rectangle est égale à l'aire latérale du cylindre; nous retrouvons là l'expression de l'aire indiquée plus haut.

464. *Formules.* — Si R est le rayon de base d'un cylindre et H sa hauteur, sa circonférence de base a pour longueur $2\pi R$ et l'on a :

$$\textit{Aire latérale cylindre} = 2\pi RH.$$

AIRE TOTALE. La surface totale comprend la surface latérale qui a pour mesure $2\pi RH$ et les surfaces des bases.

Donc :

$$\textit{Aire totale cylindre} = 2\pi RH + 2\pi R^2$$

ou encore :

$$\textit{Aire totale cylindre} = 2\pi R (H + R).$$

Remarquons que cette formule exprime l'aire latérale d'un cylindre de même base et de hauteur H + R.

465. *Volume du cylindre.* — Là encore, nous sommes obligés de définir ce que nous entendons par volume du cylindre, attendu que ce solide est limité par une surface courbe, alors que l'unité de volume dont nous nous servons est limitée par des surfaces planes.

— On appelle **volume d'un cylindre** *la limite vers laquelle tend le volume d'un prisme régulier inscrit dans le cylindre lorsqu'on double indéfiniment le nombre des faces.*

THÉORÈME. *Le volume d'un cylindre a pour mesure le produit du cercle de base par la hauteur du cylindre.*

Considérons un cylindre et inscrivons dans ce cylindre un prisme régulier quelconque. Nous avons :

$$\text{Volume prisme} = \text{Base} \times \text{Hauteur.}$$

Or, si nous doublons indéfiniment le nombre des faces du prisme, le polygone de base a pour limite le cercle de base du prisme, et nous avons :

$$\text{Volume cylindre} = \text{Cercle de base} \times \text{Hauteur.}$$

466. *Formule.* — Si R est le rayon de base du prisme, H sa hauteur, V son volume, on a :

$$V = \pi R^2 H.$$

Fig. 339.

467. *Cylindre tronqué.* — Le cylindre tronqué (fig. 339) est la portion de cylindre droit que l'on obtient par une section oblique.

On démontre que le volume du cylindre tronqué est donné par la formule $V = \pi R^2 \left(\dfrac{h + h'}{2} \right)$ dans laquelle h représente la plus petite génératrice et h' la plus grande.

468. *Hélice.* — Développons l'aire latérale d'un cylindre : nous obtenons un rectangle ABCD (fig. 340). Divisons ce rectangle en un certain nombre de rectangles égaux par des parallèles à la base. Menons les

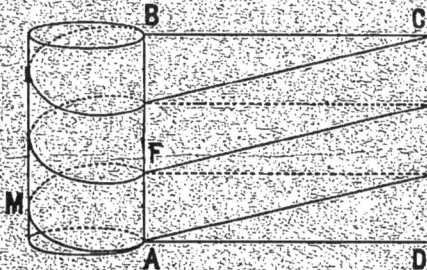

Fig. 340.

diagonales de ces rectangles comme l'indique la figure. Enroulons ensuite ce rectangle sur le cylindre. Les diagonales forment sur le cylindre une courbe continue qu'on appelle *hélice*. La partie AMF de l'hélice, constituée par une des diagonales enroulées, est une *spire* de l'hélice. La distance AF est le pas de l'hélice.

Si l'on imagine qu'un rayon du cylindre se déplace en restant parallèle à la base et en rencontrant constamment l'axe du cylindre et l'hélice, ce rayon décrit une surface que l'on appelle *hélicoïde* (*fig.* 341) : c'est la surface de la vis à filets carrés, celle de l'intrados d'un escalier à cage cylindrique, de l'organe propulseur d'un navire, etc.

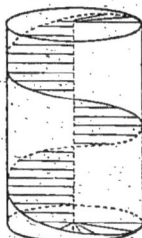

Fig. 341.

Problèmes.

Calculer l'aire latérale et l'aire totale d'un cylindre, connaissant son rayon et sa hauteur.

1re ANNÉE :

882. Construire un cylindre en carton ayant 3 cm. de rayon et 10 cm. de hauteur. Calculer la surface de carton employé.

883. On a peint une colonne cylindrique de 6m,60 de haut et de 0m,55 de diamètre. Quelle est la dépense à raison de 1 fr. 25 le m²?

884. On a fait vernir la surface d'une colonne cylindrique de 7m,40 de haut et de 1m,44 de circonférence à raison de 1 fr. 10 le mètre carré. Quelle sera la dépense ?

885. Quelle surface de tôle faut-il employer pour faire un tuyau de 2m,50 de long et de 16 cm. de diamètre ?

2e ANNÉE :

886. On veut construire une gouttière ayant 10 cm. de diamètre et 5 m. de long. L'ajustage fait perdre $\frac{1}{15}$ de la surface. Quelle surface de tôle faut-il employer ?

887. Calculer l'aire totale d'un cylindre dont l'aire latérale mesure 5m²,60 et le rayon 0m,30.

888. Calculer l'aire totale d'un cylindre dont l'aire latérale mesure 10m² et la hauteur 1m,50.

Calculer le volume d'un cylindre, connaissant son rayon et sa hauteur.

1re ANNÉE :

889. Calculer la contenance d'un vase cylindrique de 15 cm. de rayon et de 7 dm. de profondeur.

890. On fait creuser un puits de 12 m. de profondeur sur 1m,50 de diamètre. Quelle somme doit-on, à raison de 4 fr. 25 le mètre cube ?

891. Quels sont le volume et le poids d'une colonne de fonte de 0m,60 de tour et de 4 m. de haut, la densité de la fonte étant 7 ?

892. Quel est le volume d'une colonne cylindrique formée par 10 pièces de 5 fr. superposées ?

893. Que devient le volume d'un cylindre : 1° Si l'on double le rayon de sa base; 2° Si l'on double sa hauteur ? (*Brev. élém. aspirants.*)

894. Une feuille de zinc a 4ᵐ,20 de longueur sur 2ᵐ,40 de largeur. Déterminer le volume du réservoir que l'on obtiendra :

1° Si l'on roule la feuille sur la longueur; 2° Si on la roule sur la largeur.

(On ne tiendra pas compte du fond, qui sera fait en bois.)

895. On fait creuser un puits de 18 m. de profondeur et 1ᵐ,25 de diamètre. La terre que l'on extrait a une densité moyenne de 1,58. On demande le poids de toute la terre à extraire. (*E. N. aspirantes.*)

896. Quel est le poids du vin contenu dans une cuve cylindrique dont les dimensions intérieures sont : rayon, 0ᵐ,25; hauteur, 1ᵐ,50; la densité du vin étant 0,994. Quelle est sa valeur à raison de 0 fr. 45 la bouteille de 0 l. 765 ? (*Brev. élém. aspirants, Paris*, 1903.)

897. Une feuille de cuivre a 8ᵐ,40 de long, 0ᵐ,30 de large et 1ᵐᵐ,2 d'épaisseur. Quelle est sa valeur, le cuivre valant 185 fr. les 100 kg. ? (Densité du cuivre : 8,8.) On convertit cette feuille en un tube cylindrique dont on désire connaître la capacité en litres. La soudure a occasionné une perte de 4ᵐᵐ sur chacun des grands côtés de la feuille de cuivre. (*Bourses d'ens. prim. sup., Sarthe.*)

898. Un rectangle mesure 15 cm. sur 11 cm. Déterminer l'aire latérale, l'aire totale et le volume du cylindre engendré par la rotation de ce rectangle : 1° autour du grand côté comme axe; 2° autour du petit côté.

899. Calculer le volume d'un cylindre tronqué de 9 cm. 1/2 de rayon, sachant que $h = 15$ cm., et $h' = 11$ cm.

Calculer le volume d'un cylindre, connaissant son aire latérale et son rayon, ou son aire latérale et sa hauteur, ou son aire latérale et son aire totale.

900. Calculer le volume d'un bassin cylindrique dont l'aire latérale mesure 6ᵐ²,20 et le rayon 0ᵐ,60.

901. Calculer le volume d'une colonne cylindrique dont la hauteur mesure 5 m. et l'aire latérale 4ᵐ²,70.

902. Calculer, à raison de 0 fr. 70 le kilogr., le prix d'une colonne de fonte cylindrique de 6ᵐ,40 de hauteur, sachant que l'aire latérale de cette colonne mesure 7ᵐ²,85 et que la densité de la fonte est 7,2.

903. Calculer le volume d'un cylindre dont l'aire latérale mesure 226 dm² 08 et l'aire totale 326 dm² 56.

Calculer le rayon d'un cylindre, connaissant son aire latérale et sa hauteur, ou son aire totale et sa hauteur, ou son volume et sa hauteur.

1ʳᵉ ANNÉE :

904. Quel est le rayon d'un bassin cylindrique de 0ᵐ,80 de profondeur, sachant que son aire latérale mesure 6ᵐ²,28 ?

905. Calculer le diamètre d'un tonneau cylindrique, sachant qu'il a 0ᵐ,90 de long et que pour le construire on a employé 7ᵐ²,85 de tôle.

906. Calculer le diamètre d'un bassin cylindrique dont la hauteur mesure 0ᵐ,80 et dont la capacité soit de 800 litres.

2ᵉ ANNÉE :

907. Calculer la circonférence de base d'un bassin cylindrique de 0ᵐ,75 de profondeur, sachant que son aire latérale mesure 5ᵐ².

908. L'aire totale d'un cylindre est de 628 dm² 32; son diamètre est égal à sa hauteur; calculer le rayon, la hauteur et le volume.

909. Calculer les dimensions d'un cylindre droit, sachant que sa hauteur égale la $\frac{1}{2}$ du rayon de base et que son aire totale est équivalente à celle d'un cercle de 5 m. de rayon.

910. Avec une feuille de tôle pesant 44 gr. le décimètre carré, on construit un vase cylindrique dont la hauteur est égale au diamètre de la base. Le poids total de la tôle employée étant de 759 gr., on demande les dimensions du cylindre et sa capacité. On prendra $\pi = 3,14$.

911. Quelles sont les dimensions du litre en étain dont la hauteur est double du diamètre? (*Brev. élém. aspirants.*)

912. Calculer le rayon du double décalitre en bois.

913. Calculer la hauteur de l'hectolitre.

914. Un cylindre dont la hauteur est égale au rayon a pour volume 392 dm³. Quelle est sa hauteur? (*Ex. de sortie des C. compl., Seine.*)

915. On veut construire un bassin cylindrique dont la hauteur sera 1 fois $\frac{1}{2}$ le diamètre et dont la capacité totale sera 10ᵐ³. Déterminer ses dimensions. (*Ex. de sortie des C. compl., Seine.*)

916. Avec 1 kilogr. de laiton on fait 400 mètres de fil. La densité du laiton est 8,9. Calculer le diamètre de ce fil. (*E. N. aspirants.*)

917. On a deux vases cylindriques; le plus grand a 1 m. de profondeur. Le plus petit a 0ᵐ,50 et son volume est 8 fois plus petit que celui du grand vase. La différence des capacités des deux vases est de 27 l. 289. On demande les rayons des bases des deux cylindres. On prendra 3.1416 pour valeur de π. (*Brev. élém. aspirants, Paris.*)

Calculer la hauteur d'un cylindre, connaissant son aire latérale et son rayon, ou son aire totale et son rayon, ou son volume et son rayon.

1re ANNÉE :

918. Calculer la hauteur d'une colonne cylindrique dont l'aire latérale mesure 7^{m²},85 et le diamètre de base 0^m,80.

919. Calculer la hauteur d'un cylindre, sachant qu'il a fallu pour le construire une feuille de 375 cm² et que son rayon mesure 32^{mm}.

920. Quelle est la hauteur d'un réservoir qui contient 7 020 litres, si sa base est un cercle de 60 cm. de rayon ?

921. Un puits a la forme d'un cylindre de 6^m,28 de circonférence. L'eau en remplit les $\frac{4}{5}$. On le vide et on en retire 12 566 l. 40. Quelle est la profondeur du puits ?

2e ANNÉE :

922. Calculer la hauteur d'un réservoir cylindrique de 45 cm. de rayon, sachant qu'il a fallu, pour le construire, 3^{m²},50 de zinc. (On ne comptera qu'une base.)

923. On veut construire un bassin cylindrique qui contienne 25^{m³} d'eau. Quelle profondeur devra-t-on donner à ce puits si l'ouverture a 3^m,20 de circonférence ?

924. Un tonneau de vin est rempli aux $\frac{4}{5}$. S'il n'était rempli qu'aux $\frac{3}{4}$, son contenu vaudrait 7 fr. 15 de moins. On demande quelle est la capacité du tonneau, sachant que le vin vaut 0 fr. 65. Ce tonneau est en tôle et cylindrique. A l'intérieur, son diamètre est 0^m,56. Quelle est sa longueur ? (*Brev. élém. aspirants, Lille.*)

Manchon cylindrique.
1re ANNÉE :

925. Déterminer le poids d'un tuyau en tôle de 4^m,10 de hauteur, sachant que le diamètre intérieur du tuyau est 16 cm. 1/2, que son épaisseur est 2^{mm},5, la densité de la tôle étant 7,7.

926. A combien revient la construction d'une tour de 8 m. de hauteur, sachant que la circonférence extérieure mesure 8 m., que l'épaisseur du mur est de 30 cm., le mètre cube de maçonnerie coûtant environ 4 fr. 50 ?

2e ANNÉE :

927. Les bâtons de zinc des piles Leclanché sont des cylindres de 15 cm. de long et de 1 cm. de diamètre. Quel poids de mercure faut-il pour amalgamer 10 000 bâtons, si on les recouvre d'une couche uniforme de 0^{mm},1 d'épaisseur, la densité du mercure étant 13,6 ?

928. Un tube cylindrique droit en or pur a un diamètre extérieur de 2 cm. 1/2, un diamètre intérieur de 2 cm. Il a 1 dm. 1/2 de haut.

On remplit exactement ce tube avec du cuivre. On demande : 1° le poids de l'or et de cuivre ainsi obtenu; 2° ce qu'il faudrait ajouter d'or ou de cuivre au lingot, si on voulait le fondre pour faire des pièces de 20 fr. ; 3° combien enfin, après avoir fait cette opération, pourrait-on avec la masse obtenue faire de pièces de 20 fr. Densité de l'or, 19,5. Densité du cuivre, 8,8. (*Brev. élém. aspirants, Dijon*, 1903.)

929. On a fait construire un puits de forme cylindrique de 16ᵐ,80 de profondeur et la maçonnerie a un volume total de 26ᵐ³,276. Sachant que la somme des rayons est 1,35, on demande de calculer : 1° la capacité du puits; 2° le volume de la terre enlevée. (*Cer. d'ét. prim. sup. aspirants, Paris*, 1895.)

930. Une auge demi-cylindrique en fonte a 0ᵐ,50 de diamètre intérieur, 0ᵐ,03 d'épaisseur et 1ᵐ,40 de longueur extérieure. Quel est son poids; la densité de la fonte employée est 6,85 ? Quelle sera la dépense pour faire peindre les faces de cette auge à raison de 1 fr. 25 le m². (*Cert. d'ét. prim. sup. aspirants, Poitiers*, 1900.)

931. Une colonne creuse de 2ᵐ,50 de hauteur a extérieurement la forme d'un prisme régulier à base hexagonale de 1ᵐ,20 de côté. Intérieurement, elle est cylindrique et son rayon a 80 cm. Calculer : 1° sa capacité en litres; 2° le volume de la maçonnerie.

CHAPITRE V

CÔNE. — TRONC DE CÔNE.

Cône.

469. DÉFINITIONS. Considérons le solide C (*fig.* 342). [Montrer le cône en bois du compendium.] Il est pointu et limité par une surface convexe et un cercle : *c'est un cône.*

En géométrie, *on appelle cône droit ou cône de révolution le*

 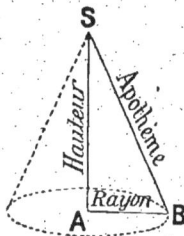 

Fig. 342.　　Fig. 343.　　Fig. 344.

solide engendré par un triangle rectangle tournant autour d'un des côtés de l'angle droit.

Ainsi, le triangle rectangle SAB (*fig.* 343) tournant autour de SA engendre un cône.

Le côté SA qui reste fixe est l'*axe* ou hauteur du cône.

Le côté AB engendre le cercle de base.

L'hypoténuse SB engendre la surface latérale du cône : on l'appelle *génératrice* ou *apothème* du cône.

Certaines toitures (*fig.* 344), certains vases, le chapeau de pierrot, le cornet de papier, le pain de sucre, sont des formes coniques.

470. Développement et construction. — Si l'on sectionne la surface latérale d'un cône suivant une génératrice, cette surface latérale peut se développer et s'appliquer sur un plan, de sorte que le développement d'un cône (*fig.* 345) comprend un secteur circulaire représentant la surface latérale et un cercle représen-

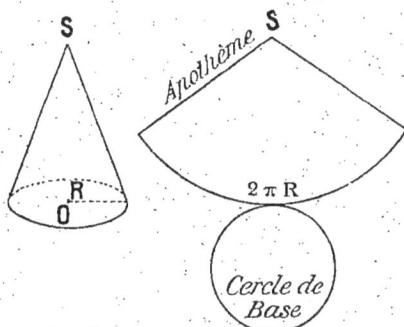
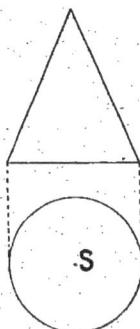

Fig. 345.   Fig. 346.

tant la base; le secteur a pour rayon la génératrice du cône et pour arc la longueur de la circonférence de base.

471. Élévation, plan, coupe. — Considérons un cône (*fig.* 346). Son élévation est un triangle isocèle ayant pour base le diamètre du cercle de base, et pour côtés égaux la génératrice du cône. Son plan est un cercle au centre duquel est projeté le point S du sommet.

Le profil est identique à l'élévation.

Toute section contenant l'axe est un triangle isocèle.

Toute section parallèle à la base est un cercle.

472. Aire latérale du cône droit. — Considérons un cône

fig. 347). Dans le cercle de base, inscrivons un polygone régulier, un hexagone ABCDEF, par exemple. Joignons le sommet S à chacun des sommets, nous obtenons *une pyramide régulière hexagonale inscrite dans le cône.*

Si nous doublons le nombre des côtés du polygone inscrit, en joignant les sommets du nouveau polygone au point S nous avons une nouvelle pyramide régulière.

On appelle (V. n° 461) *aire latérale d'un cône la limite vers laquelle tend l'aire latérale d'une pyramide régulière inscrite dans le cône quand on double indéfiniment le nombre de ses faces.*

473. THÉORÈME. *L'aire latérale d'un cône droit a pour mesure le produit de la circonférence de base par la moitié de l'apothème.*

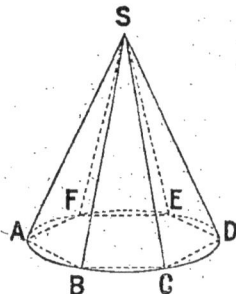

Fig. 347.

En effet, si nous considérons une pyramide régulière inscrite dans le cône, nous avons :

$$\textit{Aire lat. pyram. inscr.} = \textit{Périmètre de base} \times \frac{\text{APOTHÈME}}{2}.$$

Si nous doublons indéfiniment le nombre des faces de la pyramide régulière (V. n° 472), le périmètre de base a pour limite la circonférence de base du cône et l'apothème de la pyramide a pour limite l'apothème du cône ; on a donc :

$$\textit{Aire lat. cône} = \textit{Circonf. de base} \times \frac{\text{APOTHÈME}}{2}.$$

474. REMARQUE. Si nous nous reportons au développement de la surface latérale du cône n° 470, nous retrouvons en prenant l'aire du secteur obtenu l'expression qui nous est donnée par le théorème précédent.

475. *Formules.* — Si R est le rayon de base du cône, a l'apothème, on a .

$$\textit{Aire lat. cône} = 2\pi R \times \frac{a}{2},$$

ou
$$\textit{Aire lat. cône} = \pi R a.$$

Aire totale. — L'aire totale se compose de l'aire latérale et de l'aire du cercle de base :

$$\textit{Aire totale} = \pi R a + \pi R^2 = \pi R (R + a).$$

C'est l'aire latérale d'un cône de même rayon et ayant pour apothème $R + a$.

476. Volume d'un cône. — *On. appelle* **volume d'un cône** *la limite. vers laquelle tend le volume d'une pyramide régulière inscrite dans le cône quand on double indéfiniment le nombre de ses faces.*

477. THÉORÈME. — *Le volume d'un cône a pour mesure. le tiers du produit de sa base par sa hauteur.*

En effet, si nous considérons une pyramide régulière inscrite dans le cône (*fig.* 347), on a (V. n° 441) :

$$Vol.\ pyramide = \frac{Base \times Hauteur}{3}.$$

Lorsqu'on double indéfiniment le nombre des faces de la pyramide régulière, la base a pour limite le cercle de base du cône et la hauteur reste égale à la hauteur de la pyramide; par suite :

$$Volume\ cône = \frac{Cercle\ de.\ base \times Hauteur}{3}.$$

478. Formule. — Si R désigne le rayon de base du cône, H sa hauteur et V son volume, on a :

$$V = \frac{1}{3}\ \pi R^2 H.$$

Problèmes.

Calculer l'aire latérale et l'aire totale d'un cône, connaissant son rayon et son apothème, et problèmes inverses.

1re ANNÉE :

932. Construire, en carton, un cône de 4 cm. de rayon et de 12 cm. d'apothème. Calculer la surface du carton employé.

933. Calculer la surface de tôle nécessaire pour faire un éteignoir conique ayant 65^{mm} de diamètre à la base et pour apothème 15 cm.

934. Le cône en zinc du compendium a 21 cm. d'apothème et 18 cm. de diamètre à la base. Calculer sa surface.

935. Calculer l'apothème d'un cône dont l'aire latérale mesure 35 dm² et le rayon 0^m,25.

936. Calculer la circonférence de base d'un cône dont l'aire latérale mesure 1^{m2} et l'apothème 0^m,50.

2e ANNÉE .

937. Quelle longueur faut-il prendre d'une pièce de toile ayant 1^m,40 de large pour faire une tente conique de 2^m,50 de diamètre et de 2^m,60 d'apothème ?

938. La circonférence de la base d'un cône droit a une longueur de 5ᵐ,40 et l'apothème est le double du diamètre. Calculer l'aire latérale et l'aire totale de ce cône.

939. Calculer l'apothème d'un cône dont l'aire totale mesure 5ᵐ² et le rayon 0ᵐ,50.

940. Calculer le diamètre de base d'un cône dont l'aire totale mesure 1ᵐ², l'apothème étant double de ce diamètre.

941. Calculer l'aire totale d'un cône dont l'aire latérale mesure 1ᵐ²,25 et le rayon 18 cm.

Calculer le volume d'un cône, connaissant son rayon et sa hauteur,
et problèmes inverses.

1ʳᵉ ANNÉE :

942. Calculer le volume d'un cône dont la base a 0ᵐ,45 de rayon et la hauteur 0ᵐ,95.

943. Quel est le poids d'un pain de sucre ayant la forme d'un cône de 0ᵐ,60 de hauteur, si le diamètre à la base est de 0ᵐ,20; la densité du sucre étant 1,6 ?

944. La flèche d'un paratonnerre est une tige conique de 2ᵐ,40 de hauteur et de 32 cm. de circonférence à la base. Quel est son poids, la densité du fer étant 7,7 ?

945. Calculer la profondeur d'un verre conique contenant 0 l. 31 et mesurant à l'ouverture 9 cm. de diamètre.

946. Calculer le diamètre d'un cône dont le volume mesure 1ᵐ³ et la hauteur 0ᵐ,60.

2ᵉ ANNÉE :

947. Calculer le volume du cône du compendium, sachant qu'il a 22 cm. de hauteur et 35 cm. de circonférence à la base.

948. Que devient le volume d'un cône si on double : 1° sa hauteur; 2° son rayon ?

949. La surface d'un triangle équilatéral est égale à 62ᵐ²,3520. Calculer le volume du cône ayant pour base le cercle inscrit dans ce triangle et pour hauteur le côté du triangle. (*Cert. d'ét. prim. sup. aspirants, Lyon,* 1902.)

950. Déterminer la hauteur d'un cône dont le rayon de base est 1ᵐ,05 et dont le volume est égal à celui d'une pyramide à base carrée de 1ᵐ,50 de côté et de 8ᵐ,10 de haut. (*Éc. norm. aspirants.*)

951. Calculer la circonférence de l'ouverture d'un vase conique contenant 65 litres, sachant qu'il a 65 cm. de profondeur.

952. Déterminer les dimensions d'un cône de 1ᵐ³, sachant que sa hauteur est égale à 5 fois le rayon de sa base.

953. Les deux côtés de l'angle droit d'un triangle rectangle me-

surent 25 cm. et 16 cm. Déterminer l'aire latérale, l'aire totale et le volume du cône obtenu par la rotation de ce triangle :

1° Autour du grand côté comme axe; 2° Autour du petit.

Calculer la hauteur d'un cône et son volume, connaissant son apothème et son rayon, ou son aire latérale et son rayon, ou son aire totale et son rayon.

1re ANNÉE :

954. Calculer la hauteur et le volume du cône du compendium, son apothème mesurant 24 cm. et son diamètre de base 18 cm.

955. Calculer la capacité d'un vase conique, sachant que son aire latérale mesure 85 dm² et sa circonférence à l'ouverture 48 cm.

956. Calculer le volume d'un solide conique, sachant que son aire totale mesure 1 m² et le rayon de sa base 0 m,20.

2e ANNÉE :

957. Calculer le prix d'un pain de sucre, sachant qu'il a la forme d'un cône de 0 m,55 d'apothème et de 0 m,80 de circonférence à la base, que le sucre coûte 0 fr. 80 le kilogr. et que sa densité est 1,2.

958. La circonférence de la base d'un cône droit a une longueur de 5 m,40 et l'apothème fait avec la base un angle de 60°. Calculer l'aire totale et le volume du cône.

959. Un vase de forme conique a été construit avec un secteur circulaire de fer-blanc ayant 80° et pour rayon 50 cm. Quelle est la capacité du vase ?

960. Calculer le volume d'un cône dont la base mesure 8 dm² et l'apothème 12 cm.

Calculer l'apothème d'un cône et son aire, connaissant sa hauteur et son rayon, ou son volume et son rayon, ou son volume et sa hauteur.

1re ANNÉE :

961. Combien faut-il de mètres de toile pour faire une tente conique de 4 m. de diamètre sur 2 m,80 de hauteur? (*Concours d'adm. aux éc. prim. sup. de Paris.*)

962. Un vase conique a une capacité de 35 litres. Son diamètre à l'ouverture mesure 20 cm. Calculer :

1° La profondeur de ce vase; 2° Son aire latérale.

2e ANNÉE :

963. Calculer l'apothème d'un cône de 0 m,45 de hauteur et de 62 cm. 8 de circonférence à la base.

964. Un récipient conique contient 2 hl. 1/2. Calculer son aire latérale, sachant que la circonférence d'ouverture mesure 60 cm.

965. La hauteur d'un cône est 12 m.; son volume 80^{m3}. Trouver son aire latérale.

966. La hauteur d'un cône est égale au diamètre de sa base. Calculer le rapport de l'aire de la base à l'aire latérale.

967. Le rayon de la base d'un cône est 2^m,50 et son volume 30^{m3}. Calculer :

1° Sa surface latérale;

2° L'angle au centre du secteur obtenu en développant la surface latérale de ce cône sur un plan.

Tronc de cône.

479. DÉFINITION. Considérons le solide C (*fig.* 348). [Montrer un tronc de cône du compendium.] Il est limité par deux cercles inégaux et parallèles réunis par une surface convexe : *c'est un tronc de cône.* Nous remarquons qu'un tronc de cône est la portion d'un cône comprise entre sa base et un plan parallèle à sa base (*fig.* 349).

En géométrie, on considère le tronc de cône comme *le solide engendré par un trapèze rectangle tournant autour du côté perpendiculaire aux bases.*

Ainsi, le trapèze rectangle ABCD (*fig.* 350) tournant autour de AB engendre un tronc de cône.

AB est *l'axe* ou *la hauteur*

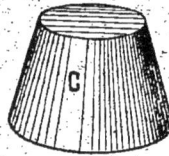

Fig. 348.

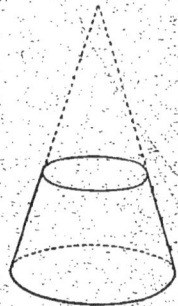

Fig. 349.

du tronc; c'est la distance des deux cercles engendrés par les bases AD et BC du trapèze. Ces cercles sont les *cercles de base.*

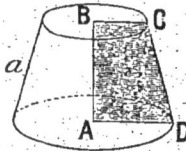

Fig. 350.

Fig. 351.

CD engendre la surface latérale du tronc de cône : c'est la *génératrice* ou *l'apothème* du tronc de cône.

Un seau, un pot à fleurs, une casserole, un abat-jour ..., sont des troncs de cône (*fig.* 351).

480. Développement et construction. — Si l'on sectionne la surface latérale du tronc de cône suivant une génératrice AB (*fig.* 352), cette surface peut se développer et s'appliquer sur un plan.

Le développement de la surface totale d'un tronc de cône donne les deux cercles des bases et une portion de secteur cir-

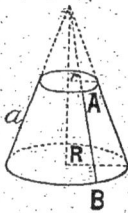
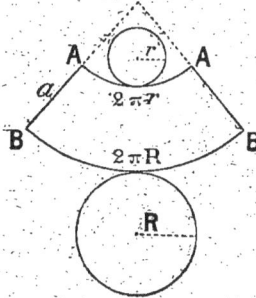
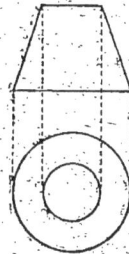

Fig. 352.   Fig. 353.

culaire représentant l'aire latérale. Le secteur entier serait l'aire latérale du cône duquel on a détaché le tronc de cône.

481. Élévation, plan, coupe. — Considérons un tronc de cône. Son élévation (*fig.* 353) est un trapèze isocèle dont les deux bases ont pour longueurs respectives les diamètres des cercles des bases, et les côtés égaux ont la longueur de l'apothème.

Le plan est une figure formée de deux cercles concentriques ayant respectivement pour rayons les rayons des deux bases.

Le profil donnerait un trapèze isocèle, identique à l'élévation.

Toute section parallèle à la base est un cercle, toute section contenant l'axe est un trapèze isocèle.

482. Aire latérale et aire totale. — Par analogie avec ce qui a été dit pour le cylindre et le cône, nous dirons que l'aire latérale du tronc de cône *est la limite vers laquelle tend l'aire latérale d'un tronc de pyramide régulier inscrit dans le tronc de cône lorsqu'on double indéfiniment le nombre des faces.*

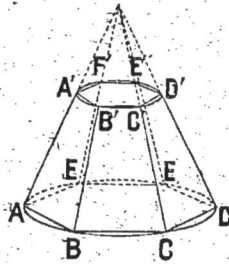

Fig. 354.

Ainsi, inscrivons dans le cercle de base d'un tronc de cône (*fig.* 354) un polygone régulier quelconque ABCDEF, par les sommets menons les génératrices du cône correspondant, nous obtenons sur la seconde base les sommets d'un polygone régulier A'B'C'D'E'F' inscrit. Le tronc de pyramide ABCDEF A'B'C'D'E'F' est dit *inscrit dans le tronc de cône*, et lorsqu'on double indéfiniment le nombre de ses faces (V. n° 472), la limite de son aire latérale est, par définition, l'aire du tronc de cône.

483. Théorème. *L'aire latérale d'un tronc de cône a pour mesure le produit de la demi-somme des circonférences de base par l'apothème.*

En effet, si nous considérons le tronc de pyramide régulier inscrit, P et p étant les périmètres de base, on a (V. n° 446) :

$$\text{Aire lat. tronc de pyr.} = \frac{P + p}{2} \times \text{apothème.}$$

Lorsqu'on double indéfiniment le nombre des faces, les périmètres des bases du tronc de pyramide ont pour limites les circonférences des bases du tronc; l'apothème du tronc de pyramide a pour limite l'apothème du tronc de cône et l'on a :

$$\text{Aire lat.} = \frac{(\text{Circ. de gr. base} + \text{Circ. de petite base}) \times \text{Apothème}}{2}.$$

484. *Formules.* — **Aire latérale.** — R et r étant les rayons des bases du tronc, a l'apothème, on a :

$$\text{Aire latér.} = \frac{2\pi R + 2\pi r}{2} \times a,$$

ou $\qquad \text{Aire latér.} = \pi (R + r) a.$

Aire totale. — L'aire totale s'obtient en ajoutant l'aire des bases à l'aire latérale. Nous avons :

$$\text{Aire totale} = \pi a (R + r) + \pi R^2 + \pi r^2$$
$$= \pi a R + \pi a r + \pi R^2 + \pi r^2$$
$$= \pi R (a + R) + \pi r (a + r).$$

485. Remarque. Si par le milieu M de l'axe OO' d'un tronc de cône (*fig.* 355), nous menons un plan parallèle aux bases, il coupe le solide suivant un cercle dont le rayon R' est la demi-somme des rayons des deux bases (V. n° 209). La circonférence de centre M est donc la moyenne des circonférences des deux bases. Aussi peut-on dire que : *l'aire latérale d'un tronc de cône a pour mesure le produit de la circonférence moyenne par l'apothème.*

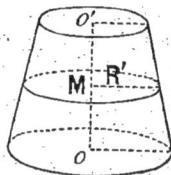

Fig. 355.

$$\text{Aire latérale} = 2\pi R' a.$$

486. *Volume du tronc de cône.* — *Le* volume d'un tronc de cône *est la limite vers laquelle tend le volume d'un tronc de pyramide régulier inscrit dans le tronc de cône lorsqu'on double indéfiniment le nombre de ses faces.*

487. Théorème. *Le volume d'un tronc de cône a pour mesure la somme des mesures des volumes de trois cônes ayant pour hauteur commune la hauteur du tronc et, pour bases, l'un la grande base du tronc, l'autre la petite base, le troisième, la moyenne proportionnelle entre les deux bases.*

En effet, considérons un tronc de cône et inscrivons dans ce tronc un tronc de pyramide régulier ; si B et b sont les bases de ce tronc de pyramide, H la hauteur, on a (V. n° 449) :

$$\text{Vol. tronc de pyram.} = \frac{H}{3}\,(B + b + \sqrt{Bb}).$$

Or, si on double indéfiniment le nombre des faces, B a pour limite le cercle de base du tronc de cône, b a pour limite le second cercle de base du tronc, H est la hauteur du tronc et, en appliquant la formule précédente, on voit que le volume du tronc de cône se compose bien de la somme des volumes des cônes indiqués dans l'énoncé.

488. *Formule.* — Si R et r sont les rayons des bases du tronc, H sa hauteur, V son volume, on a :

$$V = \frac{H}{3}\,(\pi R^2 + \pi r^2 + \sqrt{\pi R^2 . \pi r^2}),$$

ce que l'on peut écrire :

$$V = \frac{\pi H}{3}\,(R^2 + r^2 + Rr).$$

489. *Cubage des arbres en grume.* — Les arbres en grume ont la forme de troncs de cône très allongés ; cependant on n'en détermine pas le volume d'après la formule ci-dessus : les calculs seraient trop compliqués.

Fig. 356.

On assimile ces troncs de cône à des cylindres de même longueur ayant pour base la section droite faite à égale distance des deux bases (*fig.* 356).

$$\text{Vol. arbre en grume} = \pi r^2 h.$$

En somme, pour cuber un arbre en grume, r étant le rayon de la section moyenne, h la longueur, on mesure la circonférence moyenne à l'aide d'un mètre à ruban. On détermine le rayon du cercle correspondant, puis l'aire de ce cercle, et l'on multiplie le nombre obtenu par la longueur de l'arbre.

L'erreur faite en opérant ainsi est assez faible pour que dans la pratique on puisse n'en tenir aucun compte.

490. Cubage au $\frac{1}{4}$, au $\frac{1}{5}$, au $\frac{1}{6}$ déduit. — Pour déterminer ce que deviendra le volume d'un arbre en grume quand il sera équarri, on estime que son pourtour diminuera du $\frac{1}{4}$, du $\frac{1}{5}$, du $\frac{1}{6}$, selon les cas. Pour cuber un arbre au $\frac{1}{4}$, au $\frac{1}{5}$, au $\frac{1}{6}$ déduit, on en mesure d'abord la longueur totale, puis la longueur de la circonférence en son milieu; on diminue cette circonférence de son 1/4, ou de son 1/5, ou de son 1/6. Puis on assimile le cylindre à un prisme à base carrée de même longueur.

Pour cuber au $\frac{1}{4}$ déduit, on prend d'abord les $\frac{3}{4}$ de la circonférence moyenne; la longueur obtenue (circonférence réduite) est le périmètre de la base carrée du prisme; le $\frac{1}{4}$ de cette longueur représentera le côté du carré de base; on élève le nombre obtenu au carré : on a ainsi l'aire de la base du prisme; on multiplie le nombre qui mesure cette base par la longueur : on a le volume de l'arbre.

Quand on cube au $\frac{1}{5}$ déduit, le $\frac{1}{5}$ de la circonférence moyenne donne le côté du carré de base, car, après le $\frac{1}{5}$ déduit, il reste les $\frac{4}{5}$ de la circonférence, dont le $\frac{1}{4}$ est bien le $\frac{1}{5}$ de la circonférence.

491. Jaugeage des tonneaux. — Jauger un tonneau, c'est en déterminer la capacité.

Un tonneau est limité par deux cercles parallèles (*fonds*) réunis par des *douves* courbées formant une surface convexe.

La plus grande section que l'on pourrait faire, parallèlement aux fonds, passerait par la partie la plus renflée (*bouge*). Elle passe par la *bonde*, orifice par où l'on remplit le tonneau. Ce trou permet aussi de mesurer le diamètre intérieur du tonneau.

Pour avoir la longueur intérieure d'un tonneau, on mesure la longueur extérieure et l'on en retranche la saillie des douves et l'épaisseur des fonds qui est environ de deux fois 2 centimètres.

Pour jauger un tonneau, on emploie plusieurs formules.

La formule donnée en nivôse an VII indique que la capacité d'un tonneau est la même que celle d'un cylindre ayant pour hauteur la longueur (*fig.* 357) du tonneau, pour base un cercle ayant pour diamètre une longueur égale au diamètre du bouge diminué du tiers de la différence entre ce diamètre et celui des fonds.

On obtient ainsi la formule :

$$V = \frac{\pi l}{36} (2D + d)^2,$$

dans laquelle l est la longueur intérieure du tonneau, D le diamètre au bouge et d le diamètre du fond.

On applique aussi la formule suivante, dite *formule de Dez* :

$$V = \pi l \left(\frac{5R + 3r}{8} \right)^2,$$

R étant égal à $\frac{D}{2}$, r étant égal à $\frac{d}{2}$.

492. Dans la pratique, on ne fait pas tous ces calculs.

On se sert d'une règle plate appelée *jauge*, de 1m,20 environ,

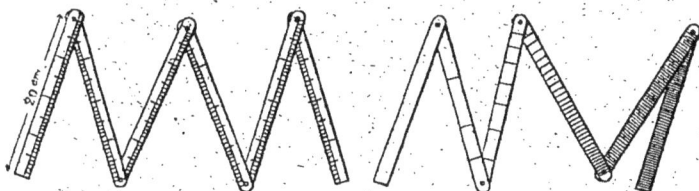

Fig. 358. — Division en centimètres.   Division en décalitres.

en fer ou en bois, rigide ou articulée. L'une des faces est divisée en centimètres. L'autre porte des divisions donnant les capacités en décalitres (*fig.* 358). Pour déterminer la contenance d'un fût avec la jauge, on introduit celle-ci par la bonde en la faisant buter au point le plus bas des fonds. Par une simple lecture de la réglette faite au milieu de la bonde, on trouve en décalitres la capacité cherchée. On fait une exploration à chacun des fonds, suivant AB et A'B' (*fig.* 359), et l'on prend la moyenne des deux lectures.

Ce procédé ne donne que des résultats approximatifs. La lecture de la réglette n'est jamais précise,

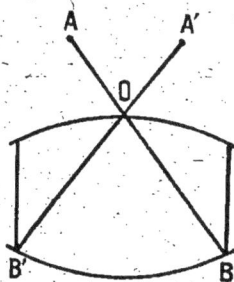

Fig. 359.

surtout pour les grandes capacités, les divisions de la jauge étant de plus en plus rapprochées.

493. Pour un tonneau en vidange, on détermine le volume qui reste par la formule :

$$V = 1,767 \ h^2 \ l,$$

h étant la hauteur du volume du liquide prise à la bonde, l la longueur du tonneau.

Dans la pratique, on se sert de la même jauge. On l'introduit, suivant AB (*fig.* 360), d'aplomb par la bonde ; on lit sur la face divisée en centimètres le diamètre du fût et la hauteur du mouillé, puis on se reporte à des barèmes spéciaux donnant le résultat cherché. Cependant ces barèmes exigent que la contenance du fût soit connue ; si on ne la connaît pas, on la détermine par une des formules données.

Le plus souvent, le vin se vend au poids. Les marchands font la tare des fûts

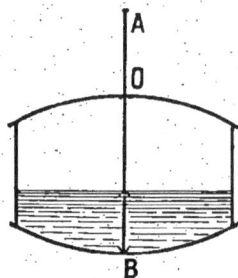

Fig. 360.

et pèsent les quantités de vin qu'ils y versent. Ils expriment le résultat en litres, comptant 1 kilogramme de vin pour 1 litre. Ils corrigent l'erreur commise en déduisant environ 2 pour 100 du résultat obtenu.

Problèmes.

Calculer l'aire latérale et l'aire totale d'un tronc de cône, connaissant l'apothème et les rayons des bases ou la circonférence moyenne.

re ANNÉE :

968. Calculer la surface d'un abat-jour dont le grand diamètre a 0m,60, le petit 0m,15 et l'apothème 0m,21.

969. Calculer l'aire latérale d'un tronc de cône dont la circonférence moyenne mesure 50 cm. et l'apothème 32 cm.

970. Calculer la surface de métal nécessaire pour faire un seau ayant 0m,45 de diamètre à l'ouverture, 0m,30 au fond et 0m,50 d'apothème.

971. Calculer l'aire totale du tronc de cône du compendium, sachant que son grand diamètre mesure 21 cm., son petit 16 cm., son apothème 18 cm.

2e ANNÉE :

972. Un ouvrier a doré extérieurement un abat-jour en cuivre dont les diamètres ont 25 cm. et 7 cm. L'apothème a 134mm. Quel est

le prix de la dorure à raison de 3 centimes le centimètre carré. (*Concours d'admission aux éc. prim. sup., Paris.*)

973. Calculer l'aire totale d'un tronc de cône, sachant que la grande base a une circonférence de $0^m,75$, que la petite circonférence en est les $\frac{3}{5}$ et que l'apothème mesure $0^m,40$.

974. Quelle surface de zinc faut-il pour construire un entonnoir, sachant qu'il est formé de deux troncs de cône réunis par une base de 45^{mm} de circonférence, la partie supérieure ayant 15 cm. de diamètre et 12 cm. d'apothème, la partie inférieure 12^{mm} de diamètre et 5 cm. d'apothème?

975. Calculer l'aire latérale et l'aire totale du tronc de cône engendré par un trapèze rectangle tournant autour du côté perpendiculaire aux deux bases, sachant que ces dernières mesurent 75^{mm} et 9 cm. et le côté oblique 11 cm.

Inversement, calculer l'apothème, connaissant l'aire latérale ou l'aire totale et les rayons des bases.

2e ANNÉE :

976. Calculer le côté d'un abat-jour, sachant que pour le construire on a employé 34 dm^3 54 de papier et que les diamètres des bases mesurent respectivement 40 cm. et 15 cm.

977. Calculer l'apothème d'un tronc de cône, sachant que l'aire totale mesure 5^{m2} et que les bases ont respectivement $1^m,20$ et $0^m,80$ de circonférence.

Calculer le volume d'un tronc de cône, connaissant les rayons des bases et la hauteur.

1re ANNÉE :

978. Calculer la contenance d'une citerne ayant la forme d'un tronc de cône, sachant que les diamètres des bases sont 5 m. et $3^m,60$ et la profondeur $6^m,20$.

979. Combien faudra-t-il verser de litres d'eau pour remplir un seau ayant $0^m,60$ de profondeur, $1^m,20$ de circonférence à l'ouverture et $0^m,35$ de diamètre au fond?

980. Une cuisinière a fait des confitures dans un chaudron de $0^m,30$ de profondeur, 65 cm. de diamètre à la partie supérieure, 40 cm. à la partie inférieure. Combien en remplira-t-elle de pots de 12 cm. de profondeur, 6 cm. de diamètre au fond, 9 cm. à l'ouverture, si le chaudron est aux $\frac{3}{4}$ plein?

981. Un ferblantier veut faire un seau qui contienne 15 litres d'eau. Quelle profondeur doit-il lui donner, la circonférence inférieure mesurant $0^m,75$, la circonférence supérieure $0^m,81$?

2e ANNÉE :

982. Calculer le volume d'un haut fourneau formé de deux troncs de cône réunis par leur grande base, sachant que cette base mesure 32 m. de circonférence, la base inférieure 24 m., la base supérieure 18 m., la hauteur du tronc inférieur 10 m., celle du tronc supérieur 15 m.

983. Quel est le volume de maçonnerie qui entre dans une citerne ayant la forme d'un tronc de cône; le diamètre supérieur mesure 2^m,60, le diamètre inférieur 2 m., l'épaisseur de la maçonnerie 0^m,25, la profondeur de la citerne 4^m,50? (Le fond n'est pas maçonné.)

984. Calculer le volume du tronc de cône engendré par un trapèze rectangle tournant autour du côté perpendiculaire aux bases, sachant que ce côté mesure 1 dm. 2 et les bases 6 cm. 5 et 84^{mm}.

Calculer la hauteur d'un tronc de cône et son volume, connaissant ou son apothème, ou son aire latérale, ou son aire totale, et les rayons des bases.

2e ANNÉE :

985. Calculer la contenance d'un seau, sachant que son côté mesure 50 cm. et les diamètres des bases 32 cm. et 38 cm.

986. Calculer la hauteur d'un tronc de cône, sachant que les circonférences des bases mesurent 3^m,20 et 2^m,45 et l'aire latérale 18^{m2}.

987. Calculer le poids d'un bloc de granit tronconique, sachant que les circonférences des bases mesurent 1^m,20 et 0^m,80, l'aire totale 5^{m2}, la densité du granit étant 2,75.

Calculer l'apothème d'un tronc de cône et son aire, connaissant ou la hauteur, ou le volume et les rayons des bases.

2e ANNÉE :

988. Calculer la surface d'un abat-jour dont le grand diamètre est 0^m,60, le petit 0^m,15 et la hauteur 0^m,21.

989. Calculer le côté d'une cuve contenant 15 hl., sachant que les bases mesurent 5^m,20 et 4^m,50 de circonférence.

990. Calculer l'aire latérale et l'aire totale du tronc de cône engendré par un trapèze rectangle tournant autour du côté perpendiculaire aux deux bases, sachant que celles-ci mesurent 9 cm. et 7 cm. 1/2 et la hauteur 12 cm.

Cubage des arbres en grume.

1re ET 2e ANNÉES :

991. Quel est le volume d'un arbre en grume de 10 m. de longueur et de 0^m,84 de circonférence moyenne?

992. Un tronc de chêne en grume a 8^m,50 de longueur; sa circonférence moyenne mesure 1^m,15. Calculer son volume au $\frac{1}{4}$ déduit.

993. Cuber, au $\frac{1}{5}$ déduit, un tronc d'orme en grume de 6^m,80 de longueur et de 1^m,80 de circonférence moyenne.

994. Quel sera, au $\frac{1}{6}$ déduit, le poids d'un tronc de noyer de 4^m,80 de long et de 1^m,50 de circonférence moyenne, la densité du noyer étant 0,6 ?

Capacité du tonneau.

2e ANNÉE :

995. Une futaille a 0^m,60 de diamètre au bouge, 0^m,48 au jable. Sa longueur intérieure est 0^m,72. Calculer sa contenance en appliquant les différentes formules indiquées.

996. Un tonneau mesure 228 litres. Son petit diamètre est 0^m,75, son grand diamètre 0^m,80. Quelle est sa longueur intérieure ?

997. Un fût de 500 litres mesure à l'intérieur 1^m,50 de longueur. Calculer le diamètre du bouge et celui du jable, sachant que celui-ci est les $\frac{2}{5}$ de l'autre.

CHAPITRE VI

SPHÈRE

494. DÉFINITION. Considérons le solide S (*fig.* 361). [Montrer la sphère du compendium.] Il est limité par une surface courbe dont la courbure est parfaitement régulière : c'est *une sphère*.

Géométrique-
ment, **la sphère**
*est le solide en-
gendré par un
demi-cercle qui
tourne autour
d'un diamètre.*

Ainsi le demi-
cercle A M B
(*fig.* 362), tour-
nant autour du
diamètre AB, en-

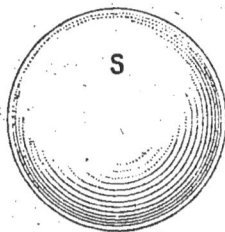

Fig. 361.

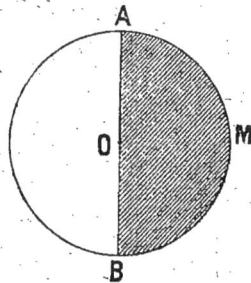

Fig. 362.

gendre une sphère. La demi-circonférence AMB engendre *la surface de la sphère*.

Il résulte de la définition que tous les points de la surface de la sphère sont à égale distance du point O, centre du cercle générateur ; ce point est appelé *centre de la sphère.*

Le *rayon* de la sphère est la distance du centre à un point quelconque de la surface.

Une *corde* de la sphère est une droite qui joint deux points de la surface.

Le *diamètre* de la sphère est une corde qui passe par le centre.

La longueur d'un diamètre est égale à deux fois la longueur du rayon.

— La distance de deux points pris sur une surface sphérique se détermine à l'aide d'un compas particulier, à branches cour-bes, appelé *compas sphérique* (*fig.* 363). Un compas à bran-ches rectilignes ne permet-trait pas d'atteindre deux points quelconques de la sur-face sphérique.

De nombreux objets sont de forme sphérique : balles, billes, boules du jeu de cro-quet, plombs de chasse...

495. *Élévation, plan, coupe.*
— Quelle que soit la posi-tion de la sphère, son élé-vation et son plan sont des

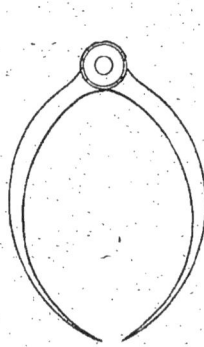

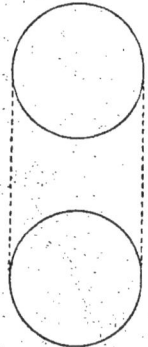

Fig. 363. Fig. 364.

cercles égaux ayant pour rayon celui de la sphère (*fig.* 364).

Le profil donne encore un cercle égal.

De plus, *toute section plane de la sphère est un cercle.* Si cette

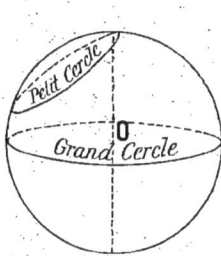

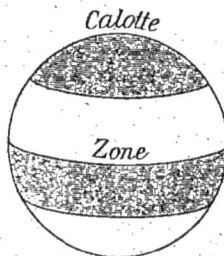

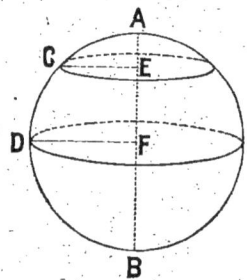

Fig. 365. Fig. 366. Fig. 367.

section est faite par le centre, elle détermine un *grand cercle*, c'est-à-dire un cercle ayant même rayon que la sphère (*fig.* 365).

496. *Zone, calotte, fuseau.* — Une *zone* est une portion de la *surface* de la sphère comprise entre deux plans sécants parallèles. Une *calotte sphérique* ou zone à une base est une portion de la surface de la sphère limitée par un plan sécant (*fig.* 366).

On peut encore dire qu'une zone ou une calotte sphérique est la surface engendrée par un arc de cercle tournant autour d'un diamètre qui ne la traverse pas. Ainsi l'arc CD (*fig.* 367) tournant autour du diamètre AB engendre une zone; l'arc AC engendre une calotte sphérique.

La *hauteur d'une zone* est la distance des plans parallèles qui la déterminent, ou encore la projection de l'arc qui l'engendre sur l'axe de rotation; EF (*fig.* 367) est la hauteur de la calotte

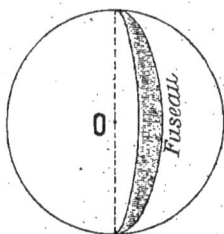

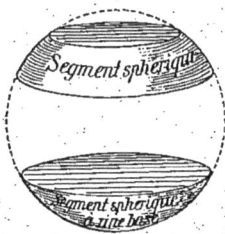

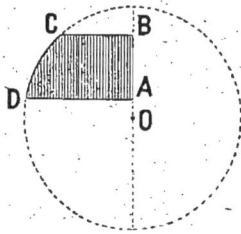

Fig. 368.   Fig. 369.   Fig. 370.

engendrée par l'arc CD; AE est la hauteur de la calotte engendrée par l'arc AC.

Un *fuseau sphérique* est une portion de la surface de la sphère comprise entre deux demi-grands cercles (*fig.* 368).

497. *Segment, secteur, onglet.* — Un *segment sphérique* est une portion du volume de la sphère comprise entre deux plans parallèles (*fig.* 369).

Un *segment sphérique à une base* est une portion du volume de la sphère comprise entre une calotte sphérique et le plan du cercle qui limite cette calotte (*fig.* 369).

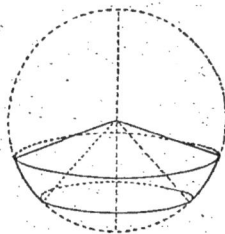

Fig. 371.

On peut encore dire qu'un segment sphérique est le solide engendré par une portion de cercle (trapèze rectangle mixtiligne) ABCD (*fig.* 370) tournant autour du diamètre OAB.

Un *secteur sphérique* est le solide engendré par un secteur circulaire tournant autour d'un diamètre qui ne le traverse pas (*fig.* 371).

Enfin, un *onglet* ou *coin* (*fig.* 372) est une portion du volume de la sphère comprise entre un fuseau et les plans des deux demi-grands cercles qui le limitent.

498. *Aire engendrée par une ligne polygonale régulière.* — Théorème. *L'aire engendrée par une ligne polygonale régulière*

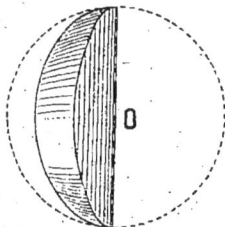

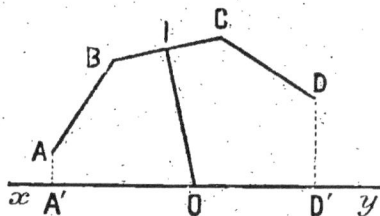

Fig. 372.　　　　　　　　Fig. 373.

tournant autour d'un axe situé dans son plan, passant par son centre et ne la traversant pas, a pour mesure le produit de la longueur de la circonférence inscrite dans la ligne brisée par la projection de la ligne brisée sur l'axe.

Considérons la ligne brisée régulière ABCD (*fig.* 373) tournant autour de l'axe xy passant par son centre O, situé dans son plan et ne la traversant pas. Menons l'apothème OI et les perpendiculaires AA′ et DD′ sur l'axe xy. On démontre que :

$$\text{Surf. engendrée} = 2\pi\,\text{OI} \times \text{A}'\text{D}'.$$

499. *Aire d'une zone.* — Théorème. *L'aire d'une zone a pour mesure le produit de la circonférence d'un grand cercle par la hauteur de la zone.*

Si nous considérons la zone engendrée par CD (*fig.* 367) tournant autour du diamètre AB, on démontre que :

$$\text{Aire zone} = 2\pi\,\text{R} \times \text{EF}.$$

500. *Formule.* — Si R est le rayon de la sphère, h la hauteur de la zone, on a :

$$\text{Aire zone} = 2\pi\,\text{R}\,h.$$

501. Remarque. L'aire d'une calotte sphérique est donnée par la même formule.

502. *Aire de la sphère.* — Théorème. *L'aire d'une sphère a pour mesure le produit de la circonférence d'un grand cercle par le diamètre.*

La sphère peut être considérée comme une zone engendrée par

une demi-circonférence AMB (*fig.* 362) tournant autour du diamètre AB. Sa hauteur serait AB, et l'on a, d'après le n° 500 :

Aire sphère = Circonf. d'un grand cercle × AB.

503. *Formule*. — R étant le rayon de la sphère, on a :

Aire sphère = $2\pi R \times 2R$,

ou *Aire sphère* = $4\pi R^2$.

Si on remarque que $4R^2 = D^2$, D étant le diamètre de la sphère, on peut dire :

Aire sphère = πD^2.

504. REMARQUE. L'aire d'une sphère est équivalente à 4 fois l'aire d'un grand cercle ou encore à l'aire d'un cercle ayant pour rayon le diamètre de la sphère.

On peut dire aussi que l'aire de la sphère est équivalente à l'aire latérale d'un cylindre qui aurait pour base un grand cercle et pour hauteur le diamètre de la sphère.

505. *Volume de la sphère*. — THÉORÈME. *Le volume de la sphère a pour mesure le produit de sa surface par le tiers de son rayon.*

On démontre que :

$$\text{Volume sphère} = \text{Surface sphère} \times \frac{R}{3}.$$

506. *Formule*. — R étant le rayon de la sphère, V son volume, on a :

$$V = 4\pi R^2 \times \frac{R}{3},$$

ou

$$V = \frac{4}{3}\pi R^3.$$

Si on remarque que $R = \frac{D}{2}$, D étant le diamètre, on a $R^3 = \frac{D^3}{8}$ et, par suite : $V = \frac{4}{6}\pi D^3$.

507. *Volume d'un corps quelconque*. — Pour déterminer le volume d'un corps quelconque, on peut, quand cela est possible, employer la méthode suivante : on place le corps dans un récipient gradué, parfaitement cylindrique, que l'on remplit d'eau ; puis on retire ce corps. Une simple lecture donne la différence des

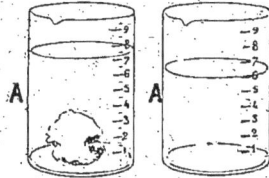

Fig. 374.

niveaux de l'eau dans les deux cas (*fig.* 374) ; il suffira de multiplier la section du vase par cette différence pour obtenir le volume du corps. Mais ce procédé ne peut être employé si le corps est soluble dans l'eau. Dans ce cas, on remplacera l'eau par un liquide dans lequel le corps est insoluble.

Problèmes.

Connaissant le rayon d'une sphère, calculer son aire, son volume.

1re ANNÉE :

998. Calculer l'aire et le volume d'une sphère de 0^m,45 de rayon.

999. Calculer la surface et le volume de la terre.

1000. Quelle surface d'étoffe faut-il pour faire un aérostat sphérique de 8 m. de diamètre, sachant que la fabrication fait perdre $\frac{1}{6}$ de l'étoffe employée?

1001. Calculer la surface intérieure et la contenance d'un bassin hémisphérique, la circonférence du bord ayant 1^m,57.

1002. Combien coûtera la peinture d'une coupole hémisphérique de 4^m,20 de diamètre à raison de 1 fr. 35 le mètre carré?

1003. Calculer le poids d'une sphère creuse en fer ayant 32 cm. de diamètre à l'extérieur et 5^{mm} d'épaisseur (densité du fer = 7,7).

2e ANNÉE :

1004. Une sphère a un rayon double d'une autre. Calculer le rapport des aires et celui des volumes.

1005. Le rayon de la lune est les $\frac{273}{1\,000}$ de celui de la terre. Quel est le rapport des volumes de ces deux astres?

1006. Calculer l'aire et le volume d'une sphère ayant 1^m,57 de circonférence.

1007. Calculer la contenance d'un bol hémisphérique ayant en dehors 0^m,25 de tour à l'ouverture et 1^{mm},5 d'épaisseur.

1008. On veut avec 32 gr. d'or faire dorer une sphère creuse en cuivre dont les diamètres sont 0^m,324 et 0^m,261. On demande : 1° l'épaisseur moyenne de la dorure; 2° le poids total de la sphère après l'opération. (Densité du cuivre 8,9, de l'or 19,3.)

Inversement, calculer le rayon d'une sphère, connaissant ou son aire totale, ou son volume.

1re ANNÉE :

1009. Calculer la longueur du méridien d'un globe géographique dont l'aire totale mesure 85 dm².

1010. Calculer le rayon d'une sphère qui aurait la même surface qu'un cube de 0^m,50 de côté.

2e ANNÉE :

1011. Quel doit être le rayon d'un globe géographique dont l'aire mesure 1^{m2} ?

1012. Quel doit être le rayon intérieur d'une sphère creuse contenant 1^{m3} ?

1013. On dit qu'un fusil de chasse est du calibre 12, 16 ou 20, suivant qu'il faut 12, 16 ou 20 balles de même diamètre que son canon pour peser 500 gr. On demande d'après cela de calculer le diamètre intérieur du canon calibre 16 (densité du plomb = 11,35). [*Ex. de sortie des C. complémentaires, Seine.*]

1014. Un boulet sphérique de fonte pèse 12 kg. (densité de la fonte = 7,35). On demande son rayon et le poids de l'or nécessaire pour former autour de lui une couche de 0^{m},0006 d'épaisseur (densité de l'or = 19,36). [*Ex. de sortie des C. complémentaires, Seine.*]

1015. Une sphère a un volume de 10^{m3}. Quel est le rayon d'une sphère 3 fois plus grande ? d'une autre 5 fois plus petite ?

1016. Calculer le diamètre d'ouverture d'une coupe hémisphérique contenant 0 l. 62.

1017. Quel est le rayon d'une niche ayant la forme d'un quart de sphère : 1° Si son aire intérieure mesure 148 cm^2 ? 2° Si son volume est 40 cm^3 ?

Connaissant l'aire d'une sphère, calculer son volume, et inversement.

2e ANNÉE :

1018. On a employé pour couvrir un aérostat 175 mètres de taffetas de 0^{m},75 de large. Sachant qu'il y a perte de $\frac{1}{10}$ de l'étoffe, quel est le volume de cet aérostat ?

1019. Un ballon sphérique a pour volume 1 200^{m3}. Quelle est l'aire totale de ce ballon ? Combien faudra-t-il de taffetas pour le couvrir s'il y a perte de $\frac{1}{10}$ de l'étoffe employée ?

1020. Une chaudière hémisphérique contient 60 litres d'eau. Quelle est sa surface intérieure ?

Aire de la zone.

2e ANNÉE :

1021. Calculer l'aire d'une zone de 8 cm. de hauteur tracée sur une sphère de 1^{m},50 de rayon.

1022. Quelle est l'aire de la zone terrestre comprise entre l'équateur et le 45e degré lat. N. ?

1023. Quelle est l'aire de la zone terrestre comprise entre le 30e degré lat. N. et le 45e degré lat. S. ?

1024. Calculer la hauteur d'une zone dont l'aire est équivalente à celle d'un grand cercle de la sphère.

1025. L'aire d'une zone est 5^{m2}; sa hauteur $0^m,32$. Calculer le rayon de la sphère sur laquelle la zone est tracée.

1026. On donne une sphère de rayon R. Déterminer la hauteur d'une zone à une base, sachant que la surface de cette zone augmentée de la surface de la base est égale aux $\frac{7}{16}$ de la surface de la sphère.

Problèmes de récapitulation relatifs aux solides.

2ᵉ ANNÉE :

1027. Trouver le côté d'un cube équivalent à un parallélépipède rectangle dont les dimensions sont $5^m,20$, $0^m,80$ ou $0^m,45$.

1028. Un particulier a fait répandre uniformément dans une cour, de forme rectangulaire, une couche de sable de 3 cm. d'épaisseur au prix de 4 fr. 50 le mètre cube. La dépense s'est élevée à 136 fr. 89 et la largeur de la cour est exactement les $\frac{2}{3}$ de la longueur. On demande les deux dimensions de cette cour. (*É. N., aspirantes, Gard.*)

1029. Une salle de conférence a 20 m. de long sur 15 m. de large et $3^m,30$ de haut. 350 personnes s'y réunissent ordinairement. On voudrait que le volume d'air fût de 4 m³ en moyenne par personne. De combien faut-il élever le plafond? (*Br. élém., aspirantes, Clermont-Ferrand.*)

1030. Calculer la hauteur d'un tas de bois mesurant 1 stère, ayant 1 m. de largeur, s'il est formé avec des bûches de Paris de $1^m,14$ de longueur.

1031. Calculer, en mètres cubes, la grandeur d'une grange ayant la forme d'un parallélépipède rectangle surmonté d'un tronc de prisme triangulaire aux 2 côtés obliques égaux. Le parallélépipède mesure 35 m. de long, 12 m. de large et $11^m,50$ de hauteur. La hauteur de la grange jusqu'au faîte est de 15 m. La largeur de l'arête supérieure, 8 m.

1032. On fabrique avec de l'or, dont la densité est 19,26, des feuilles qui ont 1/800ᵉ de millimètre d'épaisseur. Quelle surface couvrirait, si elle était réduite à une feuille aussi mince, la quantité d'or pur que contient une pièce monnayée de 100 francs? (*É. N., aspirantes, Nancy, 1901.*)

1033. Une caisse d'emballage a été garnie intérieurement d'une enveloppe en zinc présentant un développement superficiel de $3^{m2},60$.

La longueur de la caisse est le double de la largeur et les faces extrêmes sont des carrés égaux. On demande quel est le volume intérieur de la caisse. (*Examen de sortie des C. C., Seine,* 1911.)

1034. Un prisme droit a pour base un triangle rectangle isocèle dont la surface est de 32 m², la hauteur du prisme étant de 12 m., quelle est sa surface latérale ? (*Surnum. des P. T. T.,* 1909.)

1035. La base d'une pyramide régulière est un triangle équilatéral circonscrit à un cercle de 17 m. de rayon ; la surface de la pyramide est double de celle de la base. Calculer :

1º Le volume de la pyramide ;

2º Le poids d'un cube en fonte ayant pour diagonale la hauteur de la pyramide. La densité de la fonte est de 7,49.

1036. Une pyramide régulière à base hexagonale a 3m,60 de hauteur ; le côté de sa base mesure 90 cm. Calculer :

1º Son volume ;

2º La longueur des arêtes latérales ;

3º L'aire totale ;

4º L'aire de la section obtenue en menant un plan sécant à 1m,20 du sommet ;

5º Le volume de la pyramide détachée ;

6º A quelle distance du sommet faudrait-il couper la pyramide donnée pour que l'aire de la section soit de 2 m² ?

1037. Un obélisque a la forme d'un tronc de pyramide à base carrée surmonté d'une pyramide régulière ayant pour base la petite base du tronc. La grande base du tronc a 1m,20 de côté, la petite base a 0m,60 et la hauteur du tronc est de 10 m. La pyramide régulière a pour faces des triangles équilatéraux.

Trouver le volume et la surface latérale du monument.

1038. Un cultivateur a un tombereau dont la caisse a les dimensions suivantes :

Longueur en bas : 1m,54, en haut : 1m,68 ;

Largeur en bas : 1m,05, en haut : 1m,25 ;

Hauteur : 0m,90.

Dans un champ d'une longueur de 143m,65 et d'une largeur de 69m,62, il conduit 25 tombereaux de fumier bien consumé pesant 820 kg. le mètre cube ; ce fumier a une valeur de 8 fr. 50 les 1 000 kg.

A combien revient la fumure d'un hectare ? (*Écoles nat. d'agriculture.*)

1039. Calculer l'aire totale d'un cylindre de 1 m. de diamètre et de 1 m. de hauteur. Quel est le côté d'un cube de même surface que ce cylindre ?

1040. On prend un tube en or pur dont le diamètre extérieur est de 0m,026 et le diamètre intérieur 0m,23. La longueur de ce tube est de 0m,12. Dans la partie creuse du tube, on verse de l'argent fondu qu'on laisse refroidir, de manière à former avec l'or une surface compacte sans vide, sans solution de continuité. On demande : 1° le poids total de la masse d'or et argent ainsi obtenue ; 2° le poids du cuivre qu'il faudrait ajouter à la masse si on voulait la monnayer au titre des monnaies non divisionnaires. (*B. É., aspirants, Lille,* 1902.)

1041. On plonge un morceau de cuivre ayant la forme d'un cylindre de 1 cm. de rayon dans un mélange d'eau et d'alcool qui pèse 840 gr. par litre. Le liquide qui s'en échappe pèse 26 gr. 88 et représente $\frac{4}{17}$ du poids total du mélange. On demande : 1° la capacité du vase; 2° la hauteur du cylindre de cuivre; 3° la quantité d'eau et d'alcool qui entre dans la composition du mélange, si le litre d'alcool pèse 780 gr. (*B. É., aspirants, Lille,* 1900.)

1042. Un verre de forme conique est rempli d'eau. Calculer la capacité de ce vase, sachant que plein il pèse 1 kg. et que le poids du verre est le $\frac{1}{4}$ du poids de l'eau. Quelle est la longueur de la circonférence à l'ouverture de ce vase?

1043. Calculer le rayon d'un cylindre ayant même volume et même hauteur qu'un tronc de cône dont les bases ont respectivement 3^m,20 et 1^m,50 de rayon.

1044. Calculer l'aire latérale d'un cône engendré par un triangle rectangle dont l'angle du sommet vaut 30° et dont l'hypoténuse mesure 72 cm.

1045. Un cône et un cylindre ont même base et même hauteur. Calculer le rapport : 1° de leurs aires latérales ; 2° de leurs volumes.

1046. Dans un cellier il y a 8 foudres dont les dimensions sont :
Diamètre en tête, 3^m,50 ;
Diamètre au centre, 3^m,80;
Longueur entre fonds, 3^m,20.
Le volume d'un foudre pouvant être assimilé à celui de deux troncs de cône, accolés par la grande base, ayant chacun comme hauteur la demi-longueur du foudre ; comme bases, le cercle du foudre au centre et le cercle du foudre en tête;
On demande quelle surface de vignes on devra vendanger pour remplir ces 8 foudres de vendange fraîche, sachant que l'hectare produit en moyenne 120 hl. de vin et que 750 lit. de liquide correspondent à 1 m³ de vendange. (*Écoles nat. d'agriculture,* 1889.)

1047. Un cylindre a 90 cm. de hauteur et 284^{mm} de rayon. On inscrit dans sa base un carré sur lequel on construit le prisme inscrit. Quel est le volume à enlever? (Cette opération s'appelle épannelage.)

1048. Même question, le prisme inscrit ayant pour base l'hexagone régulier inscrit dans le cercle de base.

1049. Calculer le volume de la sphère inscrite et celui de la sphère circonscrite à un cube de 35 cm. d'arête.

1050. Calculer le volume du cube circonscrit à une sphère de 5 m³.

1051. Un dé à coudre, ayant la forme d'un cylindre surmonté d'un hémisphère, contient 2 gr. 25 d'eau pure. La hauteur du cylindre est double du rayon de l'hémisphère. Calculer ce rayon.

1052. On a peint intérieurement une niche formée d'un demi-cylindre surmonté d'un quart de sphère; sachant que le diamètre de la niche est 1m,20, sa hauteur totale 5 m., et que la peinture revient à 2 fr. le m², déterminer la dépense.

1053. Un vase cylindrique vertical, dont le fond est un cercle horizontal de 0m,05 de rayon intérieur, contient de l'eau à 4 degrés pesant 4 kg. On y plonge une boule sphérique de 0m,05 de rayon, et il arrive que l'eau monte exactement au bord du vase. Quelle est la hauteur de celui-ci?

1054. Une sphère, un cylindre et un cône ont des volumes équivalents. La sphère, la base du cylindre et celle du cône ont des diamètres égaux à 0m,36. Calculer la hauteur du cylindre et celle du cône.

1055. Une sphère creuse de métal a un rayon de 5 cm. La cavité sphérique est concentrique à la grande sphère et a un diamètre de 3 cm. A l'extérieur, et sur une épaisseur de 0mm,1, la sphère est composée d'une couche d'or pur dont la densité est de 19.25. Le reste est en argent pur de densité égale à 10,5. Si l'on emploie l'argent et l'or de la sphère pour fabriquer de la monnaie d'argent au titre de 0,835 et de la monnaie d'or au titre de 0,9, on demande de calculer la valeur de chacune des deux sommes obtenues.

1056. Une sphère a un rayon de 0m,50. D'un point de sa surface pris comme pôle, on décrit sur sa surface, avec le compas sphérique, une circonférence; l'ouverture du compas sphérique est de 0m,60. Quelle est la longueur de la circonférence?

1057. Un aéronaute est à une altitude de 6000 m. Quelle est la surface de la calotte sphérique terrestre qu'il aperçoit?

1058. Une citerne de forme cylindrique, couverte par une voûte hémisphérique, reçoit les eaux pluviales d'une toiture qui mesure 450 m². Le diamètre de la citerne est de 3m,20 et la plus grande hauteur vaut une fois et demie le diamètre.
On demande :
1° A quelle hauteur s'élèvera l'eau dans la citerne après une pluie continuelle de 6 heures, la hauteur d'eau tombée par minute étant de 1/10 de millimètre (On suppose la toiture horizontale et l'eau tombant verticalement);
2° Quelle aurait dû être la durée de la pluie pour remplir complètement la citerne? (*Écoles nationales d'agriculture.*)

1059. Calculer le poids d'une boule sphérique creuse en fonte sachant que son diamètre extérieur mesure 28 cm. et qu'elle a 12mm d'épaisseur. (Densité de la fonte : 7,2.)

1060. Quelle est la capacité d'une chaudière formée d'un cylindre terminé à chaque extrémité par une demi-sphère, la longueur du cylindre étant 1ᵐ,50 et son diamètre 0ᵐ,80.

1061. Calculer le volume engendré par un triangle équilatéral de côté *a* tournant autour d'un axe passant par l'un de ses sommets. L'un des côtés aboutissant à ce sommet est perpendiculaire à l'axe. Application : $a = 0^m,56$. (*C. É. P. S., aspirants.*)

1062. Dans un demi-cercle de rayon R, on inscrit une corde CD égale au côté du triangle équilatéral inscrit dans le cercle de rayon R, et parallèle au diamètre AB. On demande :

1° L'aire du trapèze ABCD ;

2° Le volume engendré par ce trapèze tournant autour de AB.

1063. Quel est le volume engendré par un trapèze isocèle dont les bases mesurent 3ᵐ,50 et 2ᵐ,80, les côtés égaux ayant 2ᵐ,10 ? Le trapèze tourne autour de la grande base.

1064. Calculer le volume engendré par un triangle équilatéral ABC tournant autour d'une droite XY parallèle au côté AC. Le côté du triangle équilatéral est égal à la distance de XY au côté AC et vaut 1ᵐ,75. Calculer le volume à un décimètre cube près.

1065. Sur le côté AB d'un carré ABCD, on construit extérieurement un triangle équilatéral ABE. Calculer le volume et la surface engendrés par la figure ABCDE tournant autour de CD comme axe. Le côté du carré est égal à 3 mètres. (*C. É. P. S., aspirantes, Lille, 1899.*)

Arpentage. - Levé de plans Nivellement

ARPENTAGE

508. *Objet de l'arpentage.* — Arpenter un terrain, c'est en déterminer la superficie. Au sens étymologique du mot, c'est en calculer la superficie en *arpents* (1), ancienne unité des mesures agraires.

Pour arpenter un terrain, on le partage en triangles, rectangles, trapèzes, etc. On évalue séparément la superficie de chaque partie; la somme de ces superficies partielles donne la superficie totale.

— Il faut, avant tout, savoir exécuter sur le terrain les opérations fondamentales suivantes :

1° Jalonner une droite sur le terrain;

2° Mesurer une droite jalonnée;

3° Mener une perpendiculaire, une parallèle à une droite jalonnée.

509. *Jalonner une droite sur le terrain.* — Sur le terrain, on détermine une droite par une série de *jalons*.

Un jalon (*fig.* 375) est un *piquet* T de bois ou une tige de fer ayant une extrémité pointue que l'on peut fixer en terre. À l'extrémité supérieure, il porte un carré de papier blanc ou de fer-blanc peint moitié en blanc, moitié en rouge. Ce carré V s'appelle *voyant*.

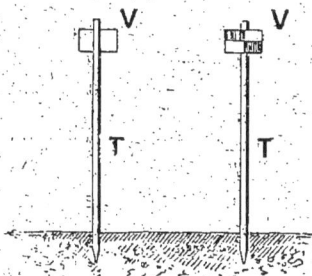

Fig. 375.

---

(1) L'arpent représentait 100 perches de 20 ou 22 pieds de côté ou l'aire du carré construit sur une longueur de 200 ou 220 pieds. Exprimée en mètres, la longueur du pied vaut $0^m,3248$; par suite, un arpent à la mesure de 20 pieds carrés vaut 4221^{m2} ou 42 ares 21, et un arpent à la mesure de 22 pieds carrés vaut 5107^{m2} ou 51 ares 07.

— Soit à jalonner la droite AB (Exercice à faire dans la cour de l'école) [*fig.* 376].

L'opérateur fixe un jalon en A et envoie son aide planter un jalon en B. Puis il se retire derrière A. L'aide avance vers lui et,

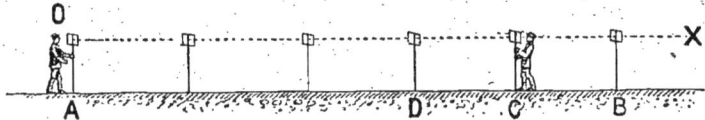

Fig. 376.

à quelque distance de B, il plante le jalon C approximativement sur la ligne AB.

L'opérateur fait signe de la main, à son aide, de placer le jalon plus à droite ou plus à gauche, jusqu'à ce que le jalon soit sur le rayon visuel OX.

Alors, il abaisse la main, et l'aide enfonce le jalon. Celui-ci peut continuer seul le jalonnement de la ligne et placer le jalon D en se plaçant derrière celui-ci et en visant les jalons C et B qui déterminent une ligne droite.

510. *Mesurer une droite jalonnée*. — Cette mesure se fait à l'aide de la *chaîne d'arpenteur* et de *fiches*.

Une *chaîne d'arpenteur* (*fig.* 377) est un décamètre

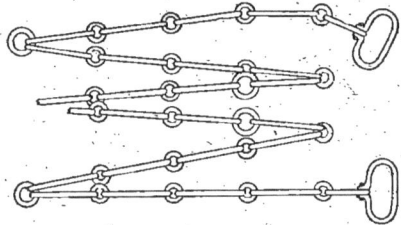

Fig. 377.

formé de 50 tiges de fer réunies par des anneaux. Chaque tige ou *chaînon* forme avec l'anneau une longueur de 20 centimètres. De 5 en 5, les anneaux de fer sont remplacés par des anneaux de cuivre qui marquent ainsi les mètres.

Au milieu de la chaîne, l'anneau de cuivre porte une petite tige qui marque 5 mètres.

Aux deux extrémités, la chaîne porte des poignées qui forment le double décimètre avec la portion de chaînon qui y est attachée.

On se sert plus fréquemment d'un *ruban d'acier* de 10 mètres de

Fig. 378.

long (*fig.* 378) sur lequel les mètres sont marqués par des plaques carrées en cuivre, portant les numéros de 1 à 10; les doubles décimètres par des boutons en cuivre, les décimètres par des trous; le milieu est marqué par une plaque rectangulaire. Ce ruban peut s'enrouler autour d'une bobine en bois.

Pour une petite longueur, on emploie aussi un décamètre à ruban de toile ou de cuir (*roulette*) [*fig.* 379].

Une *fiche* est une tige de fer de 30 à 40 centimètres, pointue à une extrémité et recourbée en anneau à l'autre (*fig.* 380).

Soit à mesurer une droite jalonnée, AB par exemple (*fig.* 366).

L'opérateur fixe la poignée contre le jalon A; l'aide portant le jeu de fiches avance en dépliant la chaîne. Quand celle-ci est tendue, l'aide fixe une fiche dans le sol, à l'inté- rieur, et contre la partie

Fig. 379.   Fig. 380.

extrême de la poignée (*fig.* 381). Puis il lève la chaîne, et les deux hommes continuent à avancer sur la ligne. Quand l'opérateur est arrivé à la fiche, il s'arrête et fixe la poignée qu'il tient à la main contre la fiche (*fig.* 382); l'aide tend la chaîne à nouveau, place une seconde fiche comme la première, et ainsi de suite.

L'opérateur ra- masse les fiches qu'il rencontre. Arrivé à l'extrémité de la li- gne, il compte les fiches qu'il porte à la

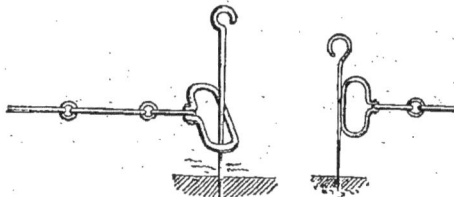

Fig. 381.   Fig. 382.

main : elles représentent autant de décamètres; et, s'il y a lieu, il ajoute à cette longueur le dernier segment de la ligne, infé- rieur à 10 mètres.

Généralement, on n'emploie que dix fiches; quand elles sont entre les mains de l'opérateur, il les rend à l'aide (*échange de fiches*). A chaque échange, se trouve mesurée une portée de 100 mètres. Il importe qu'à chaque opération la chaîne soit par- faitement tendue pour faire disparaître les enchevêtrements des tiges (*voleurs*).

511. Mener une perpendiculaire à une droite jalonnée. — A cet effet, on emploie l'*équerre d'arpenteur*. C'est une boîte en cuivre (*fig.* 383), ayant la forme d'un prisme régulier octogonal. Quatre faces, opposées deux à deux, portent une fente mince appelée *œilleton,* suivie d'une ouverture rectangulaire appelée *croisée.*

Chaque croisée est traversée en son milieu par un fil très fin.

Les faces opposées portent l'une l'œilleton en haut, l'autre l'œilleton en bas; ainsi à chaque œilleton correspond, en face, une croisée et inversement. Les lignes de visée déterminées par les faces opposées sont perpendiculaires deux à deux. Les quatre autres faces sont percées seulement de *pinnules;* elles permettent, avec les premières, des lignes de visée à 45° (*fig.* 384).

L'équerre d'arpenteur peut être cylindrique (*fig.* 385). Sa disposition est la même que la précédente.

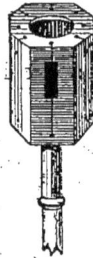 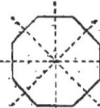 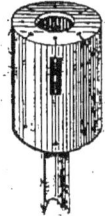

Fig. 383.   Fig. 384.   Fig. 385.

L'appareil est monté, au moyen d'une douille, sur un bâton ferré terminé en pointe.

— Étudions comment on mène, avec cette équerre, une perpendiculaire à une droite jalonnée, en un point donné.

(Exécuter ces exercices dans la cour de l'école.)

1° *Le point est sur la droite.* — Soit à mener par le point O (*fig.* 386), pris sur AB, la perpendiculaire à cette droite.

L'opérateur plante le pied de l'équerre en O, sur la ligne AB,

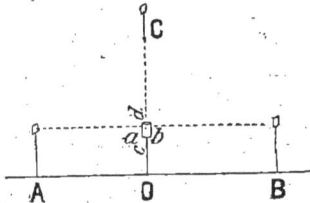 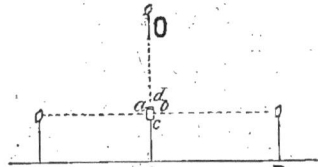

Fig. 386.   Fig. 387.

et s'assure d'abord que l'équerre est bien sur la ligne donnée, en visant, par les pinnules opposées *a* et *b,* les jalons B et A. S'il ne les voit pas, il déplace l'équerre jusqu'à ce qu'il les aperçoive. Puis il fait placer, par un aide, le jalon C dans la ligne de visée perpendiculaire à la première; il reste à jalonner la perpendiculaire CO;

2° *Le point est hors de la droite.* — Soit à mener par le point O (*fig.* 387), pris en dehors de AB, la perpendiculaire à cette droite.

L'opérateur se porte sur AB et plante l'équerre sur cette droite, à l'endroit qu'il juge être le pied de la perpendiculaire à mener.

Il s'assure que l'équerre est bien sur AB en visant les jalons A et B, puis, par les autres pinnules perpendiculaires, il vise le jalon O. Il déplace l'équerre sur AB, jusqu'à ce qu'il aperçoive le jalon. Il place alors un jalon à la place de l'équerre et fait jalonner la droite CO.

512. Mener une parallèle à une droite jalonnée. — Soit à mener par le point O (*fig.* 388) la parallèle à la droite jalonnée AB.

L'opérateur détermine le pied C de la perpendiculaire abaissée de O sur AB (Probl. 2, n° 511).

Il plante un jalon en C, et porte son équerre en O. Il élève alors sur OC la

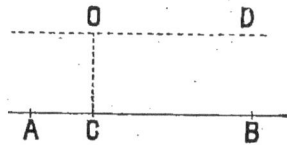

Fig. 388.

perpendiculaire OD (Probl. 1, n° 511) : c'est la parallèle demandée.

Si les parallèles sont longues, il est plus facile de mener, à une certaine distance l'une de l'autre, les perpendiculaires égales Co et C'o' (*fig.* 389) et de jalonner la droite oo' qui est la parallèle demandée, car oCC'o' est un rectangle.

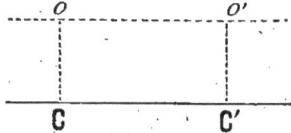

Fig. 389.

513. Arpenter un terrain de forme triangulaire. — Avant d'arpenter un terrain, l'opérateur doit se rendre compte de la forme générale du champ, afin de déterminer la méthode d'arpentage la plus rationnelle.

1er cas. Soit à arpenter le champ triangulaire ABC (*fig.* 390) :

On jalonne les trois sommets ;

On prend pour base le plus grand côté AB que l'on mesure ;

On jalonne la hauteur CH, puis on la mesure ;

On obtient la superficie par la formule établie n° 285.

2° cas. Un obstacle, une mare, un bâtiment, un bois empêchent quel-

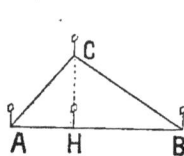

Fig. 390.

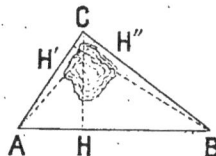

Fig. 391.

quefois de mesurer la hauteur CH, aussi bien d'ailleurs que les hauteurs BH' et AH'' (*fig.* 391). Dans ce cas, on opère de la façon suivante :

a) Ou bien, on mesure les trois côtés du triangle et l'on applique la formule :

$$S = \sqrt{p\,(p-a)\,(p-b)\,(p-c)},$$

dans laquelle *a, b, c* sont les trois côtés du triangle et *p* le demi-périmètre.

b) Ou bien, si l'obstacle ne l'empêche pas, on détermine le pied H de la perpendiculaire CH, on mesure AC et AH, et le triangle rectangle AHC donne :

$$CH = \sqrt{\overline{AC}^2 - \overline{AH}^2}.$$

Puis on mesure la base AB et on applique la formule n° 285.

514. *Arpenter un terrain ayant la forme d'un quadrilatère.* — *1ᵉʳ cas.* Soit à arpenter le terrain ABCD (*fig.* 392).

On jalonne d'abord le périmètre.

On prend le plus grand côté comme base. On abaisse sur celle-ci les perpendiculaires DF et CH, que l'on mesure. On mesure aussi les segments AF, FH et HB. On a ainsi décomposé le quadrilatère en deux triangles rectangles et un

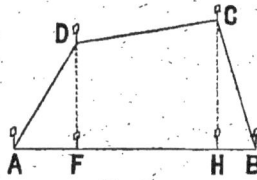
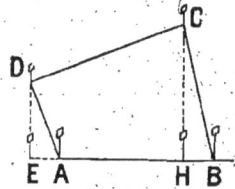

Fig. 392.　　　　Fig. 393.

trapèze rectangle dont la somme des aires est égale à la superficie totale du terrain.

Pour éviter une erreur, le géomètre trace un croquis du terrain qu'il arpente et il y porte les mesures successivement faites.

2ᵉ cas. Soit à arpenter le quadrilatère ABCD (*fig.* 393). On prend AB comme base. On abaisse les perpendiculaires DE et CH que l'on mesure.

On mesure aussi EA, AH, HB.

De l'aire du trapèze DEHC on retranche l'aire du triangle DEA; on ajoute au résultat l'aire du triangle CHB et l'on a la superficie du champ.

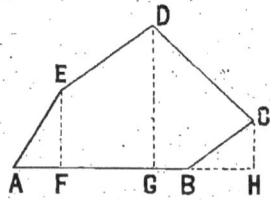

Fig. 394.

515. *Arpenter un terrain polygonal.* — Soit à arpenter le terrain polygonal ABCDE (*fig.* 394).

On prend comme base le côté AB, par exemple.

Des autres sommets on abaisse sur cette base les perpendiculaires EF, DG et CH.

On décompose ainsi le champ en triangles et trapèzes dont on peut mesurer la superficie. La superficie du champ s'en déduira aisément.

516. Nota. — Certains auteurs recommandent de tracer dans un terrain polygonal la plus grande diagonale et d'abaisser des sommets les perpendiculaires sur les diagonales. C'est un procédé qui ets, en général, plus long et peu employé dans la pratique. Il est plus simple de prendre pour base une ligne du terrain.

517. *Arpenter un terrain dont le périmètre comprend une ligne courbe.* — Soit à arpenter le terrain ABCD

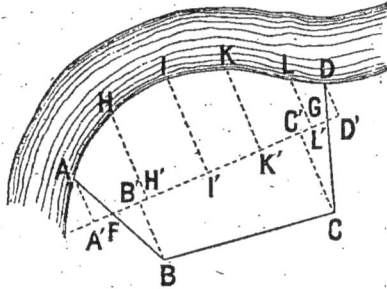

Fig. 395.

(*fig.* 395), limité sur une partie par une rivière au cours sinueux.

On jalonne une droite FG.

On remplace la ligne sinueuse par des segments de droite AH, HI, IK, KL, LD et l'on est ramené à mesurer, d'une part, la superficie du polygone FAHIKLDG; d'autre part, celle du polygone GCBF.

De chacun des points A, H, I, K, L, D, on mène des perpendiculaires sur FG.

On mesure les triangles et trapèzes formés, et l'on en déduit aisément l'aire cherchée.

518. *Arpenter un terrain à l'intérieur duquel on ne peut pénétrer.* — Soit à déterminer l'étendue d'un bois, d'un étang, d'un champ en culture à l'intérieur duquel on ne peut ou on ne veut pénétrer.

On encadre ce terrain par un polygone facile à mesurer (*fig.* 396) : triangle, rectangle ou trapèze.

Puis on mesure les portions extérieures du bois par l'un des procédés

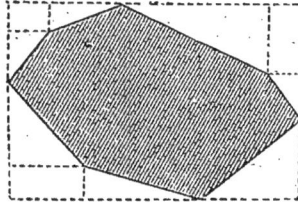

Fig. 396.

indiqués ci-dessus, et l'on retranche la somme de leurs surfaces de la surface totale; on obtient ainsi la surface cherchée.

Enfin, si l'on était tenu de suivre seulement le contour du champ, il faudrait faire un *levé du terrain* en mesurant à la fois les côtés et les angles.

Nous étudierons cette question dans le chapitre suivant.

519. *Terrains inclinés.* — Comme les tiges des végétaux s'élè-vent verticalement, on ad-met qu'un terrain incliné ne produit pas plus qu'un terrain horizontal qui se-rait sa projection. Aussi, pour arpenter un terrain incliné, on tient la chaîne horizontalement, et l'on détermine ainsi, non les

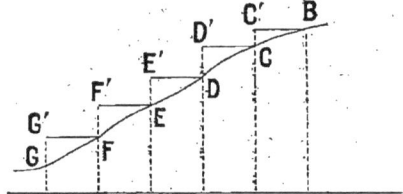

Fig. 397.

longueurs BC, CD..., FG du terrain (*fig.* 397), mais celles de leurs projections horizontales BC', CD'... FG'.

Problèmes [1].

1066. Évaluer en mètres carrés et en ares la surface des polygones ci-dessous :

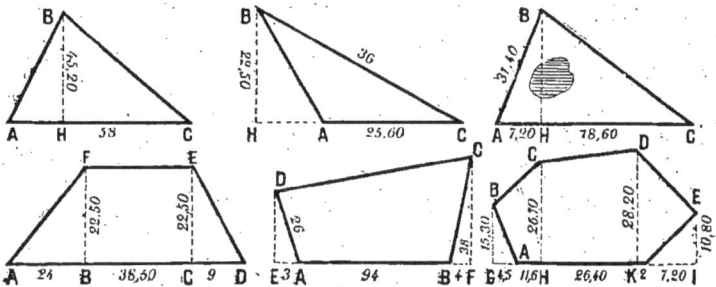

1067. Indiquer le procédé le plus simple pour arpenter des terrains ayant la forme des polygones ci-dessous :

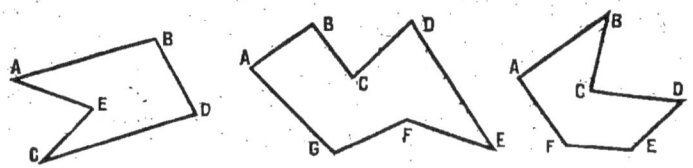

---

(1) Nous recommandons comme exercices intéressants et profitables l'arpen-tage de la cour de l'école, de la place, d'un jardin, d'un champ.

LEVÉ DE PLANS

520. Définition. *Le plan d'un terrain horizontal est une figure tracée sur le papier et semblable à celle que forme le terrain.*

Quand un terrain n'est pas horizontal, son *plan* est une figure semblable à sa *projection horizontale*. Nous ne nous occuperons pas de ces sortes de terrains, car, pour déterminer leur projection horizontale, il faut avoir recours à des méthodes trop compliquées pour être exposées ici. Remarquons d'ailleurs que si un terrain présente des accidents de faible relief, on peut le considérer comme horizontal. Nous n'étudierons donc que le levé de plan du terrain horizontal ou sensiblement tel.

521. *Lever* le plan d'un terrain, c'est prendre sur le terrain toutes les mesures qui permettront de tracer sur le papier le plan de ce terrain. Exécuter ce tracé, c'est *rapporter* le plan du terrain. Le *rapport de similitude* entre le plan et la figure réelle du terrain est *l'échelle* du plan.

— L'échelle d'un plan varie avec les usages, selon l'étendue des surfaces à représenter. Il est habituellement de $\frac{1}{100}$, $\frac{1}{200}$ pour les bâtiments; de $\frac{1}{500}$, $\frac{1}{1000}$, $\frac{1}{2000}$ pour les terrains. Le cadastre est à l'échelle de $\frac{1}{2500}$; la carte de l'état-major est au $\frac{1}{80000}$; il en existe une reproduction au $\frac{1}{20000}$.

Dans ces différentes échelles, 1 millimètre de la carte représente respectivement 100, 200, 500, 1000, 2000, 2500, 80000, 20000 millimètres, ou $0^m,10$, $0^m,20$, $0^m,50$, 1 mètre, 2 mètres, $2^m,5$, 80 mètres, 20 mètres.

522. *Échelle de réduction.* — Soit à construire une échelle de réduction au $\frac{1}{1000}$.

A cette échelle, 1 millimètre représente 1 mètre, 1 centimètre représente 10 mètres.

Traçons une droite illimitée A*x* (*fig.* 398).

Portons sur cette droite, à partir de A, onze fois la longueur du centimètre et numérotons les points de division comme il est indiqué. Chaque division représente une longueur de

10 mètres. Par ces points de division, élevons des perpendiculaires sur A*x*. Prenons la longueur AB quelconque. Divisons cette droite en 10 parties égales et, par les points de division, menons des parallèles à A*x*. De même, divisons AC en 10 parties égales et portons ces divisions sur BD. Chaque division repré-

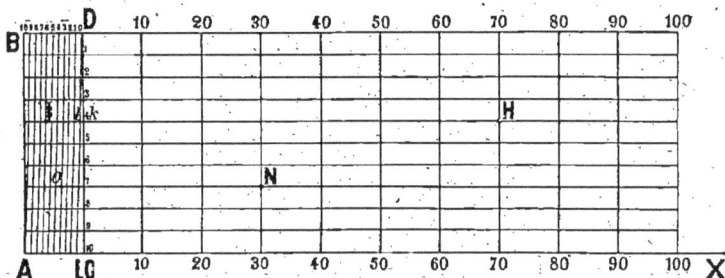

Fig. 398.

sente 1 mètre. Joignons le point A à l'extrémité de la première division de BD et joignons deux à deux les autres points consécutifs. L'échelle est construite.

Sur cette échelle,
Une longueur de 70 mètres est représentée par la ligne C — 70;
Une longueur de 76 mètres est représentée par la ligne C — 70, à laquelle on ajoutera 6 divisions, à partir de C sur CA.

Une longueur de 76ᵐ,40 est représentée par la ligne HI, le point H étant pris sur la parallèle 4 à l'intersection de la perpendiculaire 70, le point I sur la parallèle 4 à l'intersection de l'oblique 6. En effet :

$$HI = Hk + Ik.$$

Or, H*k* représente 70 mètres.

$$Et\ Ik = Il + lk = 6\ m. + lk.$$

Mais les triangles D*lk* et DLC sont semblables, leurs côtés homologues sont proportionnels. Nous avons :

$$\frac{lk}{LC} = \frac{Dk}{DC} = \frac{4}{10},\ \text{d'où}\ lk = \frac{LC \times 4}{10} = \frac{1\,m \times 4}{10} = 0^m,40.$$

Inversement,
La ligne C — 40 de cette échelle représente une longueur de 40 mètres.
La ligne ON représente une longueur de 33ᵐ,70.

523 *Diverses méthodes de levé de plans.* — Le levé des plans peut se faire de diverses façons. Nous n'étudierons que les procédés les plus pratiques :

1° Le levé à l'équerre ;
2° Le levé au graphomètre ou pantomètre ;
3° Le levé à la planchette.

524. Levé à l'équerre. — Pour lever un plan à l'équerre, on procède comme pour évaluer sa superficie.

Soit à lever le terrain représenté par ABCDEF (*fig.* 399).

On jalonne tous les sommets.

On choisit l'un des côtés, AF par exemple, comme base, puis des sommets opposés on abaisse les perpendiculaires, que l'on chaîne ainsi que les segments qu'elles déterminent sur la base. On trace sur un carnet le croquis approximatif du plan et l'on y indique les mesures faites. Pour construire le plan du terrain sur le papier, on réduit toutes les mesures faites à l'échelle adoptée. Le plan tracé est semblable au polygone formé par le terrain, car on montre aisément que ces deux polygones peuvent être décomposés en un

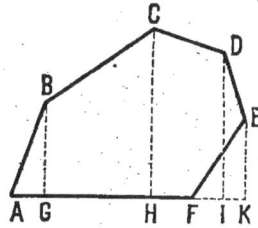

Fig. 399.

même nombre de triangles semblables et semblablement placés.

Cette méthode est très simple, avantageuse, car elle permet d'avoir le plan et de calculer en même temps la superficie, mais elle n'est possible que pour des terrains de petite étendue. Sur de vastes terrains, il serait long, parfois impossible, de mesurer les perpendiculaires des sommets opposés sur la base. Le levé des plans se fait alors au *graphomètre*, ou mieux au *pantomètre*.

525. Levé au graphomètre ou au pantomètre. — Dans ce genre de levé de plan, on mesure à la fois les lignes et les angles. On mesure les lignes avec la chaîne

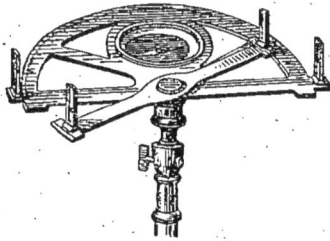

Fig. 400.

d'arpenteur et les angles avec le *graphomètre,* ou plus souvent avec le *pantomètre*. Décrivons ces instruments.

526. Le *graphomètre* (*fig.* 400) se compose d'un demi-cercle de cuivre appelé *limbe*, évidé en son milieu et divisé en degrés et demi-degrés. Le limbe porte deux règles de cuivre ou *alidades*, recourbées à angle droit à leurs extrémités, et munies de *pinnules* traversées par un fil. La fenêtre d'une pinnule correspond à l'œilleton de l'autre. L'une des alidades est fixe. Elle fait corps avec le limbe, selon son diamètre. Son *plan de visée* correspond à la *ligne de foi* du demi-cercle. L'autre alidade est mobile autour du centre du demi-cercle. Son plan de visée peut former un angle quelconque avec celui de l'alidade fixe.

L'appareil est articulé sur un pied à trois branches, à l'aide d'un genou à coquille, ce qui permet de donner au graphomètre la position voulue.

Soit à mesurer au graphomètre l'angle ABC (*fig.* 401). On place des jalons aux points A et C et l'instrument en B, de manière que son centre soit sur la verticale passant par B. On dispose le limbe horizontalement. On dirige l'alidade fixe dans la direction BC. On fait tourner l'alidade mobile jusqu'à ce que sa ligne de visée passe en A. On lit alors sur le limbe la valeur de l'angle ABC.

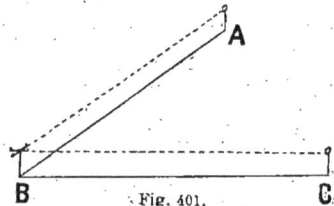

Fig. 401.

527. Le *pantomètre* a l'apparence de l'équerre cylindrique d'arpenteur; il se compose de deux cylindres dont l'un A (*fig.* 402) est muni d'une douille B servant à fixer l'instrument; son bord supérieur est divisé en degrés et dixièmes de degré. L'autre cylindre C de même diamètre s'emboîte dans le premier et peut tourner autour de l'axe commun; son mouvement est commandé par la vis V. Le cylindre A est muni d'une fente correspondant à 0° et d'une fenêtre diamétralement opposée; le cylindre B de deux fentes et deux fenêtres diamétralement opposées, les lignes de visée étant à angle droit, l'une correspondant à 0° et 180°, l'autre à 90° et 270°. Pour mesurer un angle, on dispose la ligne de visée du cylindre A suivant un des côtés de l'angle, puis à l'aide de la vis V on fait tour-

Fig. 402.

ner le cylindre C de façon à amener sa ligne de visée 0—180 dans la direction de l'autre côté de l'angle; le cercle divisé donne, par une simple lecture, l'angle cherché.

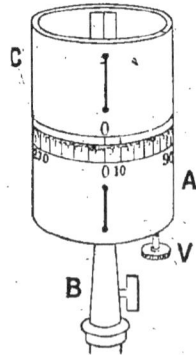

528. Pour lever un plan à l'aide de ces instruments, on peut procéder de diverses façons :

1° Par cheminement : Soit à lever le plan du terrain représenté par la figure ABCDE (*fig.* 403). On jalonne d'abord le périmètre du champ.
On chaîne les côtés. On mesure les
angles aux sommets. On rapporte le
plan à l'échelle adoptée. Le problème
revient à construire sur un segment
donné un polygone semblable à un
polygone donné (V. n° 328), la longueur donnée étant homologue d'un
côté déterminé du polygone.

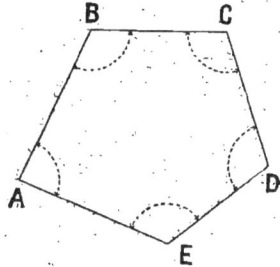

Fig. 403.

On emploie cette méthode quand
l'intérieur du terrain est inaccessible
ou quand, d'un point du champ, il est impossible d'apercevoir
tous les sommets.

2° Par rayonnement : On jalonne le périmètre. On cherche un
point intérieur O (*fig.* 404), d'où l'on puisse apercevoir tous les
sommets. Puis on chaîne les droites qui joignent ce point aux
sommets et l'on mesure tous les angles en O. Cette méthode
ne peut être appliquée que dans un terrain découvert.

On construit sur le papier et à l'échelle un polygone semblable

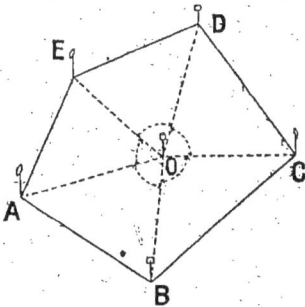

Fig. 404.

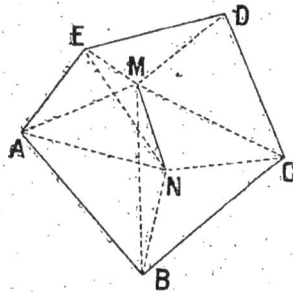

Fig. 405.

au polygone donné, car ces deux polygones sont décomposables
en un même nombre de triangles semblables et semblablement
placés.

3° Par intersection : On jalonne le périmètre du champ. On
cherche à l'intérieur du terrain une base MN (*fig.* 405) telle que
de ses deux extrémités on aperçoive les jalons.

Du point M on mesure les angles AMN, BMN, CMN.....
Du point N, on mesure les angles ANM, BNM, CNM.....

On chaîne la base MN et avec ces mesures on peut construire des triangles semblables aux triangles déterminés sur le terrain, et par suite tracer le plan du champ entier.

529. *Levé à la planchette.* — La planchette se compose d'une tablette de bois (*fig.* 406) de 0ᵐ,60 sur 0ᵐ,50 environ, portée par un pied à trois branches sur lequel elle est articulée par un genou à coquille.

Une feuille de papier est tendue sur cette tablette à l'aide de rouleaux adaptés le long de deux bords opposés.

Fig. 406.

Sur la planchette glisse une alidade à pinnules (*fig.* 407) qui permet de faire les visées. On opère soit par cheminement (*fig.* 408), soit par rayonnement, mais surtout par intersection.

Ce genre de levé permet d'exécuter à la fois le levé du plan et de le rapporter sur le papier à l'échelle voulue. C'est un procédé expéditif, mais qui n'est pas aussi précis que le levé au pantomètre.

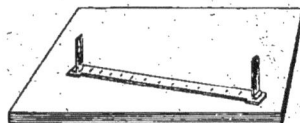

Fig. 407.

530. *Polygone topographique. Triangulation.* — Quand on veut lever le plan de grandes étendues, d'une vaste propriété, du territoire d'une commune, on détermine sur le terrain un ensemble de points remarquables (arbres, monuments, bâtiments...) formant une figure dite *polygone topographique.* On relève ce polygone, et l'on y rattache ensuite les détails du plan par des levés partiels.

531. *Partage des terrains.* — Le partage des terrains est une question trop complexe pour être étudiée ici. Elle exige des connaissances géométriques assez étendues et des aptitudes professionnelles très marquées, car elle varie non seulement avec la forme des terrains et le nombre de parts, mais surtout avec les conditions du partage, les volontés des co-partageants.

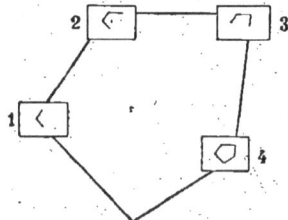

Fig. 408.

532. *Levé d'ensemble.* — Les méthodes que nous venons d'indiquer ne s'appliquent qu'à des terrains de petite étendue, 4 à 5 kilomètres de diamètre, par exemple.

Pour lever le plan d'une région, on commence par établir le *canevas.* Le canevas n'est autre qu'une série de lignes imaginaires sillonnant la région et formant par leurs intersections des polygones généralement irréguliers. Ces lignes fictives, parmi lesquelles on comprendra les routes,. chemins de fer, rivières, etc., c'est-à-dire des lignes fixes tracées effectivement sur le terrain, devront former un véritable réseau composé de polygones topographiques recouvrant toute la région à lever.

On commencera par faire le relevé de ce canevas, c'est-à-dire la reproduction de celui-ci sur le papier, à une échelle déterminée. A cet effet, on fera le relevé, par une des méthodes indiquées, de chacun des polygones. Ce travail fait, on effectuera ensuite le levé des détails contenus dans chacun des polygones du réseau. Ce levé des détails s'effectue de différentes façons et la méthode varie suivant la position et la nature du détail à relever.

Problèmes.

1068. Construire une échelle de réduction au $\frac{1}{500}$ pour lever le plan d'un terrain dont la plus grande dimension mesure 72 m. Indiquer sur cette échelle les longueurs suivantes : 50 m., 63 m., 45^m,80, 64^m,20.

1069. Construire une échelle de réduction au $\frac{1}{10}$ pour dessiner un objet dont la plus grande dimension mesure 2^m,50. Indiquer sur cette échelle les longueurs suivantes : 2 m., 1^m,50, 1^m,40, 1^m,75, 1^m,25.

1070. Rapporter à l'échelle de $\frac{1}{200}$ le plan d'un champ triangulaire dont la hauteur mesure 24 m. et les segments de la base 15 m. et 12^m,50.

MESURE DES DISTANCES
ET DES HAUTEURS

533. I. *Déterminer la distance d'un point accessible à un autre point inaccessible, mais visible.* — Soit à déterminer la distance des points A et B (*fig.* 409) séparés par un cours d'eau.

Nous pouvons déterminer cette distance de diverses manières :

1° *Au pantomètre* : Nous prenons sur la rive A une base quelconque AC que nous chaînons le plus exactement possible.

Nous mesurons les angles A et C.

Nous construisons sur le papier le triangle A'B'C' semblable à ABC.

Nous avons :

$$\frac{AB}{A'B'} = \frac{AC}{A'C'}.$$

On connaît AC, on mesure sur le papier A'B' et A'C', on en déduit AB.

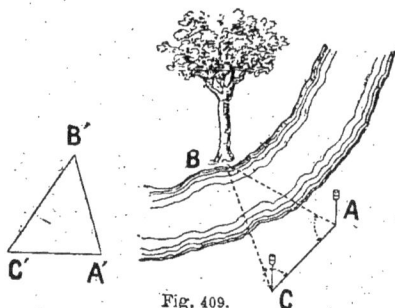

Fig. 409.

Avec cette méthode, si les deux points A et B sont très éloignés, il faut prendre une grande base AC, afin d'éviter les erreurs résultant de l'épaisseur toujours trop grosse du fil du pantomètre.

2° *A l'équerre* : Nous plaçons l'équerre en A (*fig.* 410); nous visons le point B; nous déterminons puis jalonnons la perpendiculaire AC à AB.

Nous cherchons sur cette droite le point C tel que la ligne de visée CB forme avec CA un angle de 45°. Le triangle rectangle ABC est isocèle : AC = AB. Mesurons AC, c'est la longueur cherchée.

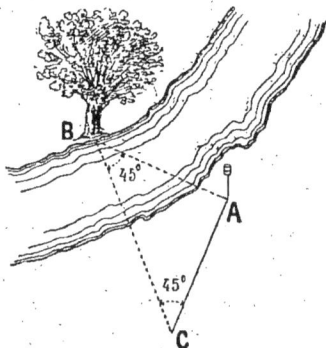

Fig. 410.

Cette méthode ne peut être employée que pour les petites distances, car la base à mesurer AC est aussi grande que la distance cherchée.

3° *Autre procédé à l'équerre :* Nous plaçons l'équerre en A (*fig.* 411); nous visons le point B.

Nous menons la perpendiculaire AC à AB.

En un point C quelconque, nous déterminons avec l'équerre une perpendiculaire CD sur AC. D'un point quelconque D de cette perpendiculaire, nous visons le point B.

Nous plantons un jalon à l'intersection F.

Les triangles ABF et CDF sont semblables (dire pourquoi).

Nous chaînons AF et FC. Leur rapport est le rapport de similitude. Nous chaînons ensuite CD. Nous multiplions cette longueur par le rapport de similitude $\frac{AF}{FC}$ et nous avons la distance AB.

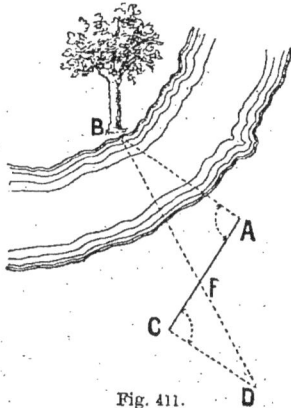

Fig. 411.

Après avoir élevé la perpendiculaire AC sur AB, on pourrait prendre une longueur quelconque AF, puis une longueur égale FC, élever la perpendiculaire en C sur AC et déterminer le point D où la ligne BF rencontre CD. Les deux triangles BAF et FCD seraient alors égaux et BA = CD.

534. *Déterminer la largeur d'une rivière, la longueur d'un pont.* — On pourrait employer l'un des moyens indiqués ci-dessus; mais le procédé suivant est plus simple : soit à déterminer la largeur de la rivière R (*fig.* 412). Nous plaçons l'équerre en B; nous visons un point C de l'autre rive, nous jalonnons B*x*, prolongement de CB.

Nous menons la perpendiculaire BP sur BC. Nous déterminons le point A sur BP tel que AC et AC' forment avec BP des angles de 45°. Par suite, le triangle rectangle CAC' est isocèle. BC' = BC.

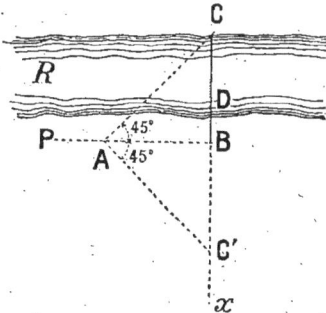

Fig. 412.

Chaînons BC'. Retranchons de cette longueur la distance BD qui sépare le pied de l'équerre de la rivière et nous aurons la largeur de cette rivière.

535. *Déterminer la distance de deux points inaccessibles.* — Soit à déterminer la distance des deux arbres A et B (*fig.* 413), inaccessibles à l'observateur :

1ᵉʳ procédé. D'un point C quelconque, d'où l'on aperçoit A et B, nous visons les deux arbres. Nous déterminons, à l'aide du pantomètre, l'angle ACB; puis, par l'un des procédés indiqués ci-dessus, nous déterminons les longueurs CA et CB. Nous cons-

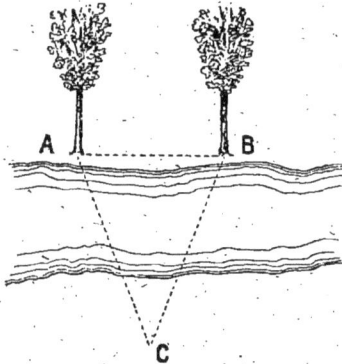

Fig. 413.

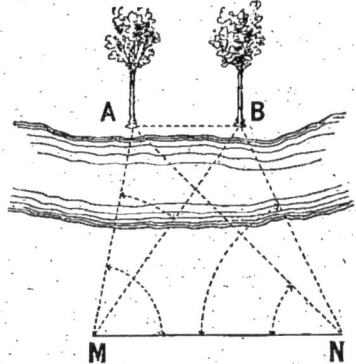

Fig. 414.

truisons un triangle semblable au triangle ACB. Nous mesurons sur le plan le côté homologue de AB et, d'après l'échelle adoptée, nous calculons la longueur AB;

2ᵉ procédé. Nous prenons une base MN (*fig.* 414) que nous chaînons, M et N étant choisis de façon que de ces deux points on aperçoive A et B; puis nous mesurons au pantomètre les angles AMN et AMB, puis ANM et BNM.

Nous rapportons la figure sur le papier à une échelle convenable; nous déterminons ainsi AB.

536. *Déterminer la distance horizontale entre deux points invisibles l'un de l'autre.* — Soit à déterminer la distance horizontale entre les points A et B (*fig.* 415) séparés par le monticule M. Cherchons un point C d'où A et B soient visibles.

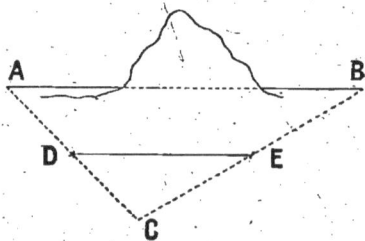

Fig. 415.

Chaînons CA et CB. Déterminons les milieux D et E de ces droites. Chaînons DE qui est la moitié de AB (Dire pourquoi).

537. *Déterminer la hauteur d'un édifice d'après son ombre.*
— Soit à déterminer la hauteur de la cheminée C (*fig.* 416)
d'après son ombre A B.

Plantons verticalement un bâton FD. Il projette l'ombre FG.

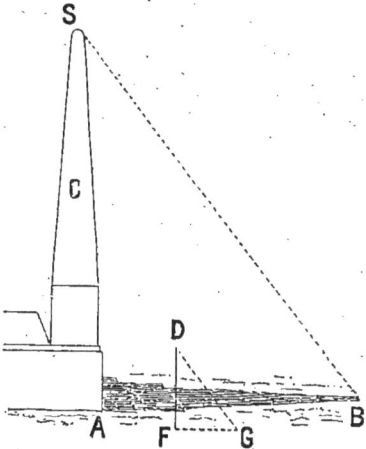

Fig. 416.

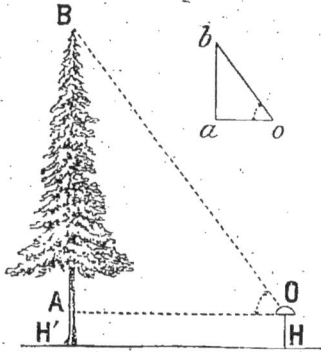

Fig. 417.

Les triangles rectangles SAB et DFG sont semblables (Dire pourquoi); par suite,

$$\frac{AS}{FD} = \frac{AB}{FG}.$$

Chaînons donc AB et FG. Mesurons FD et multiplions la longueur du bâton par le rapport de similitude : nous aurons la hauteur de la cheminée.

538. *Déterminer la hauteur d'un arbre dont le pied est accessible.*
— Nous posons le graphomètre en un point quelconque O (*fig.* 417),

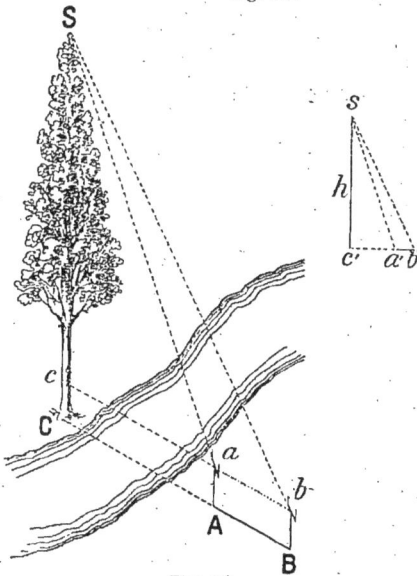

Fig. 418.

de telle façon que le limbe soit vertical, l'alidade fixe horizontale.

Nous mesurons l'angle AOB. Nous chaînons HH' qui est égal à OA. Noùs construisons un triangle *oab* semblable au triangle OAB. Le rapport $\dfrac{oa}{OA}$ donne le rapport de similitude.

Nous mesurons *ab* et, d'après l'échelle adoptée, nous calculons AB. Nous ajoutons AH' qui est égale à la hauteur du pied du graphomètre.

539. *Déterminer la hauteur d'un arbre dont le pied est inaccessible.* — Nous plaçons le graphomètre en un point B (*fig.* 418), l'alidade fixe horizontale.

Nous mesurons l'angle S*bc*.

Nous plaçons ensuite le graphomètre en un point A sur BC et nous mesurons l'angle S*ab*. Nous chaînons AB. Nous pouvons construire un triangle semblable au triangle S*ab*, soit s*a'b'*. Le rapport $\dfrac{a'b'}{ab}$ donne le rapport de similitude.

Nous abaissons la perpendiculaire s*c'* sur le côté *a'b'*. Nous mesurons s*c'* et, d'après l'échelle adoptée, nous calculons S*c*. Nous ajoutons *c*C qui est la hauteur du graphomètre.

NIVELLEMENT

540. OBJET. Quand nous avons levé le plan d'un terrain, nous n'avons qu'une idée imparfaite de sa forme. Nous n'en voyons pas le *relief*. Les ondulations du sol, les hauts et les bas n'y sont pas indiqués. Ces indications nous sont données par le *nivellement*.

Niveler un terrain, c'est donc déterminer la hauteur de tous les points du sol, ou plutôt des points remarquables, au-dessus d'un plan horizontal pris comme plan de comparaison.

La distance de chaque point à ce plan est la *cote* de ce point.

On choisit généralement pour plan de comparaison le plan de la partie la plus basse du terrain.

On peut prendre aussi le niveau de la mer; la cote d'un point en indique alors l'*altitude*.

541. *Instruments employés*. — Les instruments employés sont le *niveau d'eau* et la *mire à voyant*, ou plus souvent le *niveau à lunettes* et la *mire parlante*.

542. *Niveau d'eau*. — Le niveau d'eau (*fig.* 419) se compose d'un tube de laiton ou de fer-blanc de $1^m,20$ environ, aux extrémités duquel se trouvent fixées perpendiculairement deux fioles cylindriques en verre.

L'appareil est porté sur un pied à trois branches, comme le graphomètre. On verse de l'eau colorée dans l'une des fioles. En vertu du principe des vases communicants, les surfaces libres du liquide, dans les deux fioles, sont dans un même plan horizontal et, par suite, la ligne de visée tangente aux surfaces libres des liquides est *horizontale*.

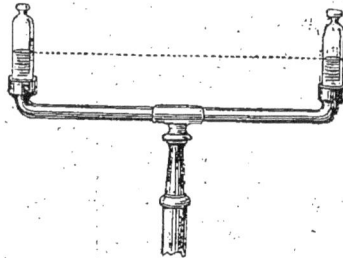

Fig. 419.

543. *Niveau à lunette*. — Dans les nivellements importants on ne se sert pas du niveau d'eau, qui ne donne pas d'exactitude si les stations sont trop éloignées. On emploie le niveau à lunettes. La lunette donne une image renversée des objets.

Il y a plusieurs systèmes de niveau à lunettes en usage.

Nous donnons, ci-contre, la gravure de l'un d'eux, le niveau Egault (*fig.* 420).

544. Mire à voyant. — La *mire à voyant* ou *mire à coulisse* (*fig.* 421) se compose d'une règle en bois de 2 mètres de hauteur, pouvant se dédoubler, grâce à une coulisse intérieure. La règle intérieure est divisée, sur toute sa longueur, en mètres, décimètres et centimètres.

Un *voyant*, formé d'une plaque rectangulaire en tôle peinte, rouge et blanc, est fixé à l'extrémité de la réglette. La hauteur du centre du voyant au-dessus du niveau du sol se lit directement, la réglette étant graduée sur les deux faces; la lecture s'effectue au sommet de la règle. Si la hauteur à mesurer est supérieure à 2 mètres et inférieure à 4 mètres, on fait la lecture sur la face postérieure, dont la graduation est indiquée (*fig.* 422).

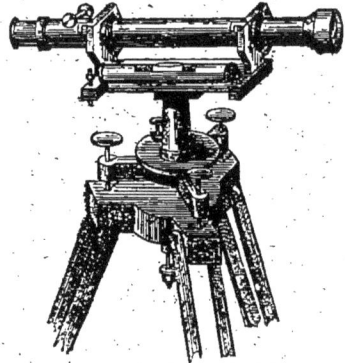

Fig. 420.

Enfin, si la hauteur à mesurer est comprise entre 0 et 2 mètres, on dispose la règle comme il est indiqué dans la figure 423. Le voyant est en bas; si la division au sommet de la règle est 0^m,50, le centre de la mire est à 0^m,50 au-dessus du sol.

545. Mire parlante. — Avec le niveau à lunettes, on emploie le plus souvent

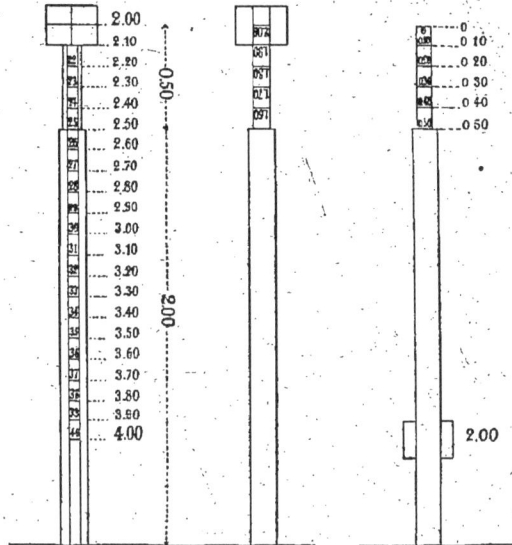

Fig. 421. Fig. 422. Fig. 423.

la *mire parlante*. C'est une règle en bois, sans voyant, graduée à l'aide de bandes rouges et blanches et marquée de chiffres très apparents. Elle mesure 2 mètres de hauteur et peut se dédoubler, grâce à une coulisse.

L'opérateur peut lire les cotes qui correspondent aux lignes de visée, sans avoir à se reporter au pied de la mire. Son emploi est expéditif.

546. Nivellement simple. — Le nivellement simple est celui qu'on obtient par une seule station, à l'aide d'une seule ligne de visée. Ainsi, soit à déterminer la diffé-rence de niveau entre les points A et B (*fig. 424*).

L'opérateur place le niveau en O. L'aide se porte en A. Il arrête la

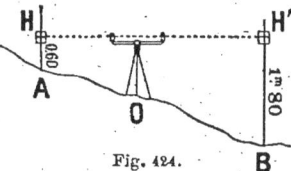

Fig. 424.

mire A sur la ligne de visée et lit la hauteur : $AH = 0^m,60$. Puis il se porte en B.

L'opérateur vise la mire B. L'aide l'arrête sur la ligne de visée et lit la hauteur : $BH' = 1^m,80$.

La différence des cotes : $1^m,80 - 0^m,60 = 1^m,20$, représente la différence de niveau des points A et B. Remarquons que le point le plus bas a la plus grande cote.

Ce nivellement est de courte portée et ne peut dépasser la hauteur de la mire.

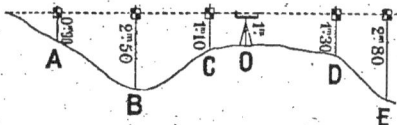

Fig. 425.

Cependant, d'une seule station, on peut niveler plusieurs points (*fig. 425*) si leur diffé-rence de cote est comprise entre la hauteur du niveau d'eau et la hauteur de la mire développée.

On pourrait aussi, d'un point central, niveler par rayonne-ment les différents points d'un terrain.

547. Nivellement composé. — Quand la distance entre les deux points à niveler est très grande, ou que la différence de niveau est plus grande que la hauteur de la mire, on prend des points intermédiaires et on fait une série de nivellements simples : c'est le *nivellement composé*.

Soit à trouver la différence de niveau entre les points A et B (*fig. 426*). On détermine approximativement les points C, D et E, où les pentes se modifient le plus sensiblement.

Entre ces points, on fait les stations O, O', O'', O'''.

En O, on donne un coup de niveau vers A (*coup d'arrière*) et un coup de niveau vers C (*coup d'avant*). La cote de A est 0ᵐ,40, celle de C, 1ᵐ,50.

En O′, on donne une coupe d'arrière sur C et un coup d'avant sur D.

Cote C = 0ᵐ,35 ;
cote D = 2ᵐ,60.

En O″ on donne un coup d'arrière sur D et un coup d'avant sur E.

Cote D = 0ᵐ,45 ;
cote E = 1ᵐ,10.

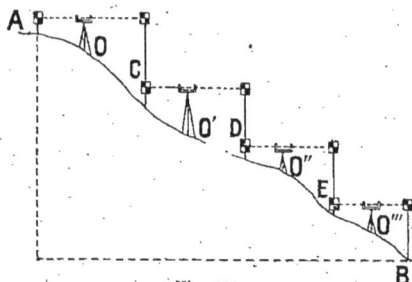

Fig. 426.

En O‴ enfin, on donne un coup d'arrière sur E et un coup d'avant sur B.

Cote E = 0ᵐ,50 ; cote B = 0ᵐ,80.

La différence de niveau entre A et C est 1ᵐ,50 — 0ᵐ,40.

La différence de niveau entre C et D est 2ᵐ,60 — 0ᵐ,35, et, par suite, entre A et D :

$$(1^m,50 + 2^m,60) — (0^m,40 + 0^m,35).$$

La différence de niveau entre D et E est 1ᵐ,10 — 0ᵐ45, et, par suite, entre A et E :

$$(1^m,50 + 2^m,60 + 1^m,10) — (0^m,40 + 0^m,35 + 0^m,45).$$

Enfin, la différence entre E et B est 0ᵐ,80 — 0ᵐ,50, et, par suite, entre A et B :

$$(1^m,50 + 2^m,60 + 1^m,10 + 0^m,80)$$
$$— (0^m,40 + 0^m,35 + 0^m,45 + 0^m,50).$$

Donc, pour déterminer la différence de niveau entre les deux points A et B, il suffit de faire la différence entre la somme des coups avant et la somme des coups arrière.

Si la somme des coups arrière est plus petite que la somme des coups avant, le terrain descend ; il monte dans le cas inverse.

Fig. 427

548. *Profil d'un terrain.* — Dans le tracé des routes, des voies ferrées, on a besoin de connaître la configuration du sol dans la direction d'une ligne donnée.

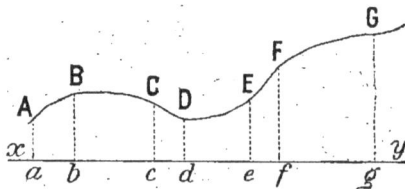

On suppose alors un plan vertical le long de cette ligne.

On détermine les cotes des points principaux A, B, C, ... (*fig.* 427) et l'on mesure les distances *ab*, *bc*... On rapporte sur le papier, à l'échelle adoptée, le profil du terrain.

549. *Courbes de niveau.* — Pour indiquer le relief du sol sur le plan d'un terrain, on suppose réunis par une ligne tous les points de même cote.

Cette ligne est une *courbe de niveau.*

Une courbe de niveau correspond donc à l'intersection du terrain avec un plan horizontal.

On suppose que le terrain est ainsi coupé par des plans horizontaux équidistants, de 10 mètres par exemple (*fig.* 428).

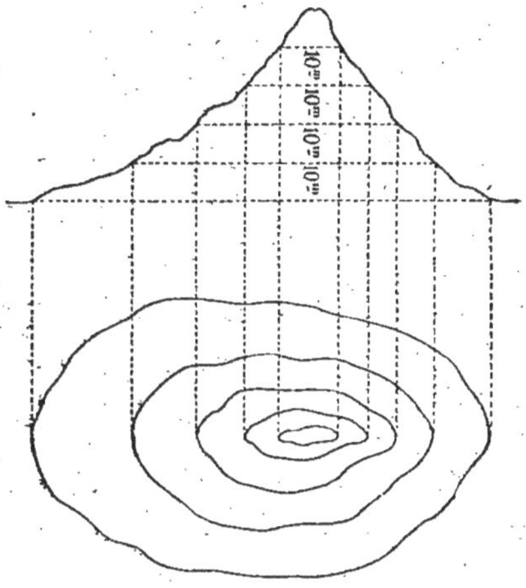

La projection de ces intersections sur le plan de comparaison donne une idée assez concrète du relief du terrain.

Nous voyons ainsi que plus les courbes de niveau sont rapprochées, plus la pente du terrain est forte.

Fig. 428.

550. *Hachures.* — Dans certaines cartes, particulièrement dans celle de l'état-major, le relief n'est pas indiqué par des courbes de niveau, mais par des *hachures* (*fig.* 429) tracées perpendiculairement à ces courbes.

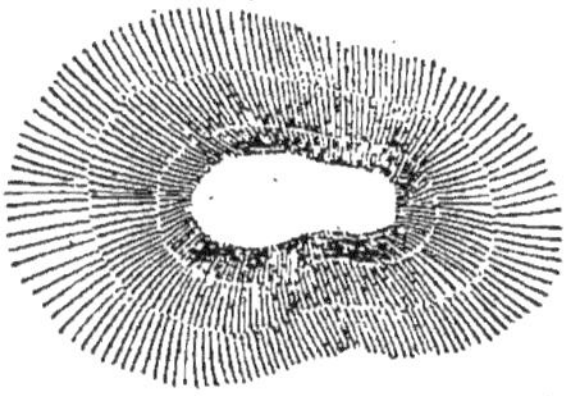

Souvent, l'écartement des hachures est égal au *quart* de leur longueur. Aussi, plus la pente est forte, plus les hachures sont courtes et serrées.

Les hachures de la carte de l'état-major ne correspondent pas aux courbes de niveau; elles donnent surtout l'aspect du terrain. Les hachures des cartes d'études ne cherchent aussi qu'à donner une image de l'aspect du terrain.

Fig. 429.

551. *Ligne de faîte. Thalweg.* — La *ligne de faîte* d'un terrain est la crête d'une chaîne déterminant le partage des eaux de deux versants.

Sur une carte, si on suit une ligne de faîte en descendant, on rencontre les courbes de niveau par leur concavité.

La ligne AB (*fig.* 430) est une ligne de faîte.

Le *thalweg* est la ligne de plus grande pente d'une vallée ; elle

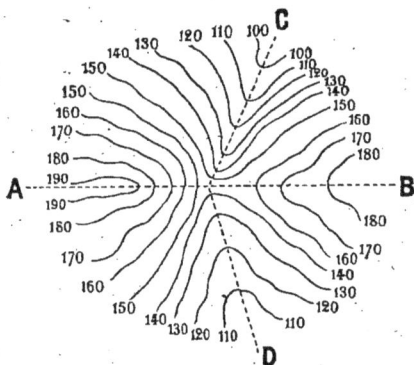

Fig. 430.

est la partie la plus basse d'un terrain ; elle constitue la direction des cours d'eau. Sur une carte, si on suit le thalweg en descendant, on rencontre les courbes de niveau par leur convexité.

Dans la figure 430, les thalwegs sont constitués par les lignes C et D.

Topographie

552. Objet. La *topographie* a pour objet l'étude des formes extérieures du sol. Elle a un double but :

1° Traduire par le dessin la configuration d'une région déterminée avec tous les accidents naturels et artificiels du sol, ainsi que leur forme et leur position relative.

2° Se servir du dessin d'une région (*carte*) pour reconstituer cette région par la pensée.

La topographie comprend :

1° La *planimétrie*, qui a pour but de représenter sur une carte tout ce que l'on voit à la surface du sol : routes, chemins, voies ferrées, cours d'eau, cultures, maisons, etc.

C'est, en un mot, la projection sur un plan horizontal des objets qui sont à la surface du sol, puis la représentation de cette projection à une échelle déterminée. On réalise la planimétrie par un levé d'ensemble de la région (n° 532);

2° Le *nivellement*, qui indique les reliefs du sol par des courbes de niveau ou des hachures.

La première carte du monde paraît avoir été dressée par Anaximandre, disciple de Thalès de Milet (575 avant l'ère chrétienne). Les Romains laissèrent d'excellentes cartes routières. La première véritable carte de France fut commencée en 1750; elle ne fut terminée qu'en 1815. C'est en 1818 que fut commencée la carte dite « d'état-major ».

Il est impossible de faire une carte rigoureusement exacte, car la surface de la terre est sphérique et une telle surface ne peut s'appliquer exactement sur un plan. Les différents systèmes employés donnent une exactitude plus ou moins grande.

La représentation sur une carte de tout ce qui se rencontre à la surface du sol se fait à l'aide de signes conventionnels. On admet, en général, que sur les cartes au $\frac{1}{20\,000^e}$ et aux échelles plus grandes, tous les objets, maisons, cours d'eau, etc., sont représentés avec leur grandeur exactement réduite.

553. *Signes topographiques.* — Nous donnons, aux pages suivantes, les principaux signes topographiques employés pour les cartes d'état-major.

☩ Calvaire	**CHEMINS DE FER**	**CANAUX**
☦ Chapelle, Hermitage	Station Gare	Grand canal navigable
✠ Château, Manoir		écluse
☩ Croix	Déblai Remblai	Canal navigable
○ Eglise		gare pont
▬ Ferme	Tunnel Viaduc Ponceau	port aqueduc tunnel
⚙ Fonderie		Canal d'irrigation
☉ Fontaine	Passage	Fossé
⚒ Forge, Usine	en dessus, en dessous, à niveau	Digue
▄ Maison isolée		Système
▆ Manufacture		de canaux et digues
⚒ Moulin à eau	**ROUTES**	
⚒ Moulin à vent	Route nationale	
⊙ Phare		
▪230 Point coté	tracée, ouverte, terminée	Pont fixe, tournant, etc, p⁺ de bateaux
△752 Point trigonométrique	Route départementale	Bacs
⊙570 Clocher servant de point trigonométrique	tracée , ouverte, terminée	**SIGNES ADMINISTRATIFS**
● Puits	Route encaissée, en chaussée	Limite d'état
⌐ Ruines		
⊢ Télégraphe	Chemin de gr^de communication Route agricole ou forestière	Limite de département
● Tour		Limite d'arrondissement
CLÔTURES	Ch^in de moyenne communication	Limite de canton
▤ Clôtures en pierre		Limite de commune
⊥ Clôtures en fossés	Chemin communal	
▤ Clôtures en levée de terre	Sentier	**PF** **PRÉFECTURE**
▤ Clôtures en haies	Vestiges d'ancienne voie	**SP** **SOUS-PRÉFECT** **CT** _**CANTON**_

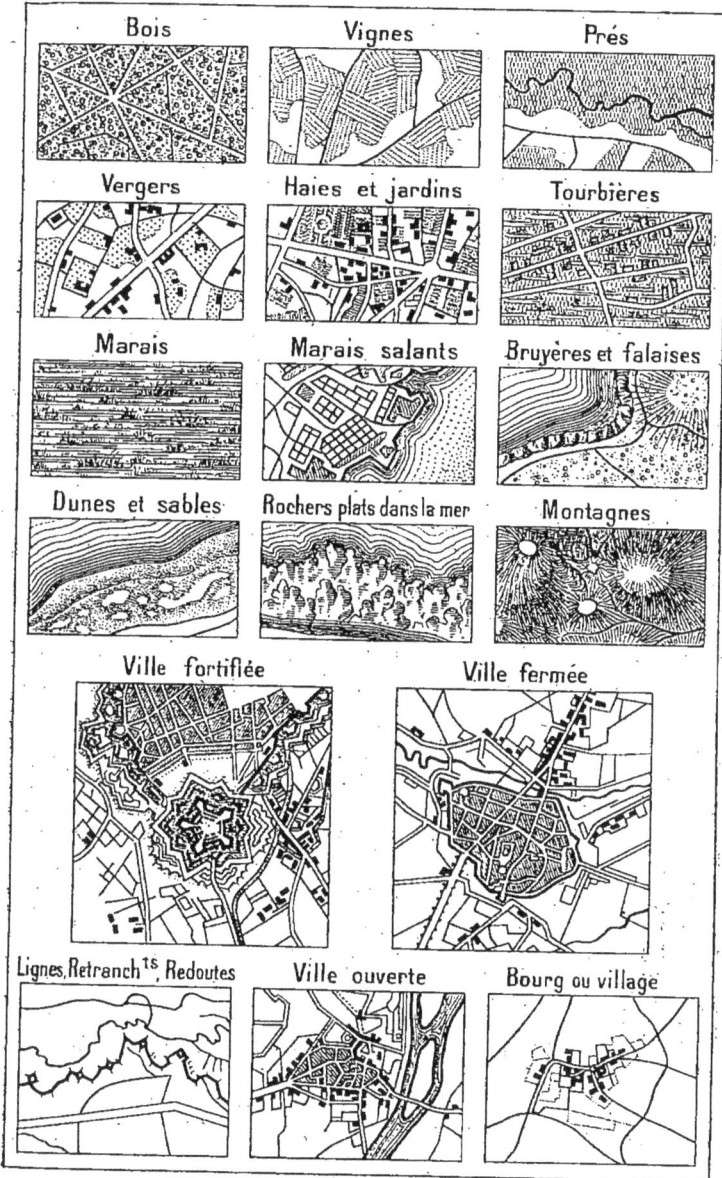

Bois   Vignes   Prés

Vergers   Haies et jardins   Tourbières

Marais   Marais salants   Bruyères et falaises

Dunes et sables   Rochers plats dans la mer   Montagnes

Ville fortifiée   Ville fermée

Lignes, Retranch^{ts}, Redoutes   Ville ouverte   Bourg ou village

Croquis cotés

L'épreuve du dessin à l'examen du brevet élémentaire et aux concours d'admission à certaines écoles professionnelles peut comporter le croquis coté d'un objet usuel. Comme ce genre de dessin est une application immédiate des notions que nous avons données sur les projections (V. nos 409, 410, 411), nous avons pensé qu'il serait intéressant pour les élèves de trouver ici une série de croquis cotés. Mais, ainsi que nous l'avons dit dans la préface, les planches que nous donnons ne sont pas des modèles à copier. Le croquis coté se fait d'après nature. Les élèves devront chercher autour d'eux des objets usuels de même genre que ceux que nous avons représentés. Ils en feront le croquis exact et ils en relèveront eux-mêmes les véritables côtes. Les dessins que nous donnons ne leur serviront que d'indication dans la marche à suivre pour établir ces croquis.

Un croquis coté se fait à main levée. Peu importent la correction du trait et les proportions des lignes, quoiqu'il soit évidemment préférable de se rapprocher le plus possible de l'exactitude. Ce croquis doit être assez clair pour permettre à un ouvrier de fabriquer l'objet représenté. Il doit indiquer nettement les dimensions de toutes les pièces qui composent l'objet et leur mode d'assemblage.

On donne, en général, l'*élévation* de l'objet et son *plan* (V. n° 411). Quand ces deux figures ne suffisent pas à donner toutes les indications utiles, on fait le *profil* de l'objet (V. n° 411). Enfin, pour représenter l'assemblage de certaines pièces cachées, de pièces qui se pénètrent, on a recours à des *coupes*.

On trouvera dans les planches qui suivent une application de ces différents cas.

NOTA. — Toutes les lignes vues sont représentées en *traits pleins;* les parties cachées en *traits ponctués* bien accusés. Les lignes de rappel sont *tiretées*. Les lignes d'axe sont en *traits mixtes*.

Les professeurs donneront pour chaque objet les indications utiles pour distinguer les lignes qui doivent être représentées par des *traits de force*.

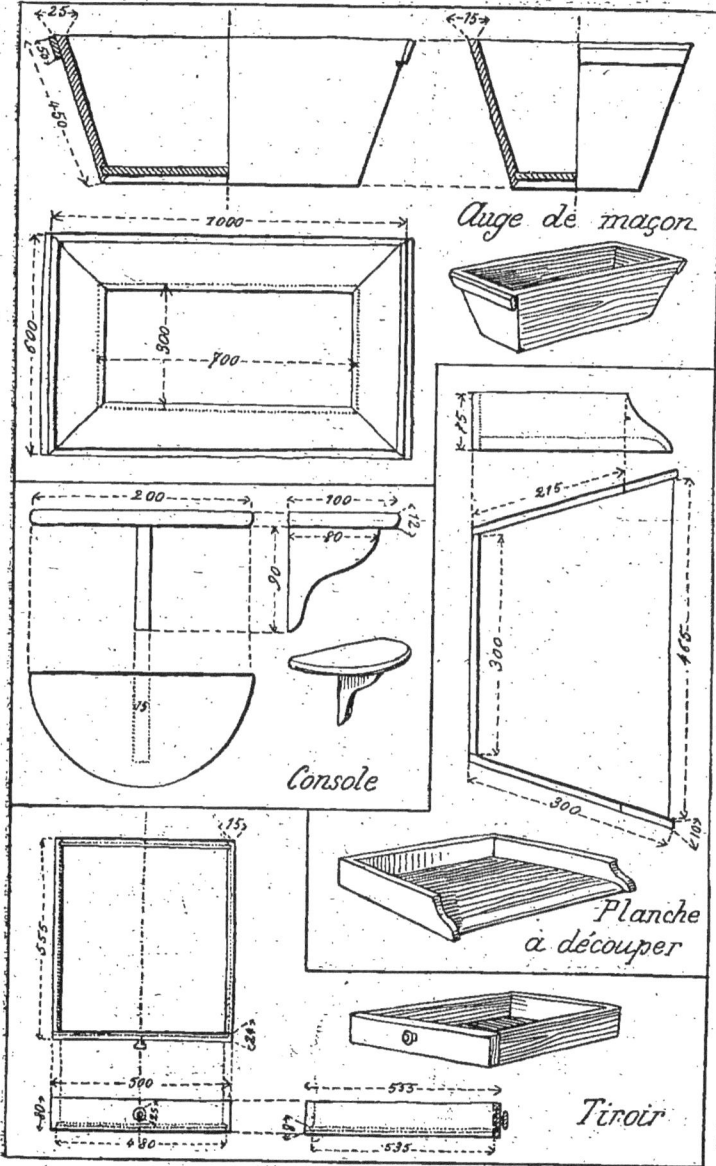

Auge de maçon

Console

Planche à découper

Tiroir

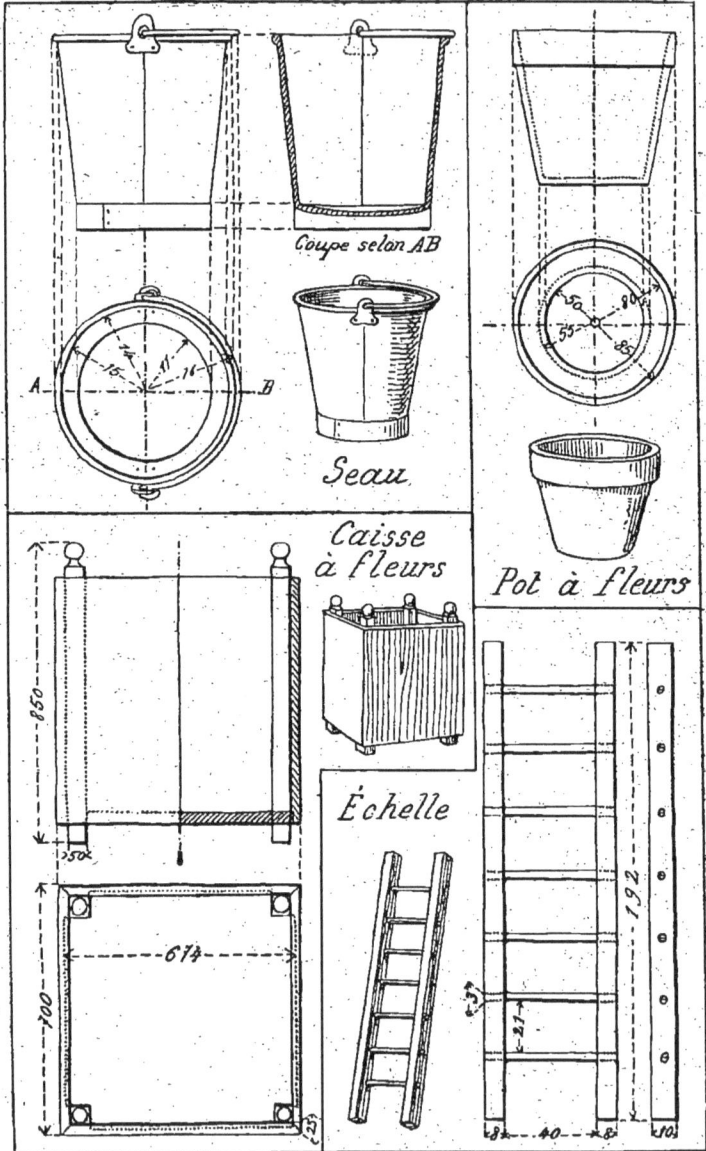

Coupe selon AB

A   B

Seau.

Caisse
à fleurs

Pot à fleurs

Échelle

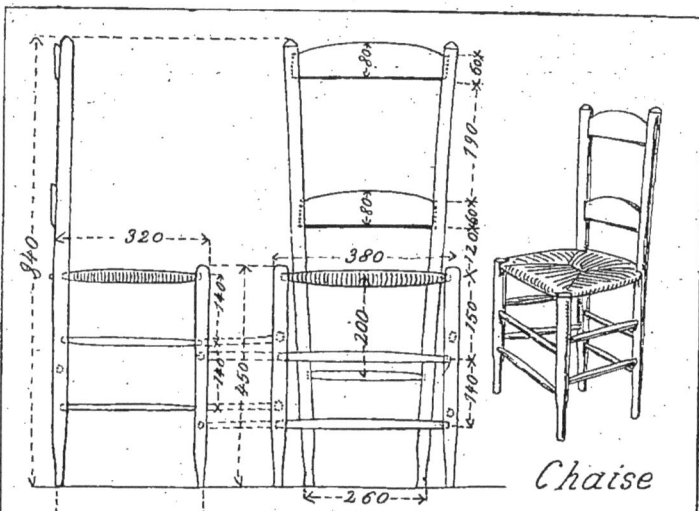

Chaise

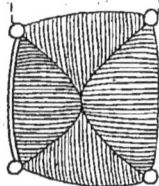

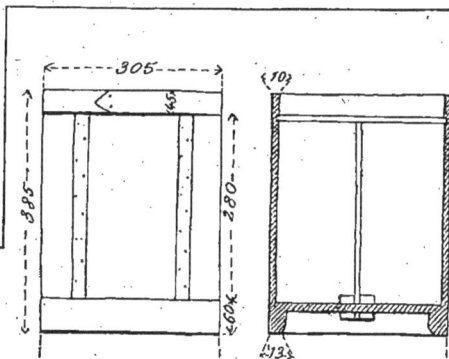

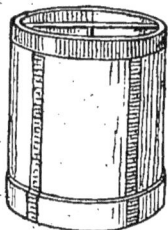

Double-décalitre

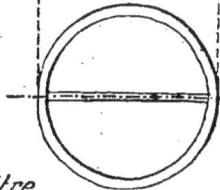

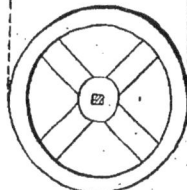

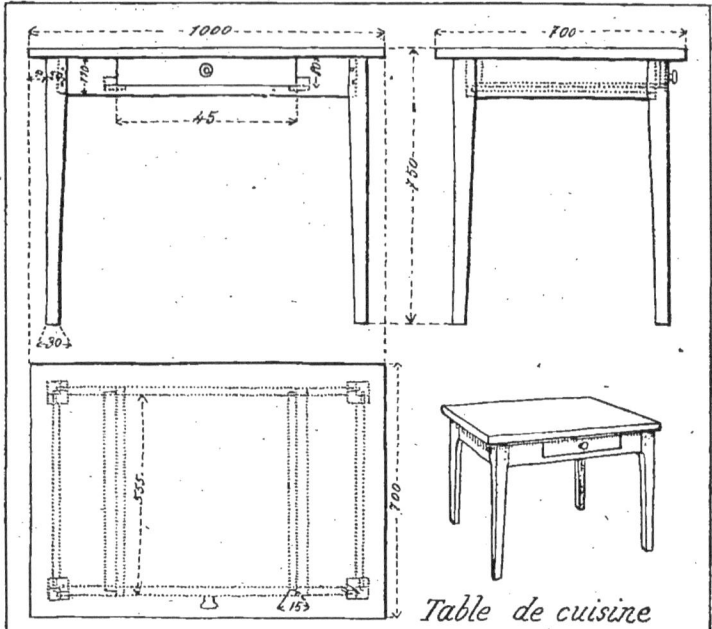

Table de cuisine

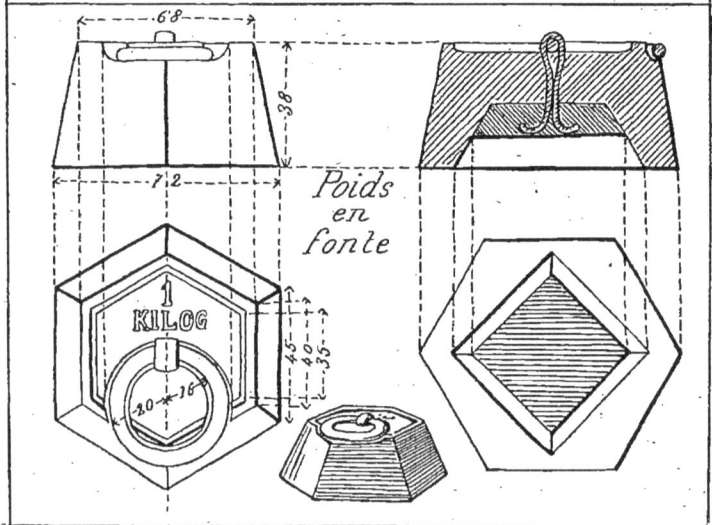

Poids en fonte

Assemblage à tenon et mortaise

avec flottage à 60°
en parement

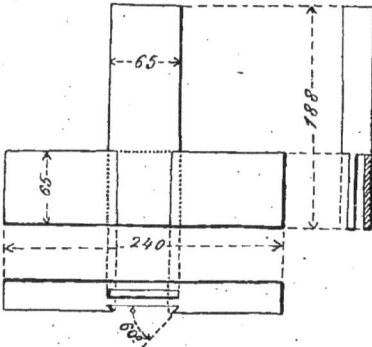

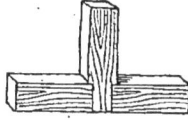

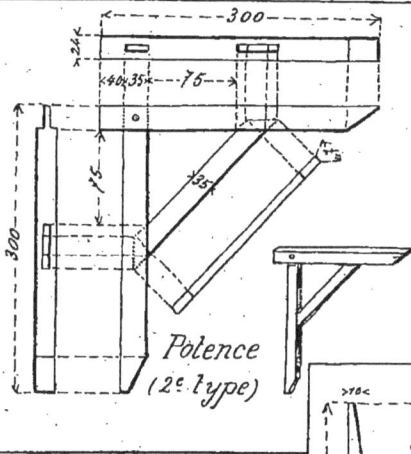

Quille

Potence
(2e type)

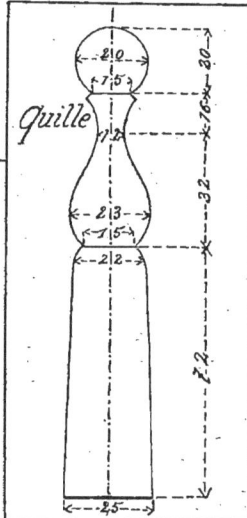

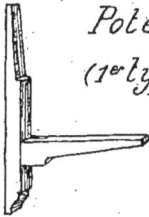

Potence
(1er type)

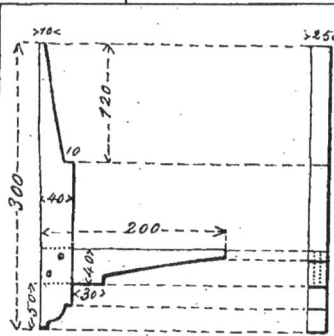

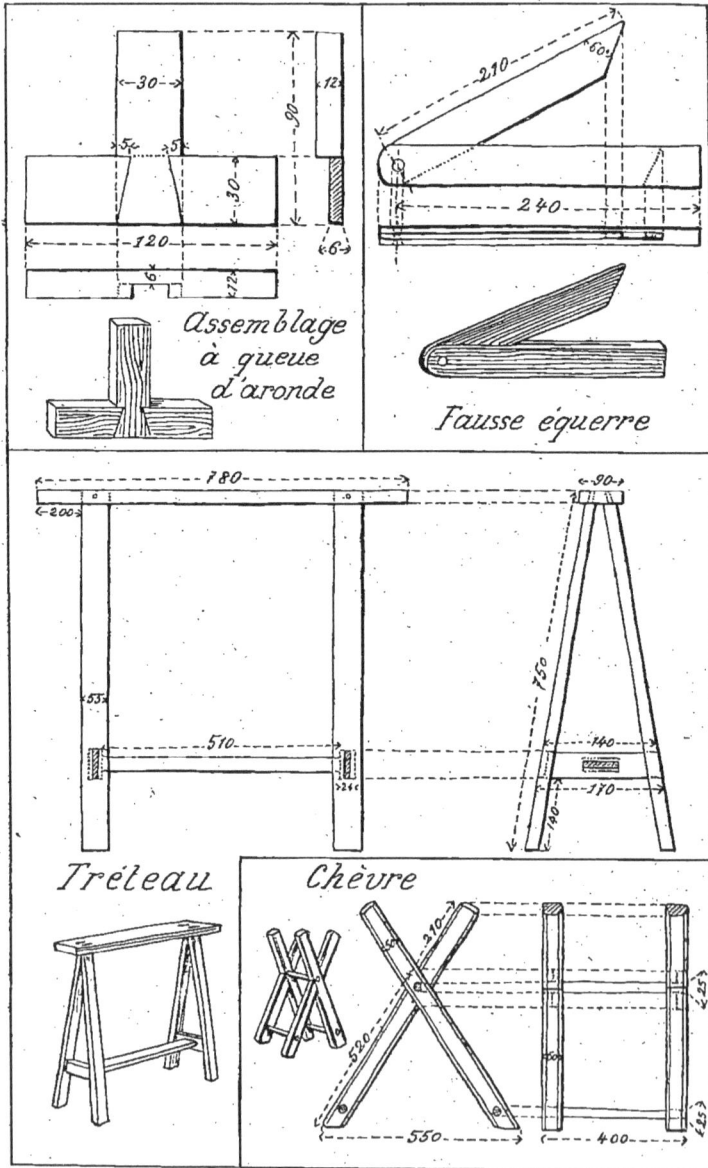

Assemblage
à queue
d'aronde

Fausse équerre

Tréteau

Chèvre

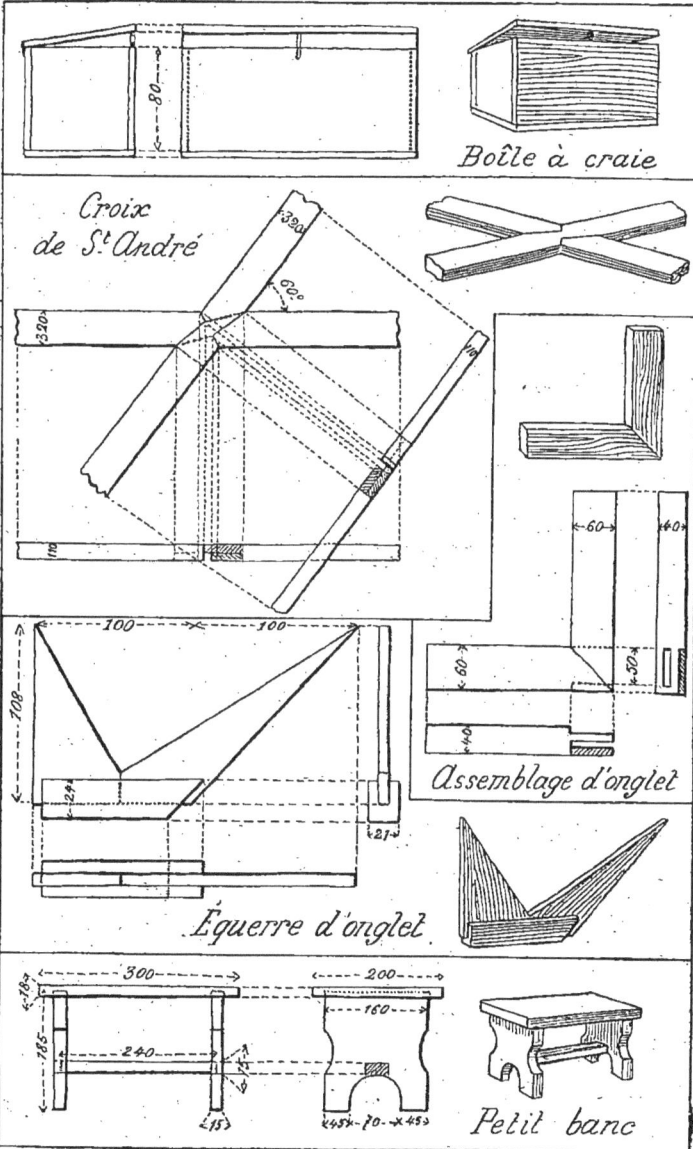

Boîte à craie

Croix de St André

Assemblage d'onglet

Équerre d'onglet

Petit banc

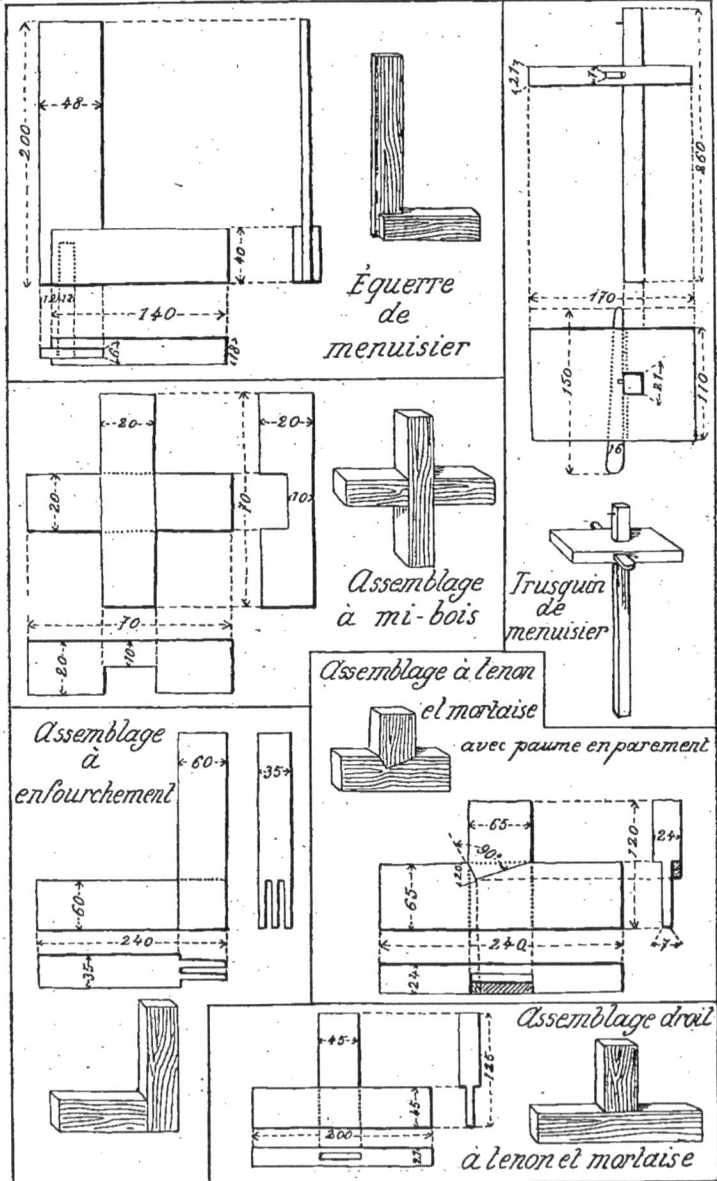

Équerre
de
menuisier

Assemblage
à mi-bois

Trusquin
de
menuisier

Assemblage à tenon
et mortaise

avec paume en parement

Assemblage
à
enfourchement

Assemblage droit

à tenon et mortaise

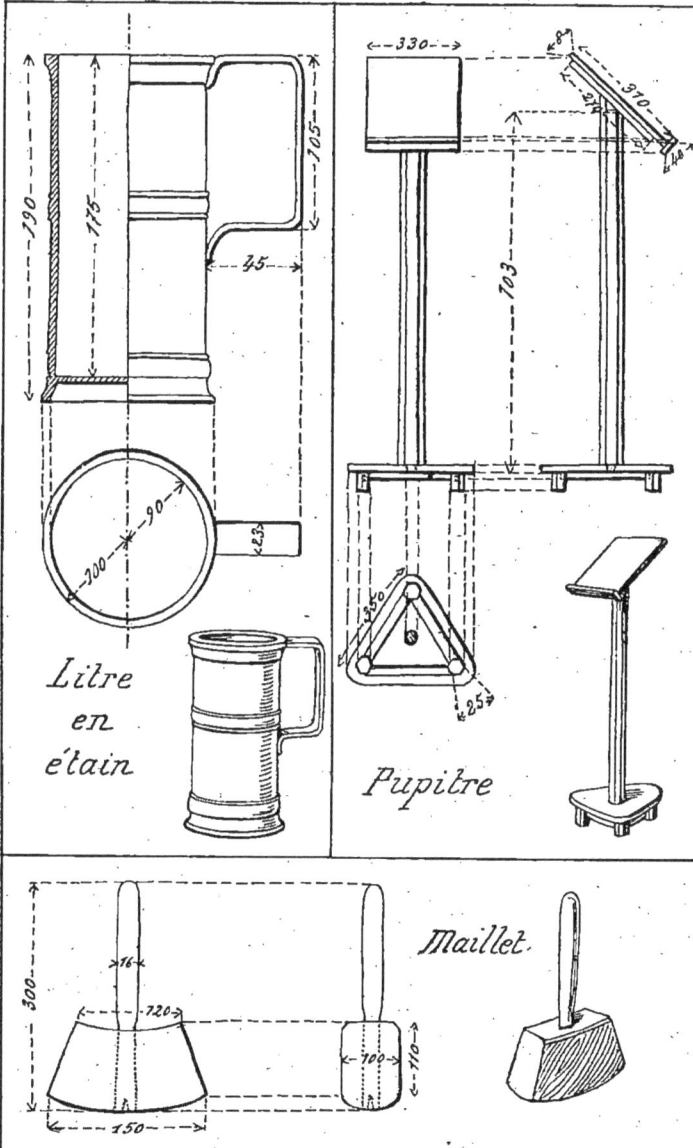

Litre
en
étain

Pupitre

Maillet

Sellette

Élévation
et
profil

Coupe
Selon A B

Bilboquet

Écrou
à
tête plate

d. Diamètre
de la partie filetée (Unité de mesure)

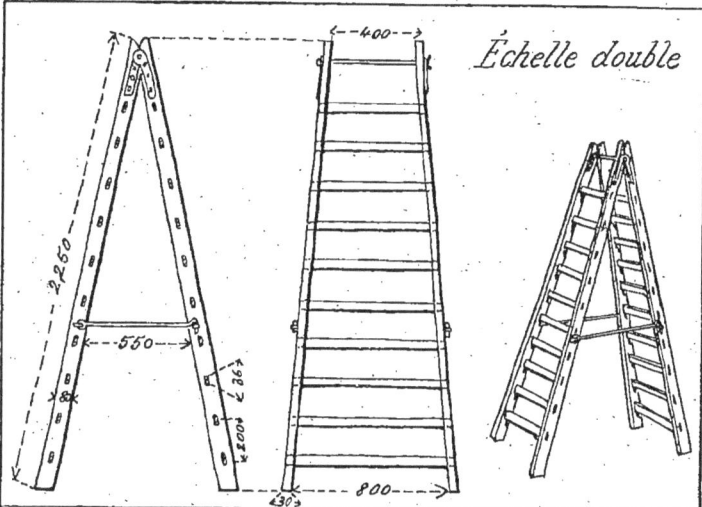

Échelle double

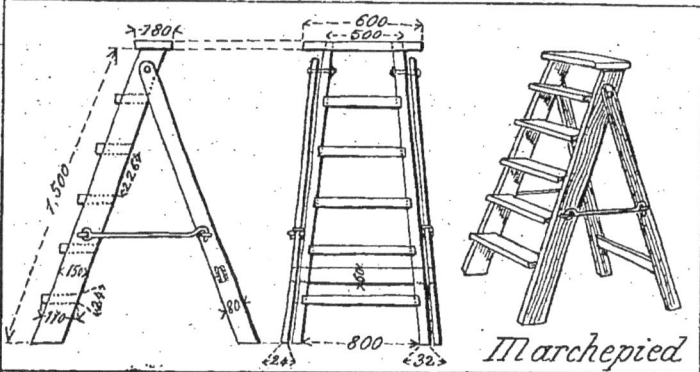

Marchepied

Tabouret

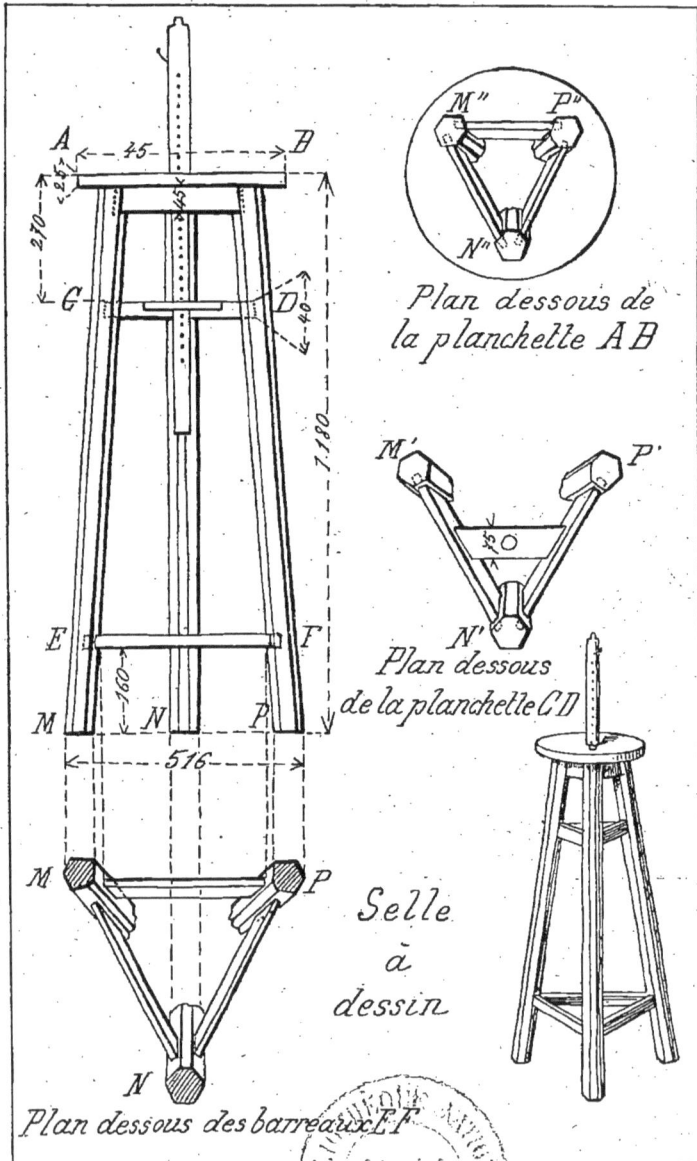

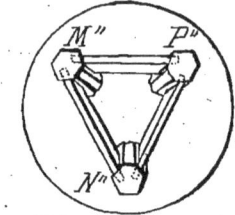

Plan dessous de la planchette A B

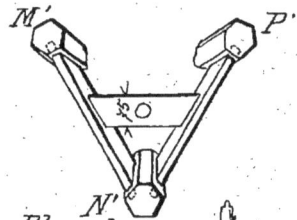

Plan dessous de la planchette C D

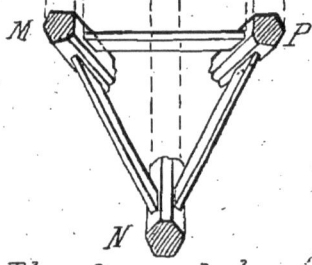

Plan dessous des barreaux E F

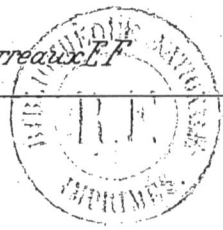

Selle à dessin

Table des matières

Géométrie dans l'espace

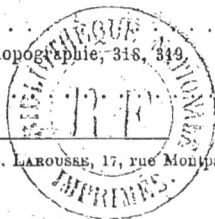

Paris. — Imp. Larousse, 17, rue Montparnasse.